MATHEMATI
&
APPLICATIONS

39

Springer
Paris
Berlin
Heidelberg
New York
Barcelone
Hong Kong
Londres
Milan
Tokyo

Instructions aux auteurs:

Les textes ou projets peuvent être soumis directement à l'un des membres du comité de lecture avec copie à X. GUYON ou J.-M. THOMAS. Les manuscrits devront être remis à l'Éditeur *in fine* prêts à être reproduits par procédé photographique.

Bernard Ycart

Modèles et Algorithmes Markoviens

Springer

Bernard Ycart
UFR Math-Info
Université René Descartes (Paris V)
42, rue des Saints-Péres
75270 Paris Cedex 06
France

Bernard.Ycart@math-info.univ-paris5.f

Mathematics Subject Classification 2000: 65Cxx, 60Jxx

ISBN 3-540-43696-0 Springer-Verlag Berlin Heidelberg New York

Springer-Verlag Berling Heidelberg New York
est membre du groupe BertelsmannSpringer Science+Business Media GmbH.

http://www.springer.de
Imprimé en Italie

Imprimé sur papier non acide SPIN: 10880096 41/3142/So - 5 4 3 2 1 0 -

Pour Adrien, Florence, Estelle, Clément, Romain,
et tous ceux avec qui j'ai été tiré au hasard.

Avant-propos

Ceci n'est pas un livre de théorie des probabilités.

Il est destiné à tous ceux, mathématiciens ou non, qui souhaitent acquérir une maîtrise pratique de l'outil probabiliste dans ses applications les plus courantes. Il est possible de comprendre l'usage des modèles et des algorithmes stochastiques sans nécessairement dominer l'axiomatique, sans être un spécialiste des urnes, tribus et autres filtrations. Il faut accepter pour cela un niveau de généralité réduit (nos algorithmes markoviens n'engendrent pas toutes les chaînes de Markov), mais suffisant pour les applications. Nous n'abandonnons pas pour autant les mathématiques. Une fois accepté le postulat de base, qui est qu'un générateur produit une suite de variables aléatoires indépendantes, toute analyse d'algorithmes est un calcul de probabilités aussi rigoureux qu'un autre.

L'élaboration d'un modèle probabiliste conduit, en dehors de cas particuliers de faible intérêt pratique, à des problèmes théoriques difficiles qui sont vite hors de portée de l'utilisateur (comme d'ailleurs souvent du probabiliste professionnel). La validation d'un tel modèle passera alors nécessairement par la simulation, qui ne met en jeu en général que des procédures extrêmement simples. Apprendre à écrire des programmes de simulation efficaces, à prévoir leurs performances et analyser leurs résultats est un des objectifs principaux de ce livre. D'autre part, les méthodes numériques utilisant la simulation de chaînes de Markov (méthodes particulaires, algorithmes génétiques...) ont connu ces vingt dernières années un développement important et font désormais partie de la boîte à outils de tout ingénieur. Entre ces méthodes et la simulation de modèles markoviens, il n'y a souvent qu'une différence d'interprétation, et les compétences requises sont essentiellement les mêmes.

L'objectif pratique de ce livre ne peut être atteint sans une compréhension approfondie des algorithmes, de l'analyse à l'exécution. Les exercices ont été conçus pour cela. Ce ne sont pas des exercices de probabilité classiques : ils mélangent en général des calculs de probabilités dans un algorithme de simulation, avec des vérifications statistiques sur ses sorties. Il est indispensable pour cela de disposer d'un langage de programmation ou d'un environnement de calcul : nous avons choisi Scilab pour nos exemples.

Ce livre est issu de quinze ans d'enseignement des probabilités dans des formations où les mathématiques théoriques n'étaient pas l'objectif principal. Au cours du temps, les simulations ont évolué du Basic au C puis à Mathematica et Scilab. Le matériel est passé du micro sans dique dur, encombrant à déménager, au portable connecté à un vidéo-projecteur. Mais l'évolution principale des cours n'a pas été technique. Elle est venue de l'interaction constante avec les étudiants, sujets toujours curieux de mes expérimentations. Leurs réactions m'ont beaucoup apporté et j'ai plaisir à les remercier collectivement.

Souvent les discussions avec mes collègues et amis m'ont permis de recadrer mes expériences, et de préciser les formulations. Il m'est impossible de les citer tous, mais je n'oublie ni les promenades avec A. Le Breton, ni les heures passées devant l'écran avec B. Van Cutsem, ni les questions de Cl. Robert ; les conseils de M. Benaïm, R. Boumaza, M. Duflo, X. Guyon, A. Rouault, L. Saloff-Coste m'ont beaucoup aidé. Sans eux, ce livre n'existerait pas.

Sans Marie-Christine, c'est moi qui n'existerais pas...

Paris, mai 2002 Bernard Ycart

Table des matières

1 Introduction

1.1 Algorithmes aléatoires et méthodes de Monte-Carlo

Décrire l'évolution future d'un modèle par référence à son état présent est la fonction de la plupart des modèles temporels, qu'il s'agisse des systèmes dynamiques discrets ou des équations différentielles. La traduction informatique d'un tel modèle est un algorithme itératif, pour lequel à chaque pas les variables sont fonction du pas précédent.

Nous choisissons ici de présenter une chaîne de Markov comme la sortie d'un algorithme itératif auquel est greffée une source de hasard, introduisant à chaque pas des variables aléatoires indépendantes. Ces algorithmes itératifs ainsi "randomisés" sont l'objet de base dans ce livre. Certains sont utilisés pour résoudre des problèmes déterministes, d'optimisation ou de dénombrement par exemple, d'autres qui leur sont très proches sont plutôt des simulations de modèles aléatoires. Certains de ces modèles sont décrits en temps continu (processus de diffusion, files d'attente), d'autres en temps discret (marches aléatoires). La différence théorique entre le temps discret et le temps continu n'est pas très importante, et au moment de l'implémentation les pas d'itération seront toujours discrets.

Qu'ils soient vus comme des méthodes numériques ou des simulations, les algorithmes décrits ici partagent des caractéristiques communes. Ce sont en général des méthodes relativement peu précises, mais faciles à implémenter, robustes et destinées en priorité aux problèmes de très grande taille. Pour illustrer ceci, voici quelques éléments de comparaison avec les méthodes déterministes.

L'objectif à atteindre étant la solution approchée d'un certain problème avec une précision ε fixée, un critère de choix important dans le choix d'une méthode numérique est le temps d'exécution, mesuré en nombre d'opérations élémentaires (la complexité de l'algorithme). Intervient alors la notion de taille du problème, qui est un entier n dont la signification est habituellement claire en fonction du contexte. C'est la dimension de l'espace pour une intégrale multiple, la taille de la matrice pour la résolution d'un système, etc... Les complexités des méthodes numériques déterministes dépendent habituellement de la taille de façon polynomiale, typiquement en $O(n^2)$ ou $O(n^3)$. Tout aussi typiquement, une méthode de Monte-Carlo (utilisant le hasard) résoudra le même problème en $O(n)$. Cela semble miraculeux : où est donc le piège? Il est dans la constante cachée par l'expression $O(n)$. Cette constante dépend de la précision ε à atteindre. Pour une dimension donnée, il est fréquent qu'une méthode numérique atteigne la précision ε en un temps $O(\log(\varepsilon^{-1}))$ (en idéalisant, cela signifie que chaque nouveau pas d'itération fait passer la précision de 10^{-k} à $10^{-(k+1)}$). Pour une raison liée au théorème central limite, les méthodes de Monte-Carlo atteignent la précision ε en $O(\varepsilon^{-2})$, ce qui est très lent (typiquement 10^6 itérations pour une précision de 10^{-3}).

Déterministe	Monte-Carlo
$K \log(\varepsilon^{-1})\, n^2$	$K\varepsilon^{-2}\, n$

C'est donc dans des cas où la taille n du problème est très grande et l'exigence sur la précision faible (ε grand) qu'il faut envisager les méthodes de Monte-Carlo. Même si, pour des raisons de clarté, nos exemples seront souvent en basses dimensions, on ne calcule pas en pratique une intégrale double ou triple, on ne résoud pas un système 2×2 (ni même 100×100) avec une méthode de Monte-Carlo. L'utilisation du hasard ne devient concurrentielle qu'à partir de dizaines de dimensions pour une intégrale ou de milliers d'équations pour un système. Il peut même se faire que la taille du problème soit telle que les méthodes déterministes échouent pour des raisons de place en mémoire. Par exemple, la taille maximale des systèmes linéaires que l'on peut résoudre actuellement est de l'ordre de 10^6. Dans certains cas, une méthode de Monte-Carlo ira bien au-delà. Remarquons également que les deux approches peuvent être complémentaires. De nombreuses méthodes numériques demandent à être initialisées par une valeur déjà assez proche de la solution (par exemple Newton-Raphson). Une méthode de Monte-Carlo pourra fournir à peu de frais cette initialisation.

1.2 Prérequis et plan

Ce livre est résolument pratique. Il se veut accessible à tout étudiant de second ou troisième cycle universitaire, ayant reçu une formation minimale en probabilités. Aucune connaissance particulière, autre qu'un peu de bon sens, ne sera supposée acquise. Les seules notions de probabilité qui seront utilisées sont les suites de variables indépendantes (fonctions d'appels de Random successifs), le théorème central limite, qui est l'outil de base pour déterminer la précision d'un algorithme de Monte-Carlo, et les chaînes de Markov, vues comme des algorithmes itératifs où chaque nouveau pas est calculé en fonction du précédent et d'un tirage aléatoire. Les connaissances correspondantes figurent dans tous les manuels classiques, qui vont en général bien au-delà (par exemple Berger [7], Bouleau [9, 10], Breiman [12], Feller [21, 22], Snell [59]...). Sur les chaînes de Markov plus particulièrement, on pourra se reporter au livre de Brémaud [13]. Les références de base restent Chung [14] et Kemeny et Snell [33]. Un point de vue plus appliqué est celui de Barucha-Reid [6], Bhat [8] et Karlin et Taylor [29, 30]. Çinlar [15] est particulièrement clair. Anderson [2] traite plus spécialement du temps continu. Les livres de Neuts [128, 129] proposent une vision systématiquement tournée vers l'outil informatique. L'ouvrage à paraître d'Aldous et Fill [1] sera certainement une référence durable.

La deuxième partie traite de la génération d'échantillons aléatoires. Nous n'aborderons les générateurs pseudo-aléatoires et la simulation des lois de probabilité usuelles, que pour en donner quelques principes de base. La première application est le calcul d'intégrales, exprimées comme des espérances de variables aléatoires. Les calculs d'intégrales par Monte-Carlo sont traités de manière plus ou moins détaillée dans de nombreux manuels, comme ceux de Kennedy et Gentle [34], Hammersley et Handscomb [28], Gentle [27], Morgan [45], Rubinstein [54], Ripley [48], Kleijnen [35, 36]. Sans surprises sur le plan théorique, elles seront surtout l'occasion de rappeler un certain nombre de bases probabilistes et algorithmiques, l'objectif principal étant de développer l'état d'esprit assez particulier qui préside à une implémentation efficace des méthodes de Monte-Carlo. Il s'agit en effet de s'habituer à ce que la vitesse d'exécution de l'algorithme conditionne avant tout la précision du résultat. Nous illustrerons ce point de vue à l'aide de plusieurs astuces de programmation, habituellement regroupées sous l'appellation de "méthodes de réduction de la variance".

La troisième partie traite des méthodes markoviennes qui, comme dans la partie précédente, utilisent la loi des grands nombres pour calculer une espérance. Cette espérance est celle d'une variable aléatoire, fonction de la trajectoire d'une chaîne de Markov sur un intervalle de temps borné. Elle est approchée par une moyenne des valeurs prises par la variable sur un grand nombre de trajectoires indépendantes. L'application aux systèmes linéaires nous servira surtout à introduire les méthodes de résolution d'équations aux dérivées partielles. Comme référence de base sur le sujet, nous utiliserons le livre de Lapeyre *et al.* [40]. Plus que l'aspect numérique, nous chercherons à développer les analogies entre modèles stochastiques et déterministes.

La quatrième partie traite d'un autre type de méthodes markoviennes, celles qui explorent un espace d'états soit de manière homogène pour approcher une mesure d'équilibre donnée (méthodes MCMC [52]), soit de manière dirigée à la recherche d'un point (extrémum d'une fonction [82]). Dans ce dernier cas, il s'agit de suivre une trajectoire d'une chaîne de Markov, qui visite avec une probabilité croissante un voisinage de la cible à atteindre. Parmi ces techniques, on peut ranger les méthodes neuronales, que nous n'aborderons pas (voir [37, 42, 50, 67]). Nous traiterons surtout le recuit simulé [70, 78, 84] et décrirons l'heuristique des algorithmes génétiques [4, 43, 44, 88, 89, 90, 106, 111], et de l'algorithme MOSES [104]. Ces algorithmes peuvent être vus comme des méthodes de descente de gradient, "bruitées" afin d'éviter les pièges d'éventuels minima locaux. Les questions théoriques de convergence et de précision des méthodes d'exploration markovienne sont souvent très difficiles. Elles ont donné lieu à une intense activité de publication ces 15 dernières années (voir Saloff-Coste [136]). Nous n'aborderons ces questions que de manière assez superficielle dans le cadre des chaînes réversibles. Les deux livres de Duflo [19, 20] constituent une référence de base, d'un niveau sensiblement supérieur à celui de ce cours.

Les modèles à temps continu et espace d'états discrets (processus markoviens de saut) sont l'objet de la cinquième partie. Nous en proposerons une définition algorithmique qui permet de ramener leur étude mathématique aussi bien que leur simulation aux chaînes à temps discret. A titre d'exemple, nous étudierons plusieurs algorithmes de simulation sur des espaces de type produit comme les réseaux de files d'attente [133, 134] et les systèmes de particules interactives [100, 118, 119]. La convergence des systèmes de particules sera une nouvelle occasion de faire ressortir la cohérence entre les modèles stochastiques et déterministes.

L'objectif pratique de ce livre ne peut être atteint que si les algorithmes étudiés conduisent à des implémentations effectives et à une expérimentation numérique. Ceci fait l'objet de la sixième partie. Les impératifs de vitesse d'exécution imposent dans les applications le choix d'un langage compilé. Mais de plus en plus les praticiens utilisent aussi un environnement de calcul scientifique, qui permet de réaliser rapidement et facilement des tests d'algorithmes et des maquettes de logiciels. C'est ce que nous avons choisi avec le logiciel libre Scilab [46, 64, 143].

1.3 Pour aller plus loin

Introduire le hasard dans des modèles mathématiques et traiter ces modèles par la simulation est courant dans de nombreuses disciplines scientifiques. On englobe souvent dans les "méthodes de Monte-Carlo" tout ce qui a trait à l'utilisation du hasard dans des programmes informatiques (voir par exemple Fishman [23]). Cette dénomination reste assez imprécise, et varie selon les spécialités. L'adjectif "markovien" est lui aussi très général, puisqu'on l'associe à tous les modèles probabilistes à dépendance locale, qu'ils soient indicés par le temps (processus et chaînes) ou l'espace (champs).

La base de données bibliographiques du Zentralblatt recense plus de 2000 titres contenant "Monte-Carlo" et plus de 10000 contenant "Markov" : toute prétention de ce livre à l'exhaustivité est exclue.

Nous nous contenterons d'indiquer quelques pistes pour compléter ce qui est décrit ici, sous forme d'une liste de domaines plus ou moins interconnectés, liés à l'utilisation du hasard sur ordinateur, ou aux modèles markoviens.

- *La construction des générateurs pseudo-aléatoires*, ou comment coder efficacement une fonction Random. C'est un problème que nous considérons arbitrairement comme résolu par Marsaglia et Zaman [120, 121], bien qu'une littérature importante continue à se développer sur la question. Quatre références de base sont les livres de Knuth [116], Dudewicz et Ralley [18], Fishman [23], Gentle [27]. L'article de Ripley [49] est une bonne introduction.

- *La simulation des variables aléatoires*, ou comment transformer un appel de Random (réalisation d'une variable aléatoire de loi uniforme sur $[0, 1]$) en une variable aléatoire de loi donnée. Ce sujet est abordé à niveau élémentaire dans de nombreux manuels, par exemple les livres de Bouleau [9], Snell [59] ou Berger [7]. Il est traité à fond par Devroye dans [17]. Nous nous contenterons de quelques indications sur les trois principes généraux que sont l'inversion, le rejet et la décomposition.
- *La simulation des processus stochastiques* ou comment transformer une suite de variables aléatoires indépendantes et de même loi (suite d'appels de Random) en un processus quelconque (martingale, chaîne ou processus de Markov, champ aléatoire, processus de diffusion ...). Plusieurs livres traitent de la simulation des processus, parmi lesquels celui de Bouleau et Lépingle [11]. Pour les processus de diffusion les livres de Kloeden et Platen [114, 115] sont la référence indispensable. Nous nous limiterons aux algorithmes de simulation les plus simples, ceux d'Euler-Maruyama et Heun-Milshtein.
- *L'analyse probabiliste d'algorithmes.* Etudier la complexité d'un algorithme (déterministe) dans le pire ou le meilleur des cas, reflète rarement son comportement sur des données courantes. On a donc souvent recours à une analyse "en moyenne" où les données d'entrée de l'algorithme sont tirées au hasard, en un sens qui dépend du type de problème étudié. Sur cette question, plusieurs références de la littérature informatique sont accessibles au mathématicien appliqué, parmi lesquelles Graham *et al.* [109], Sedgewick et Flajolet [56] ou Hofri [110], plus spécialisé.
- *Les algorithmes randomisés.* Ce sujet s'est développé ces dix dernières années sous l'impulsion d'informaticiens théoriciens. Parmi les problèmes dont la solution peut être programmée, on distingue ceux qui sont résolubles en un temps qui ne dépasse pas une certaine puissance de la taille du problème de ceux qui ne le sont pas. Pour certains de ces derniers, on a pu trouver des algorithmes de résolution approchée en temps polynômial, à base essentiellement de chaînes de Markov. Leur étude est devenue un domaine important de l'informatique théorique (voir Sinclair [58] ou Motwani et Raghavan [125]).
- *Les méthodes de Monte-Carlo en analyse numérique.* Calculs d'intégrales, résolution de systèmes linéaires ou d'équations différentielles, optimisation numérique, pour tous les problèmes classiques de l'analyse numérique des algorithmes utilisant les générateurs pseudo-aléatoires ont été proposés. Nous en traiterons quelques uns, sans chercher à raffiner systématiquement leurs performances ni à les comparer aux alter-

natives déterministes (voir par exemple [23, 54], ou le livre récent de Liu [41]).

- *Les méthodes de Monte-Carlo en statistique.* De nombreuses questions d'estimation, de tests ou de représentation de données se ramènent à des problèmes numériques d'optimisation ou de résolution de systèmes de grande taille. Les algorithmes qui seront présentés dans ce cours connaissent un grand succès auprès des statisticiens, qui en ont déduit des versions adaptées à leurs problèmes (échantillonneur de Gibbs, algorithmes EM, SEM... : voir Robert [52, 53] et McLachlan [122]). Il est très artificiel de couper, comme nous le ferons, les méthodes de résolution de problèmes déterministes de leurs applications naturelles en statistique. Duflo [19, 20] traite d'ailleurs sans distinction les deux types d'applications. Robert [51] montre bien l'importance et l'intérêt des méthodes de Monte-Carlo en statistique, en particulier bayésienne (voir aussi [79, 139]).
- *Les algorithmes de filtrage.* Il existe de nombreuses méthodes adaptées aux cas où les données du problème à traiter ne sont pas connues exactement, soit qu'elles découlent d'un calcul numérique entaché d'erreurs importantes, soit qu'elles proviennent d'un échantillon statistique. Filtrage de Kalman, méthodes de fonctions splines [102] ou ondelettes [68], algorithmes de Robbins-Monro ou Kiefer-Wolfowitz, toute une panoplie de techniques permettent de traiter des données bruitées (voir Bénaïm [76] ou Benvéniste *et al.* [77], et Winkler [145] pour le cas de l'analyse d'images). Là aussi notre séparation entre les méthodes où le hasard provient du modèle et celles où il est apporté par l'utilisation de la fonction Random est tout à fait artificielle. Les processus stochastiques sous-jacents sont essentiellement les mêmes, comme le montre bien Duflo [20] (voir aussi [5, 38]).
- *Le traitement numérique des chaînes de Markov.* Une fois construit un modèle markovien, toute l'information sur l'évolution du modèle est en théorie accessible par des techniques d'algèbre linéaire. La limitation provient de la taille des matrices de transition, quand le nombre d'états explose, en particulier pour les modèles d'attente ou de fiabilité. Des techniques adaptées aux grandes matrices de transition ont été inventées. Ce sujet est traité par Stewart [140].
- *La parallélisation des algorithmes de Monte-Carlo.* Dans la mesure où il s'agit fréquemment de moyenner des trajectoires indépendantes, on comprend que les méthodes de Monte-Carlo soient bien adaptées à la parallélisation (voir par exemple [96]). Le problème se complique quand il s'agit de simuler des trajectoires dépendantes, comme par exemple pour un système de particules interactives. Pour les algorithmes d'optimisation stochastique une théorie complète a été développée : voir Catoni et Trouvé [87], Shonkwiler et Van Vleck [138] et Trouvé [142]).

- *La construction et la simulation de modèles stochastiques d'attente*, par exemple en recherche opérationnelle, automatique ou informatique : voir entre autres [3, 24, 55, 57, 60, 63, 133, 134, 135]). C'est un sujet suffisamment important pour avoir suscité le développement de langages de programmation spécialisés comme SIMULA ou plus récemment MODLINE et QNAP (sur les aspects algorithmiques voir aussi Watkins [62]). Nous nous limiterons à la simulation des réseaux de Jackson et de Petri markoviens. Les aspects théoriques de ces derniers sont développés par Baccelli [71] et [72].
- *La fiabilité des systèmes.* Des modèles markoviens peuvent décrire l'état des composants d'un système complexe, entre le bon fonctionnement et la panne (voir [16, 69, 74]). Il s'agit de processus de saut, proches des réseaux de Jackson ou des systèmes de particules de la cinquième partie.
- *L'utilisation du calcul stochastique en analyse financière.* Nous n'aborderons pas ce domaine en pleine expansion, sauf pour lui emprunter l'exemple de la diffusion de Black et Scholes. La simulation y joue pourtant un rôle croissant (voir [39, 113, 126, 137]).
- *Les processus markoviens de décision.* En économie, quand un modèle markovien est choisi pour les aléas du marché, le problème se pose de déterminer des stratégies de comportement optimales, en maximisant l'espérance de certaines fonctions des trajectoires. Puterman [47] est une bonne introduction à ce domaine.
- *Les chaînes à espace d'états continu.* A part pour les processus de diffusion dans la troisième partie, nous nous en tiendrons à des espaces d'états finis ou dénombrables. Les questions théoriques de convergence sont notablement plus difficiles dans le cas continu. La référence de base sur le sujet est le livre de Meyn et Tweedie [123]. Le point de vue fonctionnel est développé par Diaconis et Freedman dans [97].
- *La convergence vers les processus de diffusion.* De nombreux modèles discrets, en théorie des files d'attente, dynamique des populations ou chimie admettent des approximations continues, généralisant la convergence de la marche aléatoire simple vers le mouvement brownien. Ethier et Kurtz [101] donnent les principaux résultats, et traitent de nombreux exemples d'applications.
- *Les processus ponctuels spatiaux.* Pour modéliser des objets de formes variables dans l'espace (dunes, vagues, galaxies), on a recours à des extensions continues des modèles de particules. Baddeley et Møller [73] donnent une bonne introduction au sujet. La simulation de ces modèles fait l'objet de [124].

2 Tirages indépendants

2.1 Analyse des algorithmes de simulation

2.1.1 Postulats

Tous les langages de programmation disposent d'un générateur pseudo-aléatoire. Les syntaxes varient : **ran**, **rand**, **grand**, **Random**... Ce sont des fonctions, qui au dire des manuels d'utilisation, "retournent des nombres au hasard". Ce que l'on entend par "nombre au hasard" dépend d'abord du type (booléen, entier, réel). Nous conviendrons de noter Random la fonction qui "retourne un réel au hasard dans $[0,1]$". Ceci recouvre en fait deux propriétés distinctes, que nous admettrons comme postulats.

Postulats

1. *Un appel de* Random *est une variable aléatoire de loi uniforme sur* $[0,1]$.
2. *Les appels successifs de* Random *sont des variables aléatoires indépendantes.*

On décide donc que la suite des appels de Random est une suite de variables aléatoires indépendantes et identiquement distribuées, de loi uniforme sur $[0,1]$.

Dans ce qui suit, la notation *Prob* désigne la loi de cette suite, à savoir le produit indicé par $\mathbb{N}$ de copies de la mesure de Lebesgue sur $[0,1]$. Nous noterons $\mathbb{E}$ les espérances relatives à cette loi. Si R désigne un appel de Random, le premier postulat se traduit par :

$$\forall a, b\,,\, 0 \leq a < b \leq 1\,,\; Prob[\,R \in]a,b]\,] = \mathbb{E}[\,\mathbb{1}_{]a,b]}(R)\,] = b - a\,.$$

La notation $\mathbb{1}_D$ désigne la fonction indicatrice de l'ensemble D.

$$\mathbb{1}_D(x) = \begin{cases} 1 & \text{si } x \in D\,, \\ 0 & \text{sinon}\,. \end{cases}$$

Dans le langage courant "au hasard" ne signifie pas seulement aléatoire mais en plus uniformément réparti. Choisir au hasard, c'est donner les mêmes chances à tous les résultats possibles (équiprobabilité). On attend d'un réel "au hasard" dans $[0,1]$ qu'il tombe entre 0.4 et 0.5 avec probabilité $1/10$, de même qu'entre 0.8 et 0.9. Deux intervalles inclus dans $[0, 1]$ ont la même probabilité d'être atteints s'ils ont même longueur, et cette probabilité est la longueur des intervalles. Les postulats ci-dessus ont une autre conséquence. Si on considère des couples successifs d'appels de Random comme des coordonnées de points du plan, ces points sont des "points au hasard" dans $[0, 1]^2$ (cf. figure 2.1). Le sens précis étant que ces points sont indépendants et :

$$\forall a_1, b_1 \ , \ 0 \leq a_1 < b_1 \leq 1 \ , \ \forall a_2, b_2 \ , \ 0 \leq a_2 < b_2 \leq 1$$

$$Prob[\ (\mathsf{Random}_1, \mathsf{Random}_2) \in]a_1, b_1] \times]a_2, b_2]\ ] = (b_1 - a_1)(b_2 - a_2) \ .$$

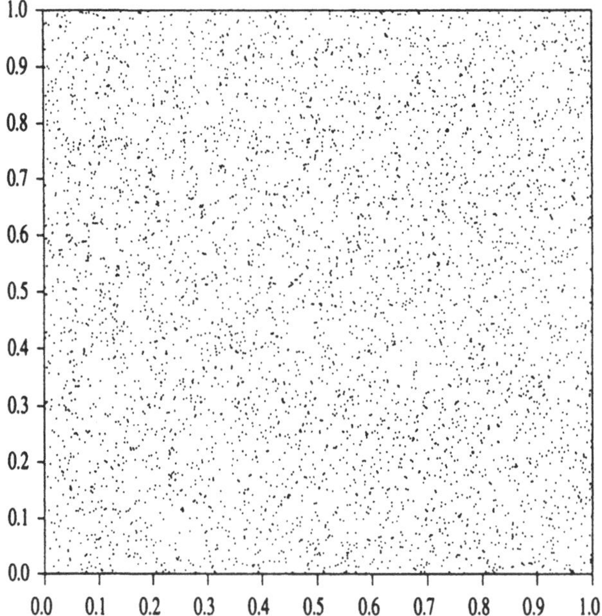

Figure 2.1 – *Points au hasard dans le carré* $[0, 1]^2$.

La probabilité qu'un point dont les deux coordonnées sont des appels de Random tombe dans un rectangle est la surface de ce rectangle. Ceci peut évidemment être étendu en dimension quelconque. Des triplets d'appels de Random successifs sont les coordonnées de "points au hasard" dans le cube $[0, 1]^3$, etc...

Proposition 2.1. *Pour tout $d \in \mathbb{N}^*$, soient $(R_1, \dots, R_d)$ d appels successifs de* Random. *Les postulats 1 et 2 entraînent que pour tout pavé :*

$$D =]a_1, b_1] \times \cdots \times]a_d, b_d], \quad 0 \leq a_i < b_i \leq 1 \ , \quad i = 1, \dots, d \ ,$$

$$Prob[\ (R_1, \dots, R_d) \in D\ ] = (b_1 - a_1) \cdots (b_d - a_d) \ .$$

La probabilité pour Random de tomber sur n'importe quelle valeur particulière est nulle :

$$\forall a \in [0,1]\ , \ Prob[\ \mathsf{Random} = a\ ] = 0 \ ,$$

car

$$\forall \varepsilon > 0\ , \ Prob[\ \mathsf{Random} = a\ ] \leq Prob[\ \mathsf{Random} \in]a - \varepsilon,\ a]\ ] = \varepsilon \ .$$

En conséquence,

$$\begin{aligned} Prob[\ \mathsf{Random}\ \in\ ]a,b]\ ] &= Prob[\ \mathsf{Random} \in [a,b]\ ] \\ &= Prob[\ \mathsf{Random} \in [a,b[\ ] \\ &= Prob[\ \mathsf{Random} \in]a,b[\ ] \ . \end{aligned}$$

Il y a un paradoxe à admettre à la fois que Random peut prendre une infinité de valeurs distinctes et ne prend jamais aucune valeur particulière. Nous verrons en 2.8.2 qu'en pratique la situation est légèrement différente, sans que cela remette en cause les postulats de définition de Random.

Une fois admis les deux postulats, toute analyse d'algorithme contenant Random est une démonstration mathématique qui ne doit contenir aucun à-peu-près.

Exemple 1 : $X \longleftarrow (\text{Int}(\underbrace{\mathsf{Random}}_{R_1} *3\ )) * (\text{Int}(\underbrace{\mathsf{Random}}_{R_2} *2\ ))$.

(Int(·) désigne la partie entière, et "⟵" se lit "reçoit" ou "prend la valeur").

La variable aléatoire X peut prendre les valeurs 0, 1 ou 2.

$$\begin{aligned} Prob[X = 2] &= Prob[\ \text{Int}(\ R_1 * 3\ ) = 2 \text{ et Int}(\ R_2 * 2\ ) = 1\ ] \\ &= Prob[\ R_1 \in [2/3,\ 1[\text{ et } R_2 \in [1/2,\ 1[\ ] \\ &= \left(1 - \frac{2}{3}\right)\left(1 - \frac{1}{2}\right) \\ &= \frac{1}{6} \ . \end{aligned}$$

On montre de même que $Prob[X = 1] = 1/6$ et $Prob[X = 0] = 4/6$. Contrairement aux apparences, l'algorithme ne retourne pas de valeurs entre 3 et

6. En théorie, la probabilité que Random retourne la valeur 1 est nulle. En pratique, les générateurs sont le plus souvent codés de manière à ne retourner ni 0 ni 1.

L'algorithme proposé *simule* la loi de probabilité sur $\{0, 1, 2\}$ de masses $(4/6, 1/6, 1/6)$.

Définition 2.1. *Un algorithme* simule *une loi de probabilité quand en sortie une des variables suit cette loi, sous l'hypothèse que les appels successifs du générateur pseudo-aléatoire sont les termes d'une suite de variables aléatoires indépendantes de même loi, uniforme sur* $[0, 1]$.

Un des objectifs de ce chapitre est de montrer que toutes les lois d'intérêt pratique sont simulables au sens ci-dessus. Il existe même en général beaucoup d'algorithmes différents pour simuler la même loi à partir de la fonction Random. Le problème est de choisir le plus rapide. Il peut se faire que la meilleure solution ne passe pas par la fonction Random telle que nous l'avons définie.

Exemple 2 : Lancer de dé.

$$D \longleftarrow \mathsf{Int}(\mathsf{Random} * 6) + 1$$

Pour tout $k \in \{1, \ldots, 6\}$,

$$\begin{aligned} Prob[D = k] &= Prob[\mathsf{Int}(\ \mathsf{Random} * 6\ ) = k - 1\ ] \\ &= Prob[\mathsf{Random} * 6 \in [k - 1, k[\ ] \\ &= Prob[\mathsf{Random} \in [(k - 1)/6,\ k/6[\ ] \\ &= \frac{k}{6} - \frac{k-1}{6} = \frac{1}{6}\,. \end{aligned}$$

Il ne faut pas déduire de cet exemple que $\mathsf{Int}(\mathsf{Random} * k)$ est la bonne manière de tirer un entier au hasard entre 0 et $k-1$ (simuler la loi uniforme discrète sur $\{0, \ldots, k-1\}$). Les générateurs courants permettent différents types de sorties : réelles uniformes sur l'intervalle $[0, 1]$, mais aussi booléennes, entières, et même complexes. Nous noterons $\mathsf{Random}(\{x_1, \ldots, x_k\})$ la fonction qui retourne une valeur "au hasard" sur $\{x_1, \ldots, x_k\}$. Elle n'est pas forcément déduite de Random (voir 2.8.2). Ses appels successifs sont des variables aléatoires indépendantes et identiquement distribuées, de loi uniforme sur l'ensemble fini $\{x_1, \ldots, x_k\}$.

2.1.2 Théorème central limite

En simulation, la situation typique est celle où on exécute un très grand nombre de fois une boucle, en calculant à chaque passage des réalisations de variables aléatoires indépendantes. Le résultat recherché est une espérance, que l'on estime par la moyenne empirique des variables simulées. Pas plus en simulation qu'en physique ou en biologie on ne donnera une estimation sans indication sur sa précision. Le théorème central limite permet de calculer cette précision.

Théorème 2.1. *Soit $(X_n)_{n\in\mathbb{N}^*}$ une suite de variables aléatoires indépendantes de même loi, d'espérance μ et de variance σ^2 finies. Posons :*

$$\forall n \in \mathbb{N}^* \,, \quad \overline{X}_n = \frac{X_1 + \cdots + X_n}{n} \quad et \quad Z_n = \frac{\sqrt{n}}{\sigma}\left(\overline{X}_n - \mu\right) .$$

La suite $(Z_n)_{n\in\mathbb{N}^*}$ converge en loi vers la loi normale $\mathcal{N}(0,1)$, c'est-à-dire :

$$\forall a, b \; -\infty \leq a < b \leq +\infty \qquad \lim_{n\to\infty} Prob[a < Z_n < b] = \int_a^b \frac{1}{\sqrt{2\pi}} e^{-x^2/2}\, dx .$$

Interprétation. La fonction $\frac{1}{\sqrt{2\pi}}e^{-x^2/2}$ (courbe de Gauss) est paire et décroît rapidement à l'infini. Voici quelques valeurs pour :

$$g(a) = \int_{-a}^{a} \frac{1}{\sqrt{2\pi}} e^{-x^2/2}\, dx .$$

a	1	1.96	2	2.5758	3	4	$+\infty$
$g(a)$	0.6826	0.95	0.9544	0.99	0.9973	0.999994	1

Dans le théorème central limite, μ est la valeur à estimer. Les n valeurs $X_1, \ldots, X_n$ constituent un échantillon de variables aléatoires indépendantes d'espérance μ. La quantité $(X_1 + \cdots + X_n)/n$ est la moyenne empirique de l'échantillon, qui d'après la loi des grands nombres doit converger vers l'espérance μ. Le théorème central limite donne la précision de cette approximation. Il faut le lire intuitivement comme suit. Si n est assez grand alors Z_n est très probablement compris entre -3 et 3. Soit encore :

$$\frac{X_1 + \cdots + X_n}{n} - \mu \in \left[-\frac{3\sigma}{\sqrt{n}} \,;\, +\frac{3\sigma}{\sqrt{n}}\right] ,$$

ou bien $\overline{X}_n$ (la moyenne empirique) est égale à μ à $3\sigma/\sqrt{n}$ près. On formalise ceci par la notion d'intervalle de confiance.

Le théorème central limite est utilisé pour des valeurs finies de n. L'idée concrète est la suivante. Si n est assez grand, la variable centrée réduite (espérance 0, variance 1) Z_n associée à la somme de n variables indépendantes suit approximativement la loi $\mathcal{N}(0,1)$. Si on réalise suffisamment de simulations de Z_n et que l'on trace un histogramme des valeurs obtenues, celui-ci ne sera pas très loin de la courbe $\frac{1}{\sqrt{2\pi}}e^{-x^2/2}$. Pas plus loin en tout cas que si on avait simulé des variables aléatoires de loi $\mathcal{N}(0,1)$. Si Z suit la loi $\mathcal{N}(0,1)$, alors $Y = \sigma Z + \mu$ suit la loi $\mathcal{N}(\mu, \sigma^2)$. On peut aussi dire que pour n assez grand une somme de n variables aléatoires indépendantes suit approximativement une loi normale, dont l'espérance et la variance sont respectivement la somme des espérances et la somme des variances des variables que l'on ajoute. Le problème est de savoir à partir de quelle valeur n est "assez grand", pour la précision désirée. Cela dépend beaucoup de la loi des X_n. L'approximation est d'autant meilleure que cette loi est plus symétrique. En particulier, le bon comportement de la loi uniforme vis à vis du théorème central limite conduit à un algorithme approché de simulation pour la loi $\mathcal{N}(0,1)$.

```
X ←— -6
Répéter 12 fois
    X ←— X+Random
finRépéter
```

Justification : Si (R_n) désigne la suite des appels de Random (suite de variables indépendantes de loi uniforme sur $[0,1]$), on a :

$$\frac{R_1 + \cdots + R_n - n/2}{\sqrt{n}\sqrt{\frac{1}{12}}} \xrightarrow{\mathcal{L}} \mathcal{N}(0,1) .$$

On évite une division et on obtient une approximation déjà correcte en prenant $n = 12$. Cet algorithme n'est cependant pas conseillé avec les générateurs classiques. Son principal inconvénient est de consommer trop d'appels de Random, ce qui pose le problème de la dépendance des réalisations successives.

Pour des lois plus dissymétriques comme la loi exponentielle, l'approximation normale n'est pas valable pour des sommes de quelques dizaines de variables. On peut la considérer comme justifiée à partir de quelques centaines. En simulation, ce sont des milliers, voire des millions de variables qui sont engendrées, et l'approximation normale est tout à fait légitime.

2.1.3 Intervalles de confiance

L'idée de l'estimation par intervalle de confiance est de définir, autour de la moyenne empirique, un intervalle aléatoire (dépendant des n tirages) qui contienne μ avec une forte probabilité. C'est l'amplitude de cet intervalle qui mesure la précision de l'estimation.

Théorème 2.2. *Soit $(X_n)_{n\in\mathbb{N}^*}$ une suite de variables aléatoires indépendantes de même loi, d'espérance μ et variance σ^2 finies. Posons :*

$$\forall n \in \mathbb{N}, \quad \overline{X}_n = \frac{X_1 + \cdots + X_n}{n} \quad et \quad S_n^2 = \frac{X_1^2 + \cdots + X_n^2}{n} - \overline{X}_n^2 .$$

Soit α un réel > 0 (petit). Soit z_α le réel > 0 tel que :

$$\int_{-z_\alpha}^{+z_\alpha} \frac{1}{\sqrt{2\pi}} e^{-x^2/2}\, dx = 1 - \alpha .$$

Posons :

$$T_1 = \overline{X}_n - \frac{z_\alpha \sigma}{\sqrt{n}} \quad , \quad T_1' = \overline{X}_n - \frac{z_\alpha \sqrt{S_n^2}}{\sqrt{n}} \, ,$$
$$T_2 = \overline{X}_n + \frac{z_\alpha \sigma}{\sqrt{n}} \quad , \quad T_2' = \overline{X}_n + \frac{z_\alpha \sqrt{S_n^2}}{\sqrt{n}} \, .$$

Alors :

$$\lim_{n\to\infty} Prob[\, \mu \in [T_1, T_2]\,] \;=\; \lim_{n\to\infty} Prob[\, \mu \in [T_1', T_2']\,] \;=\; 1 - \alpha \; .$$

On dit que les intervalles aléatoires $[T_1, T_2]$ et $[T_1', T_2']$ sont des intervalles de confiance pour μ, de niveau de confiance asymptotique $1 - \alpha$.

Interprétation La valeur μ étant inconnue, il n'y a pas de raison a priori pour que l'écart-type σ soit connu. S'il est inconnu, on l'estime par l'écart-type empirique $\sqrt{S_n^2}$. C'est la raison pour laquelle nous donnons deux intervalles de confiance. La valeur de z_α est lue dans une table, ou retournée par un module de calcul numérique. Les valeurs les plus courantes sont les suivantes :

α	0.01	0.02	0.05
z_α	2.5758	2.3263	1.96

Les intervalles $[T_1, T_2]$ et $[T_1', T_2']$ sont aléatoires. A l'issue de la série de n expériences, T_1 et T_2 auront pris des valeurs particulières t_1 et t_2. On ne pourra pas dire qu'il y a une probabilité $1 - \alpha$ pour que μ appartienne à $[t_1, t_2]$. Aussi bien μ que t_1 et t_2 sont des réels fixés et le résultat $\mu \in [t_1, t_2]$ sera soit vrai soit faux mais ne dépendra plus du hasard. Ce qu'on pourra dire, c'est que cet encadrement est obtenu à l'issue d'une expérience qui avait un fort pourcentage de chances de donner un résultat exact. Pour $\alpha = 0.01$, si on répète 100 fois la série de n expériences pour obtenir 100 intervalles, on peut s'attendre à ce que l'un d'entre eux soit faux.

Il faut comprendre un intervalle de confiance comme une précision donnée sur la valeur estimée de μ :

$$\mu = \overline{X}_n \pm \frac{z_\alpha \sigma}{\sqrt{n}} \qquad \text{ou} \qquad \mu = \overline{X}_n \pm \frac{z_\alpha \sqrt{S_n^2}}{\sqrt{n}} \; .$$

Selon le niveau de confiance, z_α varie en gros entre 2 et 3. Seulement deux facteurs influent vraiment sur la précision : le nombre d'expériences n et la variance σ^2. Pour ce qui est du nombre d'expériences, la précision est de l'ordre de $n^{-1/2}$. C'est une "mauvaise" précision, mais on n'y peut rien. En revanche, on aura intérêt à tenter le plus possible de réduire σ^2. C'est l'origine de l'expression "*méthodes de réduction de la variance*".

Malheureusement la réduction de la variance s'accompagne en général d'une augmentation du temps d'exécution de l'algorithme. Si en divisant la variance par 2 on double en même temps le temps d'exécution, on n'aura rien gagné. Plus que la variance, le critère d'évaluation à retenir pour un calcul par simulation est la précision atteinte pour un temps d'exécution donné (mesuré évidemment sur la même machine, avec le même compilateur).

Le calcul d'un intervalle de confiance s'effectue grâce à des variables cumulantes dans la boucle de simulation.

```
Somme ⟵ 0
Somme2 ⟵ 0
Répéter n fois
    Algorithme
    calcul de X
    Somme ⟵ Somme +X
    Somme2 ⟵ Somme2 +X * X
finRépéter
Moyenne ⟵ Somme/n
Variance ⟵ Somme2/n− moyenne*moyenne
Amplitude ⟵ z_α*Sqrt(Variance/n)
T_1 ⟵ Moyenne − Amplitude
T_2 ⟵ Moyenne + Amplitude
```

Nous avons supposé jusque-là que les valeurs après chaque opération sont "exactes". En pratique, le nombre d'itérations est souvent très grand. Une somme de 10^7 termes peut devenir très imprécise si on ne prend pas certaines précautions, comme de déclarer la variable cumulante en double précision, voire de découper la boucle principale en deux boucles emboîtées.

2.1.4 Estimation d'une probabilité

Supposons que la quantité à estimer soit la probabilité p d'un événement. On réalise une suite d'expériences indépendantes, en notant à chaque fois si l'événement est réalisé (1) ou non (0). La variable aléatoire correspondant à la n-ième expérience est notée X_n. Les X_n suivent la loi de Bernoulli de paramètre p :

$$Prob[X_n = 0] = 1-p\,, \quad Prob[X_n = 1] = p\,.$$

$$\mu = \mathbb{E}[X_n] = p \qquad \text{et} \qquad \sigma^2 = \mathrm{Var}[X_n] = p(1-p)\,.$$

La somme $X_1 + \cdots + X_n$ (nombre de réalisations de l'événement sur n expériences) suit la loi binomiale $\mathcal{B}(n,p)$. La moyenne empirique $\overline{X}_n$ de l'échantillon est ici la fréquence expérimentale de l'événement. La variance empirique S_n^2 est égale à $\overline{X}_n(1-\overline{X}_n)$. Il est à remarquer ici que la variance et la variance empirique sont majorées par $1/4$.

Exemple : l'aiguille de Buffon.

On lance au hasard une aiguille sur un parquet. On supposera pour simplifier que la longueur de l'aiguille est égale à la largeur d'une lame de parquet. Le problème consiste à calculer la probabilité pour que l'aiguille tombe à cheval sur 2 lames de parquet.

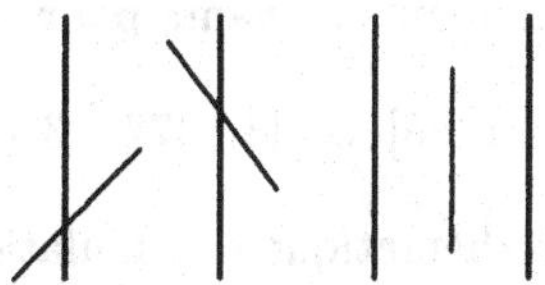

Une concrétisation de cette expérience se trouve au palais de la découverte : les "lames de parquet" sont métalliques, l'aiguille est retenue par un électro-aimant et tombe quand le visiteur appuie sur un interrupteur. Si elle tombe à cheval sur deux lames, il y a contact et un compteur est incrémenté. On peut donc calculer la fréquence expérimentale. Celle-ci est remarquablement proche de $2/\pi$ (des millions de visiteurs ont appuyé sur le bouton...). On a donc un moyen "expérimental" de calculer π. Notons que l'expérience du palais de la découverte est déjà une analogie, une idéalisation du problème initial : c'est un modèle physique.

Modèle mathématique.
Les hypothèses sont les suivantes.

- La position du milieu de l'aiguille est un réel X au hasard entre 0 et 1/2.
- L'angle de l'aiguille avec l'axe vertical est un réel θ au hasard entre 0 et $\pi/2$.
- Ces deux variables aléatoires sont indépendantes.

Dans ce modèle, l'aiguille tombe à cheval sur deux lames si $\cos(\theta) \geq 1 - 2X$. On peut alors démontrer que la probabilité cherchée vaut $2/\pi$.

Calcul par simulation

```
nA ⟵ 0
Répéter n fois
    X ⟵ Random/2
    θ ⟵ Random *π/2
    Si cos(θ) ≥ 1 − 2X Alors nA ⟵ nA + 1
    finSi
finRépéter
X̄n ⟵ nA/n
```

A l'issue de n expériences, on obtient une valeur de la fréquence expérimentale n_A/n et donc un intervalle de confiance $[T_1, T_2]$. L'intervalle $[2/T_2, 2/T_1]$ est aussi un intervalle de confiance pour π. Voici par exemple des résultats obtenus sur $n = 10^6$ expériences :

$$\overline{X}_n = 0.636438 \,, \; \frac{2}{\overline{X}_n} = 3.14249 \,.$$

Pour $1 - \alpha = 0.99$ ($z_\alpha = 2.5758$) et $1 - \alpha = 0.95$ ($z_\alpha = 1.96$), les intervalles de confiance pour la probabilité sont respectivement :

$$[0.6352\ ,\ 0.6377] \text{ et } [0.6355\ ,\ 0.6374]\,.$$

Ils correspondent aux encadrements suivants pour la valeur de π :

$$[3.1364\ ,\ 3.1486] \text{ et } [3.1378\ ,\ 3.14715]\,.$$

Dans les deux cas (calcul mathématique et simulation) on n'a fait que développer les conséquences des hypothèses de définition du modèle. La simulation n'a pas plus de rapport avec la réalité physique que le calcul mathématique. D'ailleurs, on est obligé d'introduire la valeur de π dans l'algorithme pour au bout du compte... en déduire une estimation de cette valeur ! Le miracle est que les conséquences calculées des hypothèses de modélisation puissent avoir un rapport avec une réalité physique, ou en d'autres termes que le modèle mathématique puisse être *validé* par confrontation avec l'expérience.

2.1.5 Conditionnement

La simulation de lois conditionnelles apparaît fréquemment dans les algorithmes de simulation (voir 2.3). Elle se traduit algorithmiquement par un conditionnement logique.

Considérons un algorithme de simulation $\mathcal{A}$ et notons Ω l'ensemble des sorties possibles. L'algorithme $\mathcal{A}$ utilise des appels de Random, et l'image par $\mathcal{A}$ de leur loi conjointe est une loi de probabilité sur Ω, que nous noterons $\mathbb{P}$. Soit $E \subset \Omega$ un événement tel que $\mathbb{P}[E] > 0$. Considérons l'algorithme $\widetilde{\mathcal{A}}$ suivant :

Répéter $\mathcal{A}$ Jusqu'à (E réalisé).

La boucle de conditionnement logique induit un conditionnement probabiliste.

Proposition 2.2.

1. *En sortie de l'algorithme $\widetilde{\mathcal{A}}$, la loi de probabilité sur Ω est la loi conditionnelle $\mathbb{P}[\cdot\,|E]$.*
2. *Le nombre de parcours de la boucle* "Répéter ... Jusqu'à" *suit la loi géométrique de paramètre $\mathbb{P}[E]$.*

Démonstration. Chaque nouvelle répétition de $\mathcal{A}$ utilise des appels de Random indépendants des précédents. La suite des répétitions de $\mathcal{A}$ est donc une suite d'expériences indépendantes, pour laquelle l'espace des sorties $\Omega^{\mathbb{N}}$ est muni de la probabilité produit $\widetilde{\mathbb{P}} = \mathbb{P}^{\otimes \mathbb{N}}$. Soit $A \subset \Omega$ un événement. Sa probabilité en sortie de l'algorithme $\widetilde{\mathcal{A}}$ est la probabilité d'un événement de $\Omega^{\mathbb{N}}$, que nous noterons $\widetilde{A}_E$. On peut l'énoncer comme "la première fois où E est réalisé, A l'est aussi". Pour le décrire, nous notons A_n, E_n, $\overline{E}_n$ les réalisations de A, E ou son contraire au cours de la n-ième répétition de $\mathcal{A}$.

$$\widetilde{A}_E = \bigcup_{n=1}^{\infty} \overline{E}_1 \cap \ldots \cap \overline{E}_{n-1} \cap E_n \cap A_n \,.$$

Sa probabilité est la suivante :

$$\begin{aligned}
\widetilde{\mathbb{P}}[\widetilde{A}_E] &= \sum_{n=1}^{\infty} \widetilde{\mathbb{P}}[\overline{E}_1 \cap \ldots \cap \overline{E}_{n-1} \cap E_n \cap A_n] \\
&= \sum_{n=1}^{\infty} (1 - \mathbb{P}[E])^{n-1} \mathbb{P}[E \cap A] \\
&= \mathbb{P}[E \cap A] \sum_{n=1}^{\infty} (1 - \mathbb{P}[E])^{n-1} \\
&= \frac{\mathbb{P}[A \cap E]}{\mathbb{P}[E]} = \mathbb{P}[A|E] \,.
\end{aligned}$$

Le nombre de passages dans la boucle est l'indice de la première réalisation de E, qui vaut n avec probabilité :

$$\widetilde{\mathbb{P}}[\overline{E}_1 \cap \ldots \cap \overline{E}_{n_1} \cap E_n] = (1 - \mathbb{P}[E])^{n-1} \mathbb{P}[E] \,.$$

Exemple :

```
n_{A∩E} ⟵ 0
Répéter n fois
    Répéter
        D ⟵ Random{1,... ,6})            (lancer d'un dé)
    Jusqu'à (D pair)                     (E est l'événement "D pair" )
    Si D ≥ 4 alors n_{A∩E} ⟵ n_{A∩E} + 1   (A est l'événement "D ≥ 4")
    finSi
finRépéter
f_{A|E} ⟵ n_{A∩E}/n_E .
```

En sortie de cet algorithme, $n_{A\cap E}$ suit la loi binomiale de paramètres n et $\mathbb{P}[A|E] = 2/3$ et la fréquence expérimentale $f_{A|E}$ contient un nombre d'autant plus proche de 2/3 que n est grand. Le nombre de répétitions de l'expérience au cours de chaque passage dans la boucle principale suit la loi géométrique $\mathcal{G}(1/2)$. Un intervalle de dispersion de niveau asymptotique 0.95 pour le nombre total d'appels de Random sera donc :

$$[\,2n - 1.96\sqrt{2n}\;,\; 2n + 1.96\sqrt{2n}\,]\,.$$

2.2 Inversion

2.2.1 Principe

La méthode d'inversion est la plus simple des méthodes générales de simulation. Elle consiste à composer un appel de Random avec l'inverse de la fonction de répartition de la loi à simuler. Soit F cette fonction de répartition. C'est une fonction de $\mathbb{R}$ dans $[0,1]$, croissante au sens large et continue à droite. Nous convenons de définir son inverse de la façon suivante.

$$\forall u \in [0,1]\,,\; F^{-1}(u) \;=\; \inf\{x\;;\; F(x) \geq u\}\,.$$

Proposition 2.3. *Soit F une fonction de répartition sur $\mathbb{R}$ et U une variable aléatoire de loi uniforme sur $[0,1]$. La variable aléatoire $X = F^{-1}(U)$ a pour fonction de répartition F.*

Démonstration.

$$\begin{aligned}\forall x \in \mathbb{R}\,,\quad Prob[X \leq x] &= Prob[\,\inf\{y\;;\;F(y) \geq U\} \leq x\,]\\ &= Prob[\,U \leq F(x)\,]\\ &= F(x)\,.\end{aligned}$$

Exemple : Loi exponentielle de paramètre λ. Sa fonction de répartition est :

$$F(x) = (1 - e^{-\lambda x})\mathbb{1}_{\mathbb{R}^+}(x)\,.$$

$$\forall u \in]0,1],\quad F(x) = u \Longleftrightarrow x = -\frac{1}{\lambda}\log(1-u)\,.$$

D'où l'algorithme de simulation :

$X \longleftarrow -\log(\mathsf{Random})/\lambda\,.$

(Il est inutile de calculer $-\log(1-\mathsf{Random})/\lambda$ car Random et 1−Random suivent la même loi).

La méthode d'inversion n'est exacte qu'à condition de connaître l'expression explicite de F^{-1}, comme pour la loi exponentielle. C'est rarement le cas. Si on veut appliquer la méthode à la loi normale par exemple, il faudra se donner une table de valeurs de F et procéder par interpolation linéaire. On simulera alors une loi dont la fonction de répartition, linéaire par morceaux, n'est qu'une approximation de la vraie fonction de répartition. En plus de l'imprécision, cette méthode présente deux autres inconvénients. L'un est l'encombrement de la place mémoire, l'autre est la lenteur due au nombre élevé de tests, même avec une recherche dichotomique. Même quand on connaît explicitement F^{-1}, la méthode d'inversion est rarement la plus efficace pour les variables à densité.

2.2.2 Lois discrètes

Un choix aléatoire dans un ensemble fini ou dénombrable peut toujours se ramener à la simulation d'une loi de probabilité sur $\mathbb{N}$ (il suffit de numéroter les éventualités). Nous supposons d'abord que les éventualités sont des réels rangés par ordre croissant.

$$\{x_i\,;\, i \in \{1,\dots,n\} \text{ ou } i \in \mathbb{N},\ x_i < x_{i+1}\,,\ \forall i\}\,.$$

Considérons la loi qui charge la valeur x_i avec probabilité p_i $(i \geq 1)$. La fonction de répartition correspondante est définie par :

$$F(x) = \begin{cases} 0 & \text{si } x < x_1 \\ p_1 + \cdots + p_i = F_i & \text{si } x_i \leq x < x_{i+1}\,. \end{cases}$$

L'algorithme de simulation par inversion est l'algorithme naturel de choix entre différentes éventualités.

```
i ⟵ 1
choix⟵Random
TantQue (choix> F_i) faire
   i ⟵ i + 1
finTantQue
X ⟵ x_i
```

Il est inutile de recalculer les sommes $p_1 + \cdots + p_i$ à chaque passage dans la boucle. De même, le nombre de tests de l'algorithme ci-dessus valant i avec probabilité p_i, on aura intérêt à ranger les éventualités par ordre de probabilités décroissantes. Si le nombre de valeurs est important, il vaudra mieux utiliser un algorithme de recherche dichotomique, plus rapide que la recherche séquentielle.

Exemple : simulation de la loi de Poisson.

Si X suit la loi de Poisson de paramètre λ on a :

$$Prob[X = n] = e^{-\lambda}\frac{\lambda^n}{n!} = \frac{\lambda}{n}Prob[X = n-1]\,.$$

Il n'y a pas d'expression simple pour la fonction de répartition et l'ensemble des valeurs possibles est infini. Il faut donc calculer les valeurs F_i au fur et à mesure. L'algorithme est le suivant.

```
P ⟵ e^{-λ}
F ⟵ P
X ⟵ 0
choix ⟵ Random
TantQue (choix > F)
   X ⟵ X + 1
```

```
  P ⟵ P * λ/X
  F ⟵ F + P
finTantQue
```

Mais simuler une seule valeur n'a aucun sens. L'algorithme ci-dessus sera sans doute appelé un grand nombre de fois et recalculera à chaque fois les mêmes valeurs de la fonction de répartition. Voici par exemple les 6 premières valeurs de cette fonction pour $\lambda = 1$.

i	0	1	2	3	4	5
F_i	0.3679	0.7358	0.9193	0.9810	0.9963	0.9994

On a tout intérêt à mettre dans un tableau en début de programme ces 6 valeurs, quitte à calculer les suivantes le cas échéant. Dans environ 9994 cas sur 10000, les 6 valeurs précalculées suffiront.

En début de programme :

```
Tableau des F[i], i = 0, ..., MAX
FMAX ⟵ F[MAX]
PMAX ⟵ F[MAX] − F[MAX − 1]
```

Dans la boucle principale :

```
choix⟵Random
Si (choix ≤ FMAX)
  alors
    X ⟵ 0
    TantQue (choix > F[X])
      X ⟵ X + 1
    finTantQue
  sinon
    X ⟵ MAX
    P ⟵ PMAX
    F ⟵ FMAX
    TantQue (choix > F)
      X ⟵ X + 1
      P ⟵ P * λ/X
      F ⟵ F + P
    finTantQue
finSi
```

Cet exemple peut être étendu à n'importe quelle loi discrète. Si on l'utilise convenablement, la méthode d'inversion est une excellente méthode de simulation des lois discrètes, en particulier quand un faible nombre de valeurs ont une probabilité cumulée proche de 1. L'utiliser convenablement signifie :

- éliminer au maximum les calculs répétés (comme ci-dessus).

- classer les valeurs de la fonction de répartition par ordre décroissant si on utilise une recherche séquentielle ou bien utiliser une recherche par dichotomie.

Histogrammes : Modifions légèrement l'algorithme de choix aléatoire entre k éventualités $\{x_1, \ldots, x_k\}$, en lui rajoutant une interpolation linéaire. Quand `choix` tombe dans l'intervalle $]F_{i-1}, F_i]$, au lieu de retourner x_i comme précédemment, nous retournons :

$$x_{i-1} + (x_i - x_{i-1}) * \frac{\texttt{choix} - F_{i-1}}{F_i - F_{i-1}} .$$

Ceci revient à remplacer la fonction de répartition en escalier par une fonction de répartition linéaire par morceaux, passant par les points (x_i, F_i). La loi de probabilité correspondante admet pour densité une fonction en escalier (constante sur les intervalles $]x_{i-1}, x_i[$). C'est un histogramme. Simuler une loi à densité par inversion à partir d'une table de valeurs de la fonction de répartition, comme évoqué plus haut, revient à remplacer sa densité par une discrétisation en escalier, qui est un histogramme.

2.3 Méthodes de rejet

2.3.1 Lois uniformes

Soit X une variable aléatoire produite par un algorithme $\mathcal{A}$ utilisant la fonction Random. La loi de X est une mesure sur $\mathbb{R}$, image par l'algorithme $\mathcal{A}$ de la loi des appels de Random successifs. Conditionner par un événement E de probabilité non nulle revient à remplacer cette loi par la loi conditionnelle sachant E (proposition 2.2). C'est la mesure sur $\mathbb{R}$ définie pour tout intervalle B de $\mathbb{R}$ par :

$$Prob[X \in B \mid E] = \frac{Prob[X^{-1}(B) \cap E]}{Prob[E]} .$$

En pratique, passer de la probabilité $Prob[\,\cdot\,]$ à la probabilité conditionnelle $Prob[\,\cdot \mid E]$ revient à remplacer l'algorithme $\mathcal{A}$ par le suivant.

Répéter $\mathcal{A}$ Jusqu'à (E réalisé).

Le coût de l'algorithme est lui-même aléatoire, car il dépend du nombre de passages dans la boucle "Répéter ... Jusqu'à". Ce nombre suit la loi géométrique de paramètre $Prob[E]$. Son espérance vaut donc $1/Prob[E]$.

Exemple :

Soit $\alpha \in]0, 1[$. Considérons l'algorithme :

```
Répéter
    X ←— Random
Jusqu'à X ≤ α
```

Désignons par R l'appel de Random. La loi de X en sortie de cet algorithme a pour fonction de répartition :

$$F_X^E(x) = Prob[R \leq x \mid R \leq \alpha\,] = \begin{cases} 0 \text{ si } x \leq 0 \\ \frac{x}{\alpha} \text{ si } x \in [0,\alpha] \\ 1 \text{ si } x \geq \alpha\,. \end{cases}$$

La densité correspondante est :

$$f_X^E(x) = \frac{1}{\alpha}\mathbb{1}_{[0,\alpha]}(x)\,.$$

C'est celle de la loi uniforme sur $[0,\alpha]$. L'algorithme ci-dessus retourne donc un réel au hasard entre 0 et α. Il peut sembler plus économique de multiplier un appel de Random par α pour arriver au même résultat. Cela peut dépendre du compilateur et de la valeur de α. Voici quelques temps d'exécution observés, pour une boucle de taille 10000 en centièmes de secondes (TurboPascal 4.0 sur PC 386).

α	0.1	0.2	0.3	0.5	0.8	0.99
$X \longleftarrow \alpha *$ Random	94	93	94	44	93	93
Répéter $X \longleftarrow$ Random Jusqu'à $X < \alpha$	182	94	60	33	22	22

La technique ci-dessus vaut pour toutes les lois uniformes. Pour tirer au hasard (loi uniforme) dans un ensemble D on peut tirer au hasard dans un ensemble D' qui le contient et rejeter tous les tirages qui ne tombent pas dans D. Voici un énoncé plus précis pour les domaines de $\mathbb{R}^d$.

Proposition 2.4. *Soient D et D' deux domaines mesurables de $\mathbb{R}^d$ tels que*

$$D \subset D' \quad et \quad 0 < v(D) \leq v(D') < +\infty\,,$$

où $v(D)$ et $v(D')$ désignent les volumes respectifs de D et D' dans $\mathbb{R}^d$.
Soit X un point aléatoire de loi uniforme sur D'. La loi conditionnelle de X sachant "$X \in D$" est la loi uniforme sur D.

Démonstration. L'événement E par lequel on conditionne est "$X \in D$". Sa probabilité est :

$$Prob[E] = \int_D \frac{1}{v(D')}\mathbb{1}_{D'}(x)\,dx = \frac{v(D)}{v(D')}\,.$$

Pour tout borélien B de $\mathbb{R}^d$, on a :

$$\begin{aligned} Prob[X \in B \mid E] &= Prob[X \in B \cap D]/Prob[E] \\ &= \frac{v(D')}{v(D)} \int_{B\cap D} \frac{1}{v(D')} \mathbb{1}_{D'}(x)\, dx \\ &= \frac{1}{v(D)} \int_B \mathbb{1}_D(x)\, dx\,. \end{aligned}$$

La traduction algorithmique est la suivante.

Répéter
  tirer un point X au hasard dans D'
Jusqu'à $(X \in D)$

Le nombre moyen de passages dans la boucle suit la loi géométrique $\mathcal{G}\left(\frac{v(D)}{v(D')}\right)$. On a donc intérêt à choisir D' le plus proche possible de D, mais suffisamment simple pour ne pas ralentir la simulation. Ce sont les lois uniformes sur les pavés (produits d'intervalles) qui sont les plus rapides à simuler. On réalisera en général un compromis en construisant D' comme une réunion de pavés disjoints.

Exemple : Loi uniforme sur le disque unité (figure 2.2).

Répéter
  $X \longleftarrow 2 * \text{Random} - 1$
  $Y \longleftarrow 2 * \text{Random} - 1$
  $S \longleftarrow X * X + Y * Y$
Jusqu'à $(S < 1)$

Les deux domaines sont :

$$\begin{aligned} D &= \{(x,y)\ ;\ x^2+y^2 \leq 1\} &, v(D) &= \pi\,, \\ D' &= [-1,1]^2 &, v(D') &= 4\,. \end{aligned}$$

Le nombre moyen de passages dans la boucle est :

$$\frac{v(D')}{v(D)} = \frac{4}{\pi} \simeq 1.27\,.$$

La simulation des lois uniformes revient souvent dans les applications. Le résultat suivant montre que la simulation d'une loi de densité quelconque peut toujours se ramener à la simulation d'une loi uniforme.

Proposition 2.5. *Soit f une densité de probabilité par rapport à la mesure de Lebesgue sur $\mathbb{R}^d$, continue par morceaux, et :*

$$D_f = \{(x,u) \in \mathbb{R}^d \times \mathbb{R}^+\ ;\ 0 < u < f(x)\}\,.$$

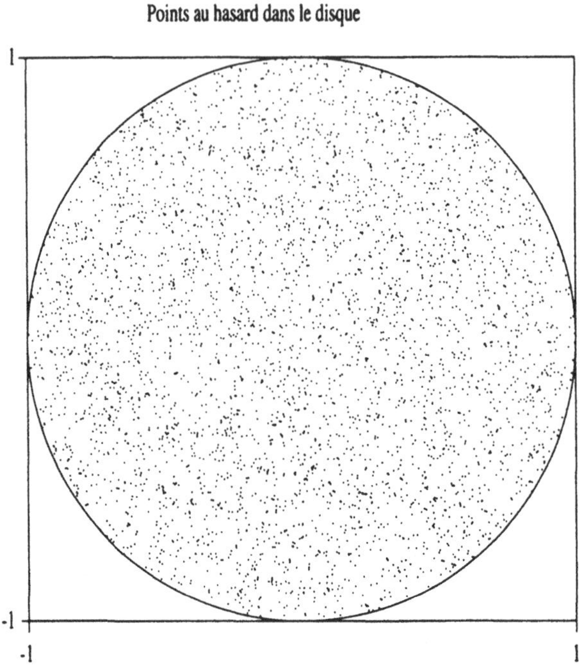

Points au hasard dans le disque

1

-1

-1 1

Figure 2.2 – *Simulation de la loi uniforme sur le disque unité.*

Soit X un vecteur aléatoire à valeurs dans $\mathbb{R}^d$ et U une variable aléatoire réelle. Le couple (X, U) suit la loi uniforme sur D_f si et seulement si :

1. *X a pour densité f,*
2. *la loi conditionnelle de U sachant "$X = x$" est la loi uniforme sur $[0, f(x)]$.*

Démonstration. La densité de la loi uniforme sur D_f est :

$$f_{(X,U)}(x, u) = \frac{1}{v(D_f)} \mathbb{1}_{D_f}(x, u) .$$

Puisque f est une densité, le volume de D_f est 1. En intégrant $\mathbb{1}_{D_f}$ par rapport à u, on vérifie bien que la densité de X est f. La densité conditionnelle de U sachant "$X = x$" est le quotient de $f_{(X,U)}$ par f :

$$f_U^{X=x} = \frac{1}{f(x)} \mathbb{1}_{D_f}(x, u) = \frac{1}{f(x)} \mathbb{1}_{]0,f(x)[}(u) .$$

Donc la loi conditionnelle de U sachant "$X = x$" est bien la loi uniforme sur $[0, f(x)]$.

En d'autres termes, une variable aléatoire de densité f est l'abscisse d'un point au hasard sous le graphe de f. Ce qui vient d'être dit pour des densités par rapport à la mesure de Lebesgue s'étend directement à des mesures quelconques.

Une idée récurrente dans les méthodes de Monte-Carlo est qu'il est à peu près équivalent, sur le plan de la complexité algorithmique, d'évaluer la taille d'un domaine (qu'il s'agisse d'énumération ou d'un calcul d'intégrale) ou de tirer au hasard des éléments de ce domaine (voir [65, 66]). Nous venons d'en fournir une première illustration. L'algorithme qui tire des points au hasard dans D peut calculer en même temps le rapport $v(D)/v(D')$. Il permet donc aussi de calculer des intégrales.

Soit f une fonction supposée positive, continue et bornée sur le domaine Δ de $\mathbb{R}^d$, de volume fini. Son intégrale est le volume du domaine D de $\mathbb{R}^{d+1}$ défini par :

$$D = \{(x,u) \in \mathbb{R}^d \times \mathbb{R} \,;\, x \in \Delta, 0 \leq u \leq f(x)\} .$$

$$I = \int_\Delta f(x)\,dx = v(D) = \int_{\mathbb{R}^{d+1}} \mathbb{1}_D(x)\,dx .$$

L'idée générale de la méthode de rejet consiste à tirer des points au hasard dans un domaine D' contenant D et à compter ceux d'entre eux qui tombent dans D. Leur proportion converge vers :

$$\frac{1}{v(D')} \int_\Delta f(x)\,dx .$$

On estimera donc I par le produit de $v(D')$ par la fréquence expérimentale des points qui tombent dans D. La variance de cet estimateur de I est σ^2/n avec :

$$\sigma^2 = I(v(D') - I) .$$

Pour un nombre de tirages donné, la précision sera d'autant meilleure que D' sera plus proche de D. Mais bien sûr, approcher au mieux le domaine D comporte un coût algorithmique qu'il faudra mettre en balance avec le gain en précision.

2.3.2 Lois à densité

Proposition 2.6. *Soit μ une mesure positive sur $\mathbb{R}^d$, f et g deux densités de probabilité sur $(\mathbb{R}^d, \mu)$ telles qu'il existe une constante c vérifiant :*

$$\forall x \in \mathbb{R}^d , \quad cg(x) \geq f(x) .$$

Soit X une variable aléatoire de densité g par rapport à μ et U une variable aléatoire de loi uniforme sur $[0,1]$, indépendante de X. Alors la loi conditionnelle de X sachant l'événement "$cUg(X) < f(X)$", a pour densité f par rapport à μ.

Démonstration. Si μ est la mesure de Lebesgue, on déduit le résultat des propositions 2.4 et 2.5. Voici une démonstration directe.

Deux remarques préliminaires :

1. Si $g(x) = 0$ alors $f(x) = 0$, le support de f est donc inclus dans celui de g.
2. La constante c est plus grande que 1, car $c \int g(x)\,\mu(dx) \geq \int f(x)\,\mu(dx)$.

Calculons d'abord la probabilité de $E =$ "$cUg(X) < f(X)$".

$$\begin{aligned}
Prob[E] &= Prob[\,(X,U) \in \{(x,u)\ ;\ cug(x) < f(x)\}\,] \\
&= \int_{\{(x,u)\ ;\ cug(x)<f(x)\}} g(x)\,\mathbb{1}_{[0,1]}(u)\,\mu(dx)\,du \\
&= \int_{\{x\ ;\ g(x)>0\}} g(x) \left(\int_0^{\frac{f(x)}{cg(x)}} \mathbb{1}_{[0,1]}(u)\,du \right) \mu(dx) \\
&= \int_{\{x\ ;\ g(x)>0\}} g(x) \frac{f(x)}{cg(x)}\,\mu(dx) \\
&= \frac{1}{c} \int_{\mathbb{R}^d} f(x)\,\mu(dx) \\
&= \frac{1}{c}\,.
\end{aligned}$$

On veut montrer que la densité conditionnelle de X sachant E est f, c'est-à-dire que pour tout borélien B de $\mathbb{R}^d$:

$$Prob[X \in B \,|\, E] = \int_B f(x)\,\mu(dx)\,.$$

$$\begin{aligned}
Prob[X \in B \,|\, E] &= c\,Prob[X \in B \text{ et } E] \\
&= c \int_{\{(x,u)\ ;\ x\in B\ ,\ cug(x)<f(x)\}} g(x)\,\mathbb{1}_{[0,1]}(u)\,\mu(dx)\,du \\
&= c \int_{x\in B} g(x) \left(\int_0^{\frac{f(x)}{cg(x)}} \mathbb{1}_{[0,1]}(u)\,du \right) \mu(dx) \\
&= c \int_B g(x) \frac{f(x)}{cg(x)}\,\mu(dx) \\
&= \int_B f(x)\,\mu(dx)\,,
\end{aligned}$$

en supposant (sans perte de généralité) que B est inclus dans le support de g.

Cette proposition permet de partir d'une densité g facile à simuler, pour simuler une loi de densité f quelconque. L'algorithme est le suivant.

```
Répéter
    Simuler X de densité g
    U ←—Random
Jusqu'à (cUg(X) < f(X))
```

Le nombre de passages dans la boucle suit la loi géométrique $\mathcal{G}\left(\frac{1}{c}\right)$, d'espérance c. Il est inutile et coûteux de choisir pour c une valeur supérieure à $\max\{f(x)/g(x)\}$. On aura intérêt à ce que g soit assez proche de f de sorte que la constante $c = \max\{f(x)/g(x)\}$ soit la plus faible possible. Si on ajuste au mieux g à f, les valeurs simulées selon g seront plus nombreuses là où la densité f est plus élevée. Cet ajustement de bon sens est souvent rangé dans les méthodes de réduction de la variance sous le nom d'"échantillonnage par importance" (importance sampling). Il s'accompagne en général d'un surcoût algorithmique qui peut en annuler le bénéfice.

Exemple :

Soit à simuler la loi de densité :

$$f(x) = \frac{2}{\pi}\sqrt{1-x^2}\,\mathbb{1}_{[-1,1]}(x)\,.$$

C'est la loi de l'abscisse d'un point au hasard dans le disque unité. Partons de la loi uniforme sur $[-1,1]$:

$$g(x) = \frac{1}{2}\mathbb{1}_{[-1,1]}(x)\,.$$

Prenons $c = \frac{4}{\pi}$; n'importe quelle constante supérieure à $\frac{4}{\pi}$ conviendrait mais il faut choisir c minimale. Voici l'algorithme.

Répéter
    $X \longleftarrow 2 * \text{Random} - 1$
    $U \longleftarrow \text{Random}$
Jusqu'à $\left(\frac{4}{\pi}U\frac{1}{2} < \frac{2}{\pi}\sqrt{1-X^2}\right)$

On l'écrira évidemment :

```
Répéter
    X ←— 2 * Random − 1
    U ←—Random
Jusqu'à (U * U < 1 − X * X)
```

Cet algorithme revient à tirer X comme l'abscisse d'un point au hasard sur le demi-disque supérieur :

$$\{(x,u)\ ;\ x^2+u^2<1,\ u\geq 0\}\,.$$

Ceci n'est pas surprenant au vu de la proposition 2.5.

2.3.3 Lois discrètes

On peut appliquer la proposition 2.6 dans le cas où μ est la mesure de dénombrement sur un ensemble fini ou dénombrable.

Proposition 2.7. *Soient $p = (p(i))_{i\in I}$ et $q = (q(i))_{i\in I}$ deux lois de probabilités sur un même ensemble I, fini ou dénombrable. Supposons qu'il existe une constante c telle que :*

$$\forall i \in I\,, \quad p(i) \leq cq(i)\,.$$

Soit X une variable aléatoire de loi q et U une variable aléatoire de loi uniforme sur $[0,1]$, indépendante de X. Alors la loi conditionnelle de X sachant l'événement "$Ucq(X) < p(X)$" est la loi p.

La probabilité de l'événement par lequel on conditionne est $1/c$. Le nombre moyen de tirages avant acceptation est donc c. Il faut choisir c le plus petit possible ($c = \max p(i)/q(i)$). Par rapport à la méthode d'inversion, cette proposition n'a d'intérêt que si d'une part q est très rapide à simuler et d'autre part p est proche de q (c proche de 1). En pratique, on ne l'utilise guère que si q est la loi uniforme sur un ensemble fini.

```
Répéter
    X ⟵ Random({1,...,n})
Jusqu'à (Random< np(X)/c)
```

Cette méthode sera meilleure qu'une méthode d'inversion typiquement dans le cas d'un grand nombre d'éventualités dont les probabilités sont peu différentes.

Exemple :

Soit n un entier fixé. Considérons la loi $p = (p(k))$ sur $\{1,\dots,n\}$ définie par :

$$p(k) = \begin{cases} \dfrac{1}{2n-1} & \text{si } k = 1 \\ \dfrac{2}{2n-1} & \text{si } k = 2,\dots,n\,. \end{cases}$$

Un algorithme suivant la méthode d'inversion prendrait au mieux de l'ordre de $\log(n)$ opérations par variable engendrée. Dans la simulation par rejet à partir de la loi uniforme, la boucle principale sera exécutée en moyenne $c = 2n/(2n-1)$ fois. L'algorithme est le suivant.

```
Répéter
    X ⟵ Random({1,...,n})
    test ⟵ vrai
    Si (X = 1) alors
        Si (Random< 0.5) alors
            test ⟵ faux
```

```
        finSi
    finSi
Jusqu'à (test = vrai)
```

2.4 Décomposition

2.4.1 Principe

Soit μ une mesure sur $\mathbb{R}^d$ et $(f_n)_{n\in\mathbb{N}}$ une famille de densités sur $(\mathbb{R}^d, \mu)$. Soit $(p_n)_{n\in\mathbb{N}}$ une loi sur $\mathbb{N}$. Notons f la densité de probabilité :

$$f = \sum_{n\in\mathbb{N}} p_n f_n \,.$$

Proposition 2.8. *Soit $(X_n)_{n\in\mathbb{N}}$ une famille de variables aléatoires telles que X_n ait pour densité f_n par rapport à μ. Soit N une variable aléatoire de loi (p_n), indépendante de la suite (X_n). La variable aléatoire $X = X_N$ a pour densité f par rapport à μ.*

Démonstration. Si B est un borélien de $\mathbb{R}^d$, on a :

$$\begin{aligned}
Prob[X \in B] &= \sum_{n\in\mathbb{N}} Prob[X \in B \mid N = n]\, Prob[N = n] \\
&= \sum_{n\in\mathbb{N}} Prob[X_n \in B]\, p_n \\
&= \sum_{n\in\mathbb{N}} p_n \int_B f_n(x)\, \mu(dx) \\
&= \int_B f(x)\, \mu(dx) \,.
\end{aligned}$$

L'algorithme de simulation de la loi de densité f est donc :

```
Choisir n avec probabilité p_n
Choisir X de densité f_n
```

La méthode de décomposition est particulièrement naturelle quand on souhaite simuler la loi uniforme sur une réunion de domaines disjoints. Soit D_i, $i = 1, \ldots, n$ une famille de domaines disjoints de $\mathbb{R}^d$, de volumes finis. Notons D leur réunion. La loi uniforme sur D a pour densité :

$$\frac{1}{v(D)} \mathbb{1}_D(x) = \sum_{i=1}^{n} \frac{v(D_i)}{v(D)} \frac{1}{v(D_i)} \mathbb{1}_{D_i}(x) \,.$$

C'est une combinaison convexe des densités des lois uniformes sur les domaines D_i. Pour simuler la loi uniforme sur D on peut donc procéder en deux temps.

Choisir i avec probabilité $v(D_i)/v(D)$
Tirer x au hasard sur D_i

L'algorithme tire au hasard un point dans l'un des domaines D_i, choisi avec une probabilité proportionnelle à son volume.

2.4.2 Lois à densité

Quand μ est la mesure de Lebesgue sur $\mathbb{R}^d$, on peut interpréter l'algorithme de décomposition par référence au cas des densités uniformes. Nous avons vu (proposition 2.5) que choisir un vecteur X de densité f revient à choisir un point au hasard dans le domaine :

$$D_f = \{(x,u) \in \mathbb{R}^d \times \mathbb{R}^+ \; ; \; 0 \leq u \leq f(x)\} \, .$$

L'algorithme de décomposition revient à découper le domaine D de volume 1, en une réunion de domaines D_n de volumes respectifs p_n. Dans les applications de la méthode de décomposition, on s'arrange pour choisir un découpage de sorte qu'avec une forte probabilité, on ait à simuler des lois uniformes.

Exemple :

Considérons la densité suivante.

$$f(x) = \begin{cases} 0 & \text{si } x < 0 \\ \frac{2}{5}x & \text{si } x \in [0,1] \\ \frac{3}{5} - \frac{1}{5}x & \text{si } x \in [1,2] \\ -\frac{1}{5} + \frac{1}{5}x & \text{si } x \in [2,3] \\ \frac{8}{5} - \frac{2}{5}x & \text{si } x \in [3,4] \\ 0 & \text{si } x > 4 \end{cases}$$

Voici un algorithme de simulation par décomposition correspondant au découpage en 6 densités de la figure 2.3. On remarquera que les probabilités p_i sont les aires respectives des morceaux du découpage. L'écriture des densités f_i et la vérification de la formule $f = \sum p_i f_i$ est laissée au lecteur en exercice.

```
choix ⟵ Random({1,... ,5})
Si (choix = 5) alors
    Si (Random< 0.5) alors choix ⟵ 6 finSi
finSi
```

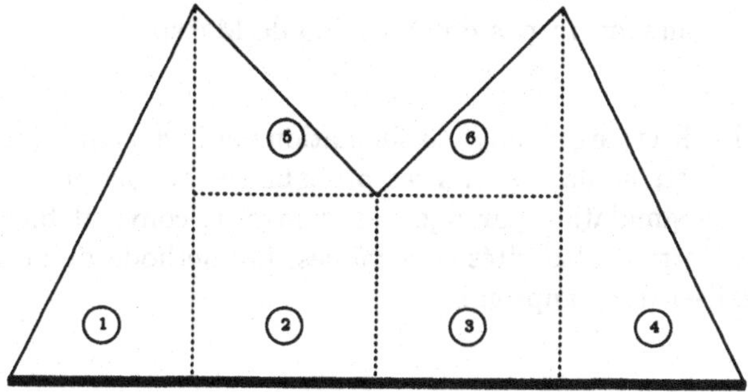

Figure 2.3 – Densité d'une loi à simuler par la méthode de décomposition.

```
Selon choix
   choix = 1 faire
      X ←— √Random            (densité 1 avec probabilité 1/5)
   choix = 2 faire
      X ←— Random +1          (densité 2 avec probabilité 1/5)
   choix = 3 faire
      X ←— Random +2          (densité 3 avec probabilité 1/5)
   choix = 4 faire
      X ←— 4 − √Random        (densité 4 avec probabilité 1/5)
   choix = 5 faire
      X ←— 2 − √Random        (densité 5 avec probabilité 1/10)
   choix = 6 faire
      X ←— 2 + √Random        (densité 6 avec probabilité 1/10)
finSelon
```

2.4.3 Lois discrètes

Soit $(X_n), n \in \mathbb{N}$ une famille de variables aléatoires à valeurs dans $\mathbb{N}$ telles que :

$$\forall n, m \in \mathbb{N}, \quad Prob[X_n = m] \; = \; p_{nm} \,.$$

Soit $(p_n), n \in \mathbb{N}$ une loi de probabilité sur $\mathbb{N}$. Pour tout $m \in \mathbb{N}$, posons :

$$q_m \; = \; \sum_{n \in \mathbb{N}} p_n \, p_{nm} \,.$$

On simule la loi de probabilité $q = (q_m)$ par l'algorithme :

```
Choisir n avec probabilité p_n
 Choisir m avec probabilité p_nm
```

Ceci revient à simuler un pas d'une chaîne de Markov sur $\mathbb{N}$ (voir section 3.1).

Pour une loi discrète $q = (q_m)$, la simulation par inversion est bien adaptée au cas où un petit nombre parmi les probabilités q_m ont une somme déjà proche de 1. La simulation par rejet, au contraire, convient bien au cas où les différences entre probabilités sont faibles. La méthode de décomposition permet de réaliser des compromis.

Exemple :

Soit n un entier fixé. Considérons la loi $q = (q(k))$ sur $\{1, \dots, 2n\}$ définie par :

$$q(k) = \begin{cases} \dfrac{1}{4(2n-1)} & \text{si } k = 1 \\ \dfrac{2}{4(2n-1)} & \text{si } k = 2, \dots, n \\ \dfrac{6}{4(2n-1)} & \text{si } k = n+1, \dots, 2n-1 \\ \dfrac{3}{4(2n-1)} & \text{si } k = 2n\,. \end{cases}$$

Un algorithme suivant la méthode d'inversion prendrait au mieux de l'ordre de $\log(n)$ opérations par variable engendrée. Dans la simulation par rejet à partir de la loi uniforme, la boucle principale sera exécutée en moyenne environ 1.5 fois. L'algorithme suivant commence par choisir entre les deux sous-ensembles $\{1, \dots, n\}$ et $\{n+1, \dots, 2n\}$ par inversion, puis simule par rejet à partir de la loi uniforme dans chacun des deux intervalles.

```
Répéter
    Si Random< 0.25 alors
        X ⟵ Random({1,... ,n})
        test ⟵ vrai
        Si (X = 1 ) alors
            Si (Random< 0.5) alors
                test ⟵ faux
            finSi
        finSi
    sinon
        X ⟵ Random({n + 1,... ,2n})
        test ⟵ vrai
        Si (X = 2n) alors
            Si (Random< 0.5) alors
                test ⟵ faux
            finSi
        finSi
```

```
    finSi
Jusqu'à (test = vrai)
```

2.5 Permutations et échantillonnage

Simuler la loi uniforme sur un ensemble fini de très grande taille requiert en général d'autres méthodes que celles que nous avons décrites jusqu'ici. Nous les aborderons aux paragraphes 4.1.3 et 4.1.4. Nous examinons ici deux cas souvent rencontrés dans les applications : les permutations et les échantillons aléatoires.

2.5.1 Permutations aléatoires

Comment permuter au hasard une liste d'objets de taille n, c'est-à-dire comment simuler la loi uniforme sur l'ensemble des permutations de n objets, qui a $n!$ éléments. S'agissant d'un jeu de 52 cartes, le nombre de manières de le mélanger est :

$$52! \simeq 8\,10^{67}\,.$$

Il est hors de question de n'utiliser qu'un seul appel de Random. L'algorithme que nous recommandons effectue $(n-1)$ transpositions aléatoires successives. Les objets sont supposés rangés dans un tableau de taille n, noté A.

```
Pour i de 1 à n−1
    j ⟵ Random({i,...,n})
    Echanger A[i] et A[j]
finPour
```

Proposition 2.9. *Soit σ une bijection quelconque de $\{1,\dots,n\}$ dans l'ensemble des n objets. En sortie de l'algorithme ci-dessus, la probabilité que pour tout i, $A[i]=\sigma(i)$ est $1/n!$.*

Démonstration. La première case du tableau est affectée au premier passage dans la boucle et n'est plus modifiée ensuite. La première affectation est uniforme sur l'ensemble des objets, donc :

$$Prob[A[1]=\sigma(1)]=\frac{1}{n}\,.$$

A partir du $k+1$-ième passage, les k premières cases resteront inchangées. La $k+1$-ième case reçoit le contenu d'une des cases entre $k+1$ et n, chacune ayant la même probabilité. Donc :

$$Prob[A[k+1]=\sigma(k+1)\,|\,A[1]=\sigma(1),\dots,A[k]=\sigma(k)]=\frac{1}{n-k}\,.$$

On a donc bien :

$$Prob[A[1] = \sigma(1), \ldots, A[n] = \sigma(n)] = \frac{1}{n}\frac{1}{n-1}\cdots\frac{1}{2} = \frac{1}{n!}\,.$$

2.5.2 Echantillons aléatoires

Comment extraire au hasard un sous-ensemble de taille m d'une liste d'objets de taille $n > m$? Les possibilités sont au nombre de :

$$\binom{n}{m} = \frac{n!}{m!\,(n-m)!}\,.$$

Par exemple pour le Loto, il y a 13983816 tirages de 6 nombres parmi 49. Là encore, n'utiliser qu'un seul appel de Random pour effectuer le tirage est hors de question. Une première solution consiste à ranger les n objets dans un tableau que l'on permute aléatoirement comme au paragraphe précédent. Il suffit ensuite de choisir les m premiers éléments du tableau permuté. Nous proposons deux autres algorithmes.

Le premier parcourt la liste et décide pour chaque objet de le conserver ou non dans l'échantillon. La décision est prise avec une probabilité qui dépend du nombre d'objets déjà conservés.

```
c ←— 0        (nombre d'objets conservés)
i ←— 0        (indice de l'objet examiné)
TantQue (c < m)
   i ←— i + 1
   p ←— (m − c)/(n − i)
   Si (Random < p) alors
      Conserver l'objet i
      c ←— c + 1
   finSi
finTantQue
```

Proposition 2.10. *Soit C un sous-ensemble de cardinal m de l'ensemble des n objets. En sortie de l'algorithme ci-dessus, l'ensemble des objets conservés est égal à C avec probabilité $1/\binom{n}{m}$.*

Démonstration. On peut voir un échantillon comme une application de $\{1, \ldots, n\}$ dans $\{0, 1\}$ qui envoie m éléments sur 1. Si cette application est aléatoire, de loi uniforme, la probabilité conditionnelle que sa $i+1$-ième valeur soit 1 sachant les i précédentes ne dépend que du nombre c de 1 parmi les valeurs précédentes. Cette probabilité vaut :

$$\frac{\binom{i}{c}\binom{n-i-1}{m-c-1}}{\binom{n}{m}}\;\frac{\binom{n}{m}}{\binom{i}{c}\binom{n-i}{m-c}} = \frac{m-c}{n-i}\,.$$

C'est bien la probabilité avec laquelle le $(i+1)$-ième élément est conservé par l'algorithme.

On conçoit intuitivement que cet algorithme ne sera pas très efficace si la taille de l'échantillon à extraire est faible. Le nombre de passages dans la boucle est aléatoire : on peut montrer que son espérance est $n(1-1/(m+1))$, soit de l'ordre de n pour m assez grand. Comme dans d'autres cas, un algorithme de rejet s'avère plus économique. Il consiste ici à affecter les cases d'un tableau de booléens, de sorte qu'à la fin m cases exactement soient à vrai.

```
Tableau B de n booléens initialisés à faux
c ⟵ 0          (nombre de cases à vrai)
Répéter
   Répéter
      i ⟵ Random({1,...,n})
   Jusqu'à (B[i] =faux)
   B[i] ⟵ vrai
   c ⟵ c+1
Jusqu'à (c=m).
```

Proposition 2.11. *Soit C une application de $\{1,\ldots,n\}$ dans* {vrai, faux}, *pour laquelle exactement m entiers ont pour image* vrai. *En sortie de l'algorithme ci-dessus, la probabilité que pour tout $i=1,\ldots,n$ $B[i]=C(i)$ est* $1/\binom{n}{m}$.

Démonstration. Au $(c+1)$-ième passage dans la boucle, les $n-c$ cases du tableau qui sont affectées à faux ont la même probabilité d'être atteintes. Si on fixe un ordre sur les éléments de l'échantillon, la probabilité que les cases du tableau affectées à vrai le soient dans l'ordre fixé est :

$$\frac{1}{n}\frac{1}{n-1}\cdots\frac{1}{n-m+1}\,.$$

Pour une même application C, il y a $m!$ ordres possibles pour les m éléments affectés à vrai. D'où le résultat. □

Etudions maintenant le coût de cet algorithme. Au $(c+1)$-ième passage dans la boucle, c cases du tableau sont à vrai. Le nombre d'appels de Random nécessaires à l'obtention de la $(c+1)$-ième case suit la loi géométrique de paramètre $(1-c/n)$. Son espérance est $n/(n-c)$. Le nombre moyen d'appels de Random dans l'algorithme est donc :

$$1+\frac{n}{n-1}+\frac{n}{n-2}+\cdots+\frac{n}{n-m+1}\,.$$

Posons $m=\alpha n$. Remarquons qu'on peut supposer $\alpha\leq 1/2$: si plus de la moitié des objets sont à conserver, on aura intérêt à choisir les objets à rejeter. Fixons α et supposons n grand. Le coût moyen de l'algorithme est équivalent à :

$$n(\log(n) - \log(n-m)) \simeq n \log\left(\frac{1}{1-\alpha}\right) \leq 0.6932\, n \,,$$

pour $\alpha \leq 1/2$. Même s'il impose une structure de données un peu plus lourde, le deuxième algorithme est préférable au premier dans la plupart des applications.

2.6 Simulation des lois normales

Bien qu'ayant choisi de ne pas entrer dans les détails des méthodes de simulation des lois usuelles, nous ferons une exception pour la loi normale. Tout d'abord parce qu'elle entre comme ingrédient essentiel dans la simulation des processus de diffusion, mais aussi pour donner des exemples de calculs de complexité sur des algorithmes de simulation. De nombreuses méthodes sont proposées dans les manuels. Toutes ne sont pas à conseiller. Il est bien sûr possible de trouver une méthode de décomposition, adaptée non seulement à la densité de la loi $\mathcal{N}(0,1)$ mais aussi aux qualités du générateur et du compilateur, qui soit plus rapide que celles qui suivent (voir Devroye [17] ou Morgan [45]). Les algorithmes que nous donnons ici sont faciles à programmer.

2.6.1 Principe

Les deux algorithmes de simulation les plus utilisés sont basés sur la même idée, consistant à engendrer des couples de variables indépendantes en simulant leurs coordonnées polaires.

Proposition 2.12. *Soit (X,Y) un couple de variables aléatoires indépendantes, de même loi $\mathcal{N}(0,1)$. Soit (R,Θ) le couple de coordonnées polaires correspondant :*

$$X = R\cos\Theta \; ; \; Y = R\sin\Theta \,.$$

Les variables aléatoires R et Θ sont indépendantes. Le module R a pour densité :

$$f_R(r) = r\exp(-r^2/2)\,\mathbb{1}_{\mathbb{R}^+}(r) \,, \tag{2.1}$$

L'argument Θ suit la loi uniforme sur $[0,2\pi]$.

Démonstration. La densité du couple (X,Y) est :

$$f_{X,Y}(x,y) = \frac{1}{2\pi}\exp(-(x^2+y^2)/2) \,.$$

Il suffit de déterminer la densité du couple (R,Θ), par le changement de variables suivant.

$$\Phi : \mathbb{R}^2 \setminus ([0,+\infty[\times\{0\}) \longrightarrow]0,+\infty[\times]0,2\pi[$$
$$(x,y) \longrightarrow (r,\theta)$$

$$\Phi^{-1} :]0,+\infty[\times]0,2\pi[\longrightarrow \mathbb{R}^2 \setminus ([0,+\infty[\times\{0\})$$
$$(r,\theta) \longrightarrow (r\cos\theta, r\sin\theta)$$

$$J_{\Phi^{-1}} = \begin{vmatrix} \cos\theta & -r\sin\theta \\ \sin\theta & r\cos\theta \end{vmatrix} = r\,.$$

On obtient donc :

$$f_{R,\Theta}(r,\theta) = \frac{1}{2\pi}\exp(-r^2/2)\, r\, \mathbb{1}_{]0,+\infty)\times]0,2\pi[}(r,\theta)\,,$$

d'où le résultat.

2.6.2 Algorithme polaire

Cet algorithme consiste à se ramener à la loi uniforme sur le disque unité, que l'on simule par rejet (cf. 2.3.1).

```
Répéter
    X ←— 2 * Random − 1
    Y ←— 2 * Random − 1
    S ←— X * X + Y * Y
Jusqu'à (S < 1)                 (loi uniforme sur le disque unité)
Z ←— Sqrt(−2 * log(S)/S)        (changement de norme)
X ←— Z * X
Y ←— Z * Y
```

Justification : Le changement de variables de la proposition 2.12, appliqué à un couple de loi uniforme sur le disque unité, conduit à un résultat analogue : le module et l'argument sont indépendants, l'argument suit la loi uniforme sur $[0, 2\pi]$. La loi du carré du module (la variable S de l'algorithme) est la loi uniforme sur $[0, 1]$. La loi de $-2\log(S)$ est la loi exponentielle de paramètre $1/2$ (cf. 2.2.1). On vérifie que si R a la densité f_R donnée par (2.1), alors son carré suit la loi exponentielle de paramètre $1/2$. Ceci justifie l'expression de Z pour le changement de norme de l'algorithme. D'après la proposition 2.12, en sortie de l'algorithme les variables X et Y sont indépendantes, et de même loi $\mathcal{N}(0,1)$.

L'algorithme polaire engendre donc les variables deux par deux. Ce n'est pas un inconvénient dans la mesure où un grand nombre de simulations sont nécessaires et où les résultats X et Y pourront être utilisés successivement. Etudions maintenant le coût. Rappelons que le nombre d'exécutions de la boucle "Répéter ... Jusqu'à" suit la loi géométrique de paramètre $\pi/4$, d'espérance $4/\pi \simeq 1.27$. Voici le tableau des nombres moyens d'opérations pour une variable aléatoire engendrée.

Affectations	Tests	Additions	Random	Multiplications	Fonctions chères
$\frac{3\times 1.27+3}{2}$	$\frac{1.27}{2}$	$\frac{5\times 1.27+1}{2}$	$\frac{2\times 1.27}{2}$	$\frac{2\times 1.27+3}{2}$	$\frac{2}{2}$

Temps d'exécution observés pour 20000 simulations en Pascal sur PC 386 : entre 24.27s. et 24.34s.

2.6.3 Algorithme de Box-Muller

Fréquemment proposé dans les manuels, cet algorithme est la traduction directe de la proposition 2.12.

$R \longleftarrow$ Sqrt(−2 ∗ log(Random))
$\Theta \longleftarrow 2\pi *$ Random
$X \longleftarrow R * \cos\Theta$
$Y \longleftarrow R * \sin\Theta$

Justification : Nous avons déjà observé que la loi du carré de R était la loi exponentielle de paramètre $1/2$, simulée par $-2\log$(Random).

Comme le précédent, l'algorithme de Box-Muller engendre les variables deux par deux. Voici le tableau des nombres moyens d'opérations pour une variable engendrée.

Affectations	Tests	Additions	Random	Multiplications	Fonctions chères
$\frac{4}{2}$	0	$\frac{1}{2}$	$\frac{2}{2}$	$\frac{3}{2}$	$\frac{4}{2}$

Temps d'exécution observé pour 20000 simulations en Pascal sur PC 386 : 39.99s (1.64 fois plus lent que l'algorithme polaire). Mais selon les compilateurs, il peut se faire que l'algorithme de Box-Muller soit plus rapide que l'algorithme polaire.

2.6.4 Conditionnement d'exponentielles

Voici une méthode différente proposée dans certains manuels.

Proposition 2.13. *Soit X et Y deux variables aléatoires indépendantes et de même loi, exponentielle de paramètre* 1. *La loi conditionnelle de X sachant $E =$ "$Y > \frac{1}{2}(1-X)^2$" a pour densité :*

$$f_X^E(x) = \frac{2}{\sqrt{2\pi}} e^{-x^2/2}\, \mathbb{1}_{\mathbb{R}^+}(x)\ .$$

Soit S une variable aléatoire indépendante de X et Y, prenant les valeurs ± 1 avec probabilité $1/2$. Alors SX suit la loi $\mathcal{N}(0,1)$.

Démonstration.

$$\begin{aligned} Prob[E] &= \int_0^{+\infty} e^{-x} \int_{\frac{(1-x)^2}{2}}^{+\infty} e^{-y}\, dydx \\ &= \int_0^{\infty} e^{-1/2} e^{-x^2/2}\, dx \\ &= \frac{\sqrt{2\pi}}{2} e^{-1/2} \\ &\simeq 0,76\,. \end{aligned}$$

$$Prob[X \le x \text{ et } E] = \int_0^x e^{-u} \int_{\frac{(1-u^2)}{2}}^{+\infty} e^{-y} dydu = \int_0^x e^{-1/2} e^{-u^2/2} du\,.$$

Donc :

$$F_X^E(x) = \frac{Prob[X \le x \text{ et } E]}{Prob[E]} = \frac{2}{\sqrt{2\pi}} \int_0^x e^{-u^2/2} du\,,$$

et :

$$f_X^E(x) = \frac{2}{\sqrt{2\pi}} e^{-x^2/2}\, \mathbb{1}_{\mathbb{R}^+}(x)\,.$$

$$Prob[SX \le x] = \begin{cases} \frac{1}{2} + \frac{1}{2} \int_0^x f_X^E(u) du \text{ si } x \ge 0 \\ \frac{1}{2} \int_{-x}^{+\infty} f_X^E(u) du \quad \text{si } x \le 0\,. \end{cases}$$

D'où la densité de SX :

$$\frac{1}{\sqrt{2\pi}} e^{-x^2/2}\,.$$

Voici l'algorithme correspondant.

```
Répéter
    X ⟵ − log(Random)
    Y ⟵ − log(Random)
Jusqu'à (Y > (1 − X)²/2)
Si (Random< 0.5) alors X ⟵ −X finSi
```

Le nombre d'exécutions de la boucle suit la loi géométrique $\mathcal{G}(Prob[E])$, d'espérance $1/Prob[E] \simeq 1.32$. Voici le tableau des nombres moyens d'opérations pour une variable engendrée.

Affectations	Tests	Additions	Random	Multiplications	Fonctions chères
$2 \times 1.32 + \frac{1}{2}$	$1.32 + 1$	2×1.32	$2 \times 1.32 + 1$	1.32	2×1.32

Temps d'exécution observés pour 20000 simulations en Pascal sur PC 386 : entre 66.3 et 67.1 secondes (2,7 fois plus cher que l'algorithme polaire).

2.6.5 Lois normales multidimensionnelles

De la simulation de la loi $\mathcal{N}(0,1)$, on déduit celle de la loi normale d'espérance μ et de variance σ^2 par une transformation affine : si X suit la loi $\mathcal{N}(0,1)$, alors $Y = \sigma X + \mu$ suit la loi $\mathcal{N}(\mu, \sigma^2)$. La situation est analogue en dimension d quelconque. Tout d'abord si $X_1, \ldots, X_d$ sont indépendantes et de même loi $\mathcal{N}(0,1)$, alors le vecteur $(X_i)_{i=1,\ldots,d}$ suit la loi normale dans $\mathbb{R}^d$, d'espérance nulle et de matrice de covariance identité : $\mathcal{N}_d(0, I)$. On en déduit la simulation d'une loi normale d-dimensionnelle quelconque par la proposition suivante.

Proposition 2.14. *Soit μ un vecteur de $\mathbb{R}^d$, Σ une matrice de $\mathcal{M}_{d\times d}(\mathbb{R})$ symétrique positive et A une matrice carrée d'ordre d telle que $A\,{}^tA = \Sigma$. Soit $X = (X_i)$ un vecteur aléatoire de loi $\mathcal{N}_d(0, I)$ dans $\mathbb{R}^d$. Alors le vecteur $Y = AX + \mu$ est un vecteur gaussien de moyenne μ et de matrice de covariance Σ.*

Démonstration. Toute combinaison linéaire des coordonnées de Y est combinaison affine des coordonnées de X, et suit une loi normale. Le vecteur Y est donc gaussien. On a :

$$\mathbb{E}[Y] = A\,\mathbb{E}[X] + \mu = \mu\,,$$

et

$$\mathbb{E}[(Y-\mu)\,{}^t(Y-\mu)] = A\,\mathbb{E}[X\,{}^tX]\,{}^tA = A\,{}^tA = \Sigma\,.$$

Il faut donc trouver une matrice A telle que $A\,{}^tA = \Sigma$. C'est un problème très classique. Une des réponses est implémentée dans la plupart des librairies d'algèbre linéaire : c'est la décomposition de Cholesky. Dans le cas où Σ est définie positive, cette méthode calcule colonne par colonne une matrice A, triangulaire inférieure telle que $A\,{}^tA = \Sigma$. Voici par exemple le cas de la dimension 2. Soit (X_1, X_2) un couple de variables aléatoires indépendantes, de même loi $\mathcal{N}(0,1)$. Soient μ_1 et μ_2 deux réels quelconques, σ_1 et σ_2 deux réels positifs et ρ un réel compris entre -1 et 1. Posons :

$$Y_1 = \mu_1 + \sigma_1 X_1\,,$$

$$Y_2 = \mu_2 + \sigma_2(\rho X_1 + \sqrt{1-\rho^2}X_2)\,.$$

Les variables aléatoires Y_1 et Y_2 forment un couple gaussien, leurs espérances respectives sont μ_1 et μ_2, leurs variances sont σ_1^2 et σ_2^2 et leur coefficient de corrélation est ρ (figure 2.4).

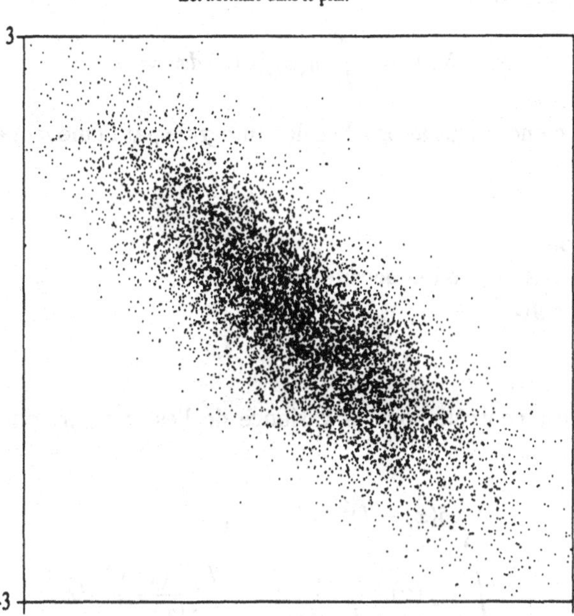

Figure 2.4 – *Simulation de la loi normale à deux dimensions, avec* $\mu_1 = \mu_2 = 0$, $\sigma_1 = \sigma_2 = 1$ *et* $\rho = -0.8$.

2.7 Calculs d'espérances

2.7.1 Principe

Au paragraphe 2.3.1 nous avons donné une première méthode de Monte-Carlo pour le calcul d'intégrales, à partir d'une fréquence empirique. Il existe de nombreuses autres manières d'utiliser la loi des grands nombres pour calculer une intégrale. Soit à intégrer la fonction f, supposée positive, continue et bornée sur le domaine Δ de $\mathbb{R}^d$, de mesure finie.

$$I = \int_\Delta f(x)\, dx \, .$$

La méthode de rejet calcule le volume d'un domaine de $\mathbb{R}^{d+1}$. Soit f_X une densité de probabilité, strictement positive sur Δ, nulle en dehors. Pour tout $x \in \Delta$, posons :

$$g(x) = f(x)/f_X(x) \, .$$

Soit $(X_n)_{n\in\mathbb{N}}$ une suite de variables aléatoires indépendantes de densité f_X. L'espérance de $g(X_n)$ est :

$$\mathbb{E}[g(X_n)] = \int_\Delta g(x) f_X(x)\,dx = I\,.$$

On obtient donc une valeur approchée de l'intégrale par la moyenne empirique des $g(X_n)$.

```
I ⟵ 0
Répéter n fois
    tirer X dans Δ selon la densité f_X
    I ⟵ I + g(X)
finRépéter
I ⟵ I/n
```

La précision est contrôlée par la variance de l'estimateur, qui vaut σ^2/n avec :

$$\begin{aligned}\sigma^2 &= \int_\Delta (g(x) - I)^2 f_X(x)\,dx\,,\\ &= \int_\Delta I\,f(x)\,\frac{f(x)}{I\,f_X(x)}\left(1 - \frac{I\,f_X(x)}{f(x)}\right)^2 dx\,.\end{aligned}$$

La précision est donc d'autant meilleure que la densité f_X est proche de $f(x)/I$: il est logique de chercher à augmenter les tirages là où f est plus grande. C'est le principe de l'échantillonnage par importance, que nous avons déjà rencontré en 2.6. Rappelons encore que le coût algorithmique peut en annuler le bénéfice : seule compte la précision atteinte pour un temps de calcul donné. L'algorithme le plus simple est obtenu pour la loi uniforme sur Δ.

```
I ⟵ 0
Répéter n fois
    tirer X au hasard dans Δ
    I ⟵ I + f(X)
finRépéter
I ⟵ I * v(Δ)/n
```

La variance dans ce cas est :

$$\sigma^2 = \int_\Delta (v(\Delta) f(x) - I)^2 \frac{1}{v(\Delta)}\,dx\,.$$

Cette variance est meilleure que celle que l'on obtient par la méthode de rejet appliquée au domaine :

$$D' = \Delta \times [0, \max_{x\in\Delta} f(x)]\,,$$

qui vaut :

$$\sigma'^2 = I\Big(v(\Delta)\max_{x\in\Delta} f(x) - I\Big) .$$

2.7.2 Variables négativement corrélées

L'idée des variables négativement corrélées (antithetic variates) est extrêmement séduisante quand on la présente en dimension 1. Soit f une fonction croissante définie sur $[0,1]$, et supposons que l'on veuille calculer son intégrale. On peut l'approcher par les moyennes empiriques des images par f d'appels de Random successifs, comme nous venons de le voir. On peut aussi remarquer que :

$$\int_{[0,1]} f(x)\,dx = \int_{[0,1]} \frac{1}{2}(f(x) + f(1-x))\,dx ,$$

et donc approcher l'intégrale par :

$$\frac{1}{n}\sum_{i=1}^{n} \frac{1}{2}(f(u_i) + f(1-u_i)) ,$$

où les u_i sont des appels successifs de Random. Si U désigne une variable de loi uniforme sur $[0,1]$ (appel de Random), $1-U$ a la même loi que U. La variance devient :

$$Var[\frac{1}{2}(f(U) + f(1-U))] = \frac{1}{2}\Big(Var[f(U)] + Cov[f(U), f(1-U)]\Big) .$$

Comme f est croissante, $f(U)$ et $f(1-U)$ sont corrélées négativement :

$$Cov[f(U), f(1-U)] \leq 0 .$$

Pour le démontrer, on peut supposer quitte à translater f que $\mathbb{E}[f(U)] = 0$. Il suffit alors de remarquer que :

$$\mathbb{E}[f(U)f(1-U)] \leq f(1)\mathbb{E}[f(1-U)] = 0 .$$

Pour un même nombre d'appels de Random, on a certes alourdi l'algorithme en doublant le nombre d'évaluations de f, mais la nouvelle variance est inférieure à la moitié de l'ancienne. La précision pour un même temps de calcul sera donc meilleure.

Le problème avec cette astuce est de l'appliquer valablement en dimension supérieure (rappelons qu'on ne calcule pas des intégrales simples par Monte-Carlo). De nombreuses heuristiques ont été avancées, sans pour autant aboutir à des algorithmes optimisés, valables pour tous types de fonctions (voir [35] p. 186–200 ou [23] p. 311–321).

2.7.3 Réduction de la variance

Nous ne ferons pas ici un recensement exhaustif des astuces regroupées sous le nom de "méthodes de réduction de la variance". Deux principes doivent être gardés en mémoire.

1. Plus on a d'information sur la fonction à intégrer, mieux on pourra ajuster l'algorithme de manière à diminuer la variance. Rappelons qu'en pratique on n'utilise un algorithme de Monte-Carlo que dans des cas où la fonction est très difficile à étudier.
2. Une diminution de la variance s'accompagne en général d'une augmentation du coût. Or c'est la précision atteinte pour un coût donné qui compte.

Nous illustrerons les multiples manières de calculer une intégrale par un algorithme de Monte-Carlo, sur un exemple élémentaire en dimension 1 :

$$\int_0^2 x^2\,dx = \frac{8}{3}\,.$$

Pour chacune des 10 méthodes proposées, on pourra à titre d'exercice écrire l'algorithme, calculer le nombre moyen d'appels de Random, de multiplications, d'additions et de tests. Dans chaque cas l'estimateur est une moyenne de variables indépendantes et de même loi. On vérifiera que l'espérance de cette loi est bien 8/3, mais surtout que la variance annoncée est la bonne. On en déduira un classement des méthodes par ordre d'efficacité.

Méthode 1 : Rejet sur le domaine Δ avec :

$$\Delta = [0,2]\times[0,4]\,.$$

$$Variance = \frac{8}{3}\left(8 - \frac{8}{3}\right) = 14.22\,.$$

Méthode 2 : Rejet sur le domaine Δ avec :

$$\Delta = [0,1]\times[0,1] \bigcup [1,2]\times[0,4]\,.$$

$$Variance = \frac{8}{3}\left(5 - \frac{8}{3}\right) = 6.22\,.$$

Méthode 3 : Rejet sur le domaine Δ avec :

$$\Delta = [0,\frac{1}{2}]\times[0,\frac{1}{4}] \bigcup [\frac{1}{2},1]\times[0,1] \bigcup [1,\frac{3}{2}]\times[0,\frac{9}{4}] \bigcup [\frac{3}{2},2]\times[0,4]\,.$$

$$Variance = \frac{8}{3}\left(\frac{30}{8} - \frac{8}{3}\right) = 2.89\,.$$

Méthode 4 : Espérance par rapport à la loi de densité f_X avec :

$$f_X(x) = \frac{1}{2}\mathbb{1}_{[0,2]}(x) .$$

$$Variance = \frac{256}{45} = 5.69 .$$

Méthode 5 : Espérance par rapport à la loi de densité f_X avec :

$$f_X(x) = \frac{1}{5}\mathbb{1}_{[0,1]}(x) + \frac{4}{5}\mathbb{1}_{[1,2]}(x) .$$

$$Variance = \frac{59}{36} = 1.64 .$$

Méthode 6 : Espérance par rapport à la loi de densité f_X avec :

$$f_X(x) = \frac{2}{30}\mathbb{1}_{[0,\frac{1}{2}]}(x) + \frac{8}{30}\mathbb{1}_{[\frac{1}{2},1]}(x) + \frac{18}{30}\mathbb{1}_{[1,\frac{3}{2}]}(x) + \frac{32}{30}\mathbb{1}_{[\frac{3}{2},2]}(x) .$$

$$Variance = \frac{2227}{4608} = 0.48 .$$

Méthode 7 : Espérance par rapport à la loi de densité f_X avec :

$$f_X(x) = \frac{1}{2}x\mathbb{1}_{[0,2]}(x) .$$

$$Variance = \frac{8}{9} = 0.89 .$$

Méthode 8 : Espérance par rapport à la loi de densité f_X avec :

$$f_X(x) = \frac{1}{3}x\mathbb{1}_{[0,1]}(x) + \frac{1}{3}(3x-2)\mathbb{1}_{[1,2]}(x) .$$

$$Variance = \frac{71}{36} + \frac{4}{81}(-45 + 4\log(4)) = 0.18 .$$

Méthode 9 : Variables négativement corrélées :

$$\int_0^2 x^2\,dx = \frac{1}{2}\int_0^2 (x^2 + (2-x)^2)\,dx .$$

Rejet sur le domaine Δ avec :

$$\Delta = [0,2] \times [0,4] .$$

$$Variance = \frac{8}{3}(4 - \frac{8}{3}) = 3.56 .$$

Méthode 10 : Variables négativement corrélées :

$$\int_0^2 x^2\,dx = \frac{1}{2}\int_0^2 (x^2 + (2-x)^2)\,dx \,.$$

Espérance par rapport à la loi de densité f_X avec :

$$f_X(x) = \frac{1}{2}\mathbb{1}_{[0,2]}(x)\,.$$

$$Variance = \frac{16}{45} = 0.35\,.$$

2.8 Générateurs pseudo-aléatoires

Nous avons jusqu'ici admis sans discussion les postulats de base (cf. 2.1.1) : la suite des appels de Random est une suite de réels "au hasard" dans $[0,1]$. Mais qu'est-ce qu'une suite aléatoire ? Comment un générateur est-il codé ? Comment évaluer sa qualité ? Peut-on utiliser d'autres suites ? Nous donnons dans les paragraphes qui suivent quelques éléments de réponse.

2.8.1 Suites uniformes

Au vu de la suite de réels retournée par un générateur particulier, comment décider que ce générateur convient ? On ne peut en juger que par rapport aux postulats de définition de Random (proposition 2.1). Le seul moyen pratique d'estimer une probabilité est de l'exprimer comme une limite de fréquences expérimentales.

Définition 2.2. *Une suite (x_n) à valeurs dans $[0,1]$ est dite d-uniforme si pour tout pavé :*

$$D =]a_1, b_1] \times \cdots \times]a_d, b_d], \quad 0 \le a_i < b_i \le 1\ , \quad i = 1, \ldots, d\ ,$$

on a :

$$\lim_{n\to\infty} \frac{1}{n} \sum_{i=0}^{n-1} \mathbb{1}_D((x_{di}, x_{di+1}, \ldots, x_{d(i+1)-1})) = (b_1 - a_1)\cdots(b_d - a_d)\,.$$

Le vecteur $(x_{di}, x_{di+1}, \ldots, x_{d(i+1)-1})$ est le i-ième d-uplet d'éléments consécutifs de la suite. La somme $\sum_{i=0}^{n-1} \mathbb{1}_D((x_{di}, x_{di+1}, \ldots, x_{d(i+1)-1}))$ est le nombre de d-uplets d'éléments consécutifs de la suite qui appartiennent à D parmi les n premiers.

La définition ci-dessus dit donc que parmi les d-uplets d'éléments consécutifs, la proportion de ceux qui tombent dans un pavé donné doit tendre vers le volume de ce pavé. Cette définition est passablement utopique. En particulier elle entraîne que la probabilité que Random tombe sur un point donné est nulle. Comme qu'il n'y a qu'une quantité dénombrable de rationnels dans $[0,1]$, la probabilité de tomber sur un rationnel est également nulle. Or l'ordinateur ne connaît que les décimaux, et même seulement un nombre fini d'entre eux, donc la fonction Random ne peut retourner que des rationnels... Qu'à cela ne tienne, si on sait construire une suite uniforme de chiffres entre 0 et 9, on pourra en déduire des réels au hasard dans $[0,1]$, approchés à la d-ième décimale, en considérant des d-uplets consécutifs de chiffres de la suite initiale. C'est le principe des "tables de nombres au hasard" que l'on trouve encore dans certains livres. La même remarque vaut bien sûr en base 2. Il suffirait donc de savoir définir ce qu'est une suite de bits au hasard. Voici la définition de d-uniformité pour les suites de booléens.

Définition 2.3. *Une suite $x = (x_n)$ de booléens dans $\{0,1\}$, est dite d-uniforme si pour tout $(\varepsilon_1,\ldots,\varepsilon_d) \in \{0,1\}^d$:*

$$\lim_{n\to\infty} \frac{1}{n} \sum_{i=0}^{n-1} \mathbb{1}_{\{(\varepsilon_1,\ldots,\varepsilon_d)\}}((x_{di}, x_{di+1}, \ldots, x_{d(i+1)-1})) = \frac{1}{2^d}\,.$$

Ce que l'on attend en fait de la suite des appels de Random, c'est qu'elle soit d-uniforme, pour tout entier d (on dit ∞-uniforme). C'est évidemment illusoire, car l'infini n'existe pas pour un ordinateur. On peut seulement vérifier que rien d'invraisemblable ne se produit pour la suite finie observée. C'est précisément l'objet des tests statistiques que de distinguer le plausible de ce qui est trop peu vraisemblable.

"Définition". *Un N-uplet de nombres dans $[0,1]$ sera dit pseudo-aléatoire s'il passe avec succès une série de tests statistiques, chacun étant destiné à vérifier une conséquence de la d-uniformité. Le nombre de ces tests ainsi que l'entier d sont fonction croissante de l'exigence de l'utilisateur.*

Des quantités de tests ont été imaginés pour mettre les générateurs à l'épreuve (voir [116]).

2.8.2 Implémentation

Parmi les différentes formalisations du hasard qui ont pu être proposées, la notion de suite ∞-uniforme est la seule utilisable en pratique : elle est la seule que l'on puisse tester pour un générateur donné et elle suffit à justifier toutes les applications des générateurs pseudo-aléatoires. Les générateurs conseillés ci-dessous, comme ceux qui sont livrés avec les compilateurs courants, sont issus d'une longue expérimentation statistique, et n'ont survécu au temps que parce qu'ils ont donné satisfaction à de nombreux utilisateurs, ce qui n'empêche pas de rester vigilant.

Comment sont-ils programmés ? Même les suites récurrentes les plus simples peuvent être chaotiques et donc constituer des exemples de suites apparemment aléatoires. Et ce, même si le sens intuitif de aléatoire (impossible à prévoir) est contradictoire avec la définition d'une suite récurrente (chaque terme fonction connue du précédent). Il n'est pas trop difficile d'engendrer des suites de réels qui auront un comportement aléatoire. Pour un ordinateur, il n'existe qu'un nombre fini de nombres. Les valeurs de Random sont toujours calculées à partir d'entiers répartis dans $\{0, 1, \ldots, M-1\}$ où M est un grand entier (de l'ordre 10^8 au moins pour les générateurs usuels). Pour retourner un réel dans $[0, 1]$, il suffit de diviser par M. En pratique, un nombre fini de valeurs peuvent seules être atteintes, et elles le sont avec une fréquence positive. Ceci contredit les postulats de définition de Random mais ne constitue pas un inconvénient majeur dans la mesure où M est très grand. Pour obtenir un autre type de réalisations, comme par exemple des entiers uniformes sur $\{0, \ldots, k\}$ ou des booléens (pile ou face), passer par les appels de Random est inutile, il vaut mieux partir du générateur sur $\{0, \ldots, M-1\}$ sans diviser au préalable par M. Ceci est pris en compte par la plupart des langages courants.

La valeur retournée par un générateur est une fonction de la valeur précédente ou des valeurs obtenues précédemment. Dans le premier cas la suite calculée est une suite récurrente. Une "graine" u_0 étant choisie dans $\{0, \ldots, M-1\}$, les valeurs successives de la suite sont définies par $u_{n+1} = g(u_n)$, où g est une fonction de $\{0, \ldots, M-1\}$ dans lui-même, suffisamment simple pour être calculée rapidement.

On se heurte alors à un problème important : toute suite récurrente sur un ensemble fini est *périodique*. La suite de valeurs retournée par Random bouclera forcément. Peut-on considérer comme aléatoire une suite périodique ? Oui peut-être, si la période est suffisamment élevée par rapport au nombre de termes que l'on utilise. La prudence s'impose en tout cas et il faut se méfier de l'idée intuitive que plus le passage de u_n à u_{n+1} sera compliqué, plus leurs valeurs seront indépendantes et meilleur sera le générateur.

Les générateurs les plus simples sont les générateurs par congruence. Ils sont de la forme suivante :

$$g(u) = (Au + C) \text{ modulo } M .$$

Divers résultats mathématiques permettent de justifier les "bons" choix de A, C et M. Ils sont tombés en désuétude du fait de l'apparition de nouveaux générateurs plus performants. Le générateur suivant était très répandu et donnait en général satisfaction. Il peut encore servir comme dépannage.

$$g(u) = 16807u \text{ modulo } 2147483647 .$$

Tout générateur nécessite une initialisation. Pour une même valeur de la graine u_0, c'est la même suite de valeurs qui sera calculée à chaque fois. Pour obtenir des résultats différents d'une exécution à l'autre, il est nécessaire de changer la graine au début de chaque exécution. Selon les langages, cette initialisation peut être laissée au choix de l'utilisateur, ou être réalisée à partir du compteur de temps (fonction `randomize` en Pascal, `seed` en C...). *L'instruction de randomisation doit figurer une seule fois, en début de programme principal.* La solution de l'initialisation par le compteur de temps peut poser un problème sur les gros systèmes où l'horloge est d'accès réservé.

On trouve sur le réseau un excellent outil proposé par Marsaglia et Zaman [120, 121]. Il se présente sous forme de fichier compressé, selon les systèmes d'exploitation (par exemple `fsultra.zip` pour DOS). Une fois décompressé on obtient un ensemble de procédures en assembleur, Pascal, C, Fortran qui implémentent le générateur ULTRA, dont les qualités sont très supérieures à celles des générateurs classiques. C'est ce générateur que nous conseillons d'utiliser dans sa version assembleur, de préférence aux générateurs des langages courants.

La qualité d'une simulation est largement conditionnée par sa rapidité d'exécution. La manière de programmer joue donc un rôle essentiel. En particulier on prendra garde à évacuer de la boucle principale du programme toute opération inutile. De même il faut systématiquement chercher à remplacer les opérations coûteuses par d'autres plus rapides, même si cela donne un programme moins élégant à lire. Il est bon d'avoir en tête un ordre de grandeur des coûts relatifs de certaines opérations : affectations, tests, Random, additions en entier et en réel, multiplications en entiers et en réels, fonctions "chères" (exp, log, sqrt, cos...). Le problème est qu'il est difficile d'attribuer des coûts précis aux opérations de base, dans la mesure où ces coûts dépendent très fortement non seulement du processeur, mais aussi du langage, et même du compilateur utilisé pour ce langage. A titre d'exemple le tableau 2.1 contient des temps en secondes, mesurés sur un PC avec processeur 486DX33, pour des boucles de 10^7 itérations contenant chacune une opération élémentaire, écrites en TurboPascal. Ces résultats assez anciens ne peuvent pas être pris comme des évaluations de durées pour des opérations booléennes, entières ou réelles quelconques sur des systèmes actuels. Ils montrent simplement qu'il est impossible de prévoir avant de l'avoir exécuté quelle sera la durée d'un programme. Le seul conseil que l'on puisse donner est de tester systématiquement les différentes options possibles sur des boucles de taille réduite, et de conserver la plus rapide pour le calcul en vraie grandeur. Un peu de bon sens et de pratique suffisent en général à éviter les erreurs les plus grossières.

2.8.3 Complexité et hasard

Parmi les différentes formalisations du hasard qui ont pu être proposées, la notion de suite uniforme est la seule utilisable en pratique : elle est la seule que l'on puisse tester pour un générateur donné et elle suffit à justifier toutes les applications de la fonction Random. Une "vraie" suite aléatoire doit être

version	4.0	4.0	5.5	5.5	7.0	7.0
coprocesseur	sans	avec	sans	avec	sans	avec
Boucle vide	2.69	2.69	2.69	2.70	2.69	3.30
B :=true	3.30	3.29	3.30	3.29	3.90	3.29
K :=1234	3.90	3.30	3.29	3.30	3.29	3.30
X :=1.234	6.32	32.73	4.51	4.50	4.51	4.50
B :=(1234<2345)	3.29	3.90	3.29	3.30	3.29	3.30
B :=(1.234<2.345)	22.52	18.90	3.30	3.29	3.30	3.29
K :=1234+2345	3.30	3.29	3.35	3.35	3.29	3.90
K :=1234−2345	3.29	3.90	3.30	3.90	3.30	3.30
X :=1.234+2.345	41.36	38.40	5.05	4.45	4.50	4.50
X :=1.234−2.345	52.23	38.99	4.50	4.50	4.51	4.51
K :=123*234	3.30	3.30	3.30	3.30	3.29	3.29
X :=1234/2345	367.12	53.06	5.06	4.50	4.51	5.11
X :=1.234*2.345	292.75	38.39	4.50	4.51	4.50	4.51
X :=1.234/2.345	364.76	53.44	5.11	5.11	4.50	4.50
X :=Random	45.59	82.61	43.33	79.64	42.90	82.33
X :=sqrt(1.234)	2233.16	80.41	2302.15	55.20	2172.25	55.48

Tableau 2.1 – *Temps d'exécution de boucles pour différents compilateurs de Turbo-Pascal sur le même ordinateur.*

uniforme. Mais peut-on considérer comme aléatoire toute suite uniforme ? Nous allons voir que non, malheureusement.

Comme l'ordinateur ne peut donner que des approximations décimales des réels, il suffirait de savoir construire une suite aléatoire de chiffres entre 0 et 9, pour en déduire des réels au hasard dans $[0,1]$, approchés à la d-ième décimale, en considérant des d-uplets consécutifs de chiffres de la suite initiale. La même remarque vaut bien sûr en base 2. Il suffirait donc de savoir définir ce qu'est une suite de bits au hasard.

Limitons-nous donc aux suites de bits dans $\{0,1\}$. On attend d'une telle suite qu'elle soit le résultat typique d'une suite de tirages de Pile ou Face. Voici trois séquences particulières :

$$0\,0\,0\,0\,0\,0\,0\,0\,0\,0\,0\,0\,0\,0\,0\,0$$

$$0\,1\,0\,1\,0\,1\,0\,1\,0\,1\,0\,1\,0\,1\,0\,1$$

$$0\,1\,1\,0\,1\,0\,0\,0\,1\,1\,0\,1\,1\,1\,0\,0$$

La troisième a meilleur aspect que les deux premières. Elle a pourtant exactement la même probabilité de sortir telle quelle à Pile ou Face : $1/2^{16}$. Parmi les 1000-uplets de bits, tous ont a priori la même probabilité de sortir : $1/2^{1000}$. Toute suite aléatoire de bits doit contenir nécessairement une infinité de fois 1000 zéros à la suite. Accepterions-nous qu'un générateur de bits retourne ne serait-ce que 100 zéros à la suite ? Cela paraît peu vraisemblable.

Sur les 3 exemples ci-dessus, nous écarterions le premier car il semble violer la 1-uniformité. Nous écarterions le second au nom de la 2-uniformité. Mais que dire alors de la suite concaténée de tous les entiers en base 2 (suite de Champernowne) ?

$$01\,\underbrace{10}_{2}\,\underbrace{11}_{3}\,\underbrace{100}_{4}\underbrace{101}_{5}\underbrace{110}_{6}\underbrace{111}_{7}\underbrace{1000}_{8}\underbrace{1001}_{9}\underbrace{1010}_{10}\underbrace{1011}_{11}\underbrace{1100}_{12}\underbrace{1101}_{13}\ldots$$

On peut démontrer qu'elle est ∞-uniforme. Mais comment qualifier d'aléatoire une suite aussi parfaitement prévisible ?

La définition la plus intuitive du hasard, celle des dictionnaires, n'a aucun rapport avec l'uniformité. Est aléatoire ce qui est imprévisible. Une suite serait donc aléatoire si on ne pouvait pas prévoir son $(n+1)$-ième terme connaissant les n premiers. La suite :

$$0\,1\,0\,1\,0\,1\,0\,1\ldots 0\,1\ldots$$

n'est pas aléatoire car sans avoir écrit les 999 premiers termes on sait que le 1000-ième sera "1" et le suivant "0". La suite :

$$0\,1\,1\,0\,1\,0\,1\,1\,1\,0\,0\,1\,0\,1$$

en revanche, ne semble pas présenter de régularité, de configuration qui permettrait d'en prévoir les termes suivants. Une suite est donc aléatoire si elle n'a pas de règle de construction simple.

On peut voir une règle de construction comme un moyen de compresser une suite en un *algorithme* qui l'engendre.

Exemple :

```
Répéter n fois
    écrire 0 puis 1
finRépéter
```

L'écriture binaire de cet algorithme est une chaîne dont la longueur dépend de l'écriture du nombre n. Le nombre de bits nécessaires pour écrire n, à 1 près est le logarithme de n en base 2 : $\log_2(n)$. Le reste de la chaîne ne dépend pas de n, et ajoute un nombre de bits constants, disons k. Au total, une chaîne de bits de longueur $\log_2(n)+k$ engendrera à l'exécution une chaîne de longueur $2n$.

Notons X^* l'ensemble de toutes les chaînes de bits de longueur finie. Si $x \in X^*$, sa longueur (nombre de bits) sera notée $l(x)$. Un algorithme est une application de X^* dans lui-même.

$$\begin{array}{ccc} X^* & \xrightarrow{\phi} & X^* \\ y & \longrightarrow & x \\ \text{input} & & \text{output} \end{array}$$

Soit $\tau(\phi)$ la taille du codage de ϕ exprimée en bits (hors input).

Définition 2.4. *On appelle complexité de x relative à ϕ l'entier :*

$$K_\phi(x) = \inf \{ \, l(y), \ \phi(y) = x \, \} + \tau(\phi) \quad (= +\infty \ si \ x \notin \phi(X^*)) \, .$$

En d'autres termes $K_\phi(x)$ est la quantité d'information qu'il faut pour produire x en utilisant l'algorithme ϕ. Dans l'exemple ci-dessus, une chaîne de $\log_2(n) + k$ bits suffisait à produire la chaîne de longueur $2n$ suivante.

$$\underbrace{0\,1\,0\,1 \cdots\cdots 0\,1}_{n \text{ fois}} \, .$$

Définition 2.5. *On appelle complexité de x l'entier :*

$$K(x) = \inf_\phi K_\phi(x) \, .$$

$K(x)$ est la quantité minimale d'information nécessaire pour produire x.

Remarque : Bien que ceci n'ait pas la prétention d'être un cours de complexité, on doit tout de même signaler que les définitions ci-dessus n'ont de sens qu'en restreignant quelque peu la notion d'algorithme. Si on en reste aux applications quelconques de X^* dans X^*, on se heurte à des paradoxes du type de celui de R. Berry :
"Le plus petit nombre qu'on ne puisse pas définir en moins de 20 mots".
Le bon cadre est celui des fonctions récursives, calculables par machines de Turing.

Pour engendrer une suite donnée de n bits, l'algorithme brutal consiste à les écrire tous les uns après les autres. Il correspond à l'application identique I de X^* dans lui-même. Relativement à cet algorithme la complexité de toute suite de n bits est n. Donc la complexité de toute suite est majorée par sa longueur :

$$\forall x \, , \ K(x) \leq K_I(x) = l(x) \, .$$

Dire qu'une suite est aléatoire, c'est dire qu'on ne peut pas faire mieux que l'algorithme brutal pour l'engendrer.

Définition 2.6. *Soit $x = (x_n)_{n \in \mathbb{N}^*}$ une suite de bits. Elle est dite aléatoire s'il existe une constante c telle que pour tout n :*

$$K((x_1, \ldots, x_n)) \geq n - c \, .$$

D'après la proposition suivante, la plupart des suites sont aléatoires.

Proposition 2.15. *Le cardinal de l'ensemble des suites de bits de longueur n dont la complexité est minorée par $n - c$ est au moins :*

$$2^n (1 - 2^{-c}) \, .$$

Démonstration. Parmi les inputs susceptibles d'engendrer les suites de longueur n, seuls ceux dont la longueur est inférieure à $(n - c)$ nous intéressent. Il y en a au plus :

$$2^0 + 2^1 + \cdots + 2^{n-c-1} = 2^{n-c} - 1 .$$

Chaque couple (input+algorithme) engendre au plus une suite de longueur n. Il y a donc au plus 2^{n-c} suites de longueur n dont la complexité est inférieure à $n - c$.

Concrètement, parmi toutes les suites de longueur n, une proportion de $1/2^{10} \simeq 10^{-3}$ d'entre elles seulement sont de complexité $< n - 10$.

Il devrait donc être facile de trouver des suites aléatoires puisque la plupart d'entre elles le sont. Paradoxalement, le problème de démontrer qu'une suite particulière est aléatoire est indécidable en général.

2.8.4 Points régulièrement répartis

On attend des d-uplets consécutifs d'appels de Random qu'ils se comportent comme des points au hasard dans $[0,1]^d$. Nous avons traduit ceci par la notion de d-uniformité. Intuitivement, on demande à une suite uniforme dans $[0,1]^d$ de "visiter régulièrement" tout $[0,1]^d$. On exige beaucoup d'un générateur en demandant qu'il soit uniforme pour tout d, si on n'utilise en fait que la d-uniformité pour une valeur précise de d. Or dans les méthodes de calculs d'intégrales que nous avons vues jusqu'ici, la valeur de d est fixée par la nature du problème. Pour d fixé, il est possible de construire des ensembles de points qui visitent $[0,1]^d$ plus régulièrement et plus vite que des d-uplets d'appels de Random. Le plus simple est de prendre les points d'un maillage régulier.

Pour d fixé, considérons l'ensemble suivant de m^d points régulièrement répartis dans $[0,1]^d$.

$$\left\{ \left(\frac{m_1}{m}, \ldots, \frac{m_d}{m} \right) \; ; \; (m_1, \ldots, m_d) \in \{1, \ldots, m\}^d \right\} .$$

Dans tous les algorithmes de calculs d'intégrales vus précédemment, on peut remplacer les moyennes sur n appels de Random par des moyennes sur les m^d points définis ci-dessus. Pour un nombre de points $n = m^d$ fixé, les calculs seront plus rapides qu'avec des appels de Random. La précision pourra être meilleure dans les cas où la fonction à intégrer est suffisamment régulière (voir [9], p. 226).

2.8.5 Suites de van der Corput

L'inconvénient de la méthode précédente est que pour augmenter le nombre de points (passer de m à $m+1$) il faut recalculer tous les points. Il est donc souhaitable de disposer d'une suite déterministe de points qui visite $[0,1]^d$ plus régulièrement que la suite des appels de Random. De telles suites sont dites "à discrépance faible". Les plus courantes sont les suites de Van der Corput, définies comme suit. Pour d fixé, considérons les d premiers nombres premiers (2,3,5,7,11...). Soit π_i le i-ième nombre premier de la liste. Chaque entier n admet une écriture unique en base π_i.

$$n = a_0(n) + a_1(n)\pi_i + \cdots + a_\ell(n)\pi_i^\ell ,$$

avec $0 \leq a_j(n) < \pi_i$. On lui associe :

$$u_i(n) = \frac{a_0(n)}{\pi_i} + \cdots + \frac{a_\ell(n)}{\pi_i^{\ell+1}} .$$

On définit alors la suite $(u(n))_{n\in \mathbb{N}}$ d'éléments de $[0,1]^d$ par :

$$u(n) = (u_1(n), \ldots , u_d(n)) .$$

On peut utiliser cette suite exactement comme une suite de d-uplets consécutifs d'appels de Random. Pour une fonction f définie sur $[0,1]^d$, on majore l'erreur d'approximation entre la moyenne des $f(u(n))$ et l'intégrale de f sur $[0,1]^d$ comme suit ([9] p. 229).

$$\left| \frac{1}{n}\sum_{j=1}^{n} f(u(j)) - \int_{[0,1]^d} f(x)\,dx \right| < V(f) \left(\prod_{i=1}^{d} \frac{\pi_i \log(\pi_i n)}{\log(\pi_i)} \right) \frac{1}{n} ,$$

où $V(f)$ désigne la variation totale de la fonction f. L'erreur d'approximation est de l'ordre de $(\log(n))^d/n$, ce qui est meilleur que $1/\sqrt{n}$. Il est à noter cependant que cette erreur augmente fortement avec la dimension. De plus, le calcul des $u_i(n)$, s'il est peu coûteux pour de faibles valeurs de i, deviendra vite assez lourd en dimension plus grande (le 10-ième nombre premier est 29, le 100-ième est 541, le 1000-ième est 7919). Il est donc prévisible que sur les problèmes de très grande dimension, la suite de Van der Corput ne soit pas concurrentielle par rapport à l'utilisation de Random. De plus, la complexité du calcul augmente avec n, et ce coût additionnel compensera au moins en partie le gain en précision (rappelons que seul compte le coût algorithmique à précision fixée). Observons enfin que la majoration ci-dessus ne donne aucune garantie sur le fait que la suite des $u(n)$ puisse être utilisée pour simuler des chaînes ou des processus de Markov, ce que nous ferons systématiquement dans les chapitres qui viennent.

Pour plus de détails sur les suites à discrépance faible, on se reportera à Bouleau et Lépingle [11] p. 67-95.

2.9 Exercices

NB : Les exercices qui suivent proposent ou demandent des algorithmes de simulation de lois discrètes ou à densité. Il est recommandé d'implémenter ces algorithmes, et de les tester en sortant une liste de valeurs pour laquelle on représentera un diagramme en bâtons ou un histogramme. Quand plusieurs algorithmes sont proposés pour la même loi, on déterminera expérimentalement le temps d'exécution de chacun, et on en déduira un classement du plus au moins rapide.

Exercice 1. Déterminer la loi de la variable aléatoire X, en sortie des algorithmes suivants.

1. $N \longleftarrow$ Int(Random*4)
   $X \longleftarrow$ Int(Random*N)
2. $N \longleftarrow$ Int(Random*3)
   $X \longleftarrow 0$
   Pour I de 0 à N faire
      $X \longleftarrow X + I$
   FinPour
3. $X \longleftarrow 0$; $Y \longleftarrow 1$
   Répéter
      $X \longleftarrow X + 1$; $Y \longleftarrow Y/2$
   Jusqu'à (Random $> Y$)
4. $N \longleftarrow 0$
   Répéter n fois
      Si (Random $< p$) alors $N \longleftarrow N + 1$
      finSi
   finRépéter
   $X \longleftarrow 0$
   Répéter N fois
      Si (Random $< q$) alors $X \longleftarrow X + 1$
      finSi
   finRépéter
5. $X \longleftarrow 0$
   Répéter n fois
      Si (Random $< p$) alors
         Si(Random $< q$) alors $X \longleftarrow X + 1$
         finSi
      finSi
   finRépéter
6. $P \longleftarrow p$; $F \longleftarrow P$; $X \longleftarrow 1$
   $C \longleftarrow$Random
   TantQue ($C > F$) faire
      $P \longleftarrow P * (1 - p)$

```
    F ←— F + P
    X ←— X + 1
  finTantQue
```

7.
```
  N ←— 0
  X ←— 0
  Répéter
    Si(Random < p) alors N ←— N + 1
    finSi
    X ←— X + 1
  Jusqu'à (N = r)
```

8.
```
  X ←— 0
  Répéter r fois
    Répéter
      X ←— X + 1
    Jusqu'à (Random < p)
  finRépéter
```

Exercice 2. On considère l'algorithme suivant.

```
X ←— 0
Répéter 3 fois
  N ←— 0
  Répéter
    A ←— Int(Random * 3)
    N ←— N + 1
  Jusqu'à (A < 2)
  Si (A = 0) alors X ←— X + 1
  finSi
finRépéter.
```

1. Quelle est la loi de la variable aléatoire X ?
2. Quelle est la loi de la variable aléatoire N ? Quelle est son espérance ?
3. Sur 10000 répétitions indépendantes de cet algorithme, on a observé les résultats suivants pour X :

Valeurs	0	1	2	3
Effectifs	1264	3842	3681	1213

   a) Donner un intervalle de confiance pour la probabilité de l'événement $X \leq 2$, au niveau de confiance 0.95, puis 0.99.
   b) Combien faudrait-il effectuer de répétitions indépendantes de l'algorithme pour que l'amplitude de l'intervalle de confiance au niveau 0.95 soit inférieure à 0.001 ?
   c) Donner un intervalle de confiance pour l'espérance de X, au niveau de confiance 0.95, puis 0.99.

d) Combien faudrait-il effectuer de répétitions indépendantes de l'algorithme pour que l'amplitude de l'intervalle de confiance au niveau 0.95 soit inférieure à 0.001 ?

4. Sur 10000 répétitions indépendantes de cet algorithme, on a observé les résultats suivants pour N :

Valeurs	1	2	3	4	5	6	7	8
Effectifs	6613	2247	799	215	82	33	9	2

a) Donner un intervalle de confiance pour la probabilité de l'événement $N \leq 2$, au niveau de confiance 0.95, puis 0.99.

b) Combien faudrait-il effectuer de répétitions indépendantes de l'algorithme pour que l'amplitude de l'intervalle de confiance au niveau 0.95 soit inférieure à 0.001 ?

c) Donner un intervalle de confiance pour l'espérance de N, au niveau de confiance 0.95, puis 0.99.

d) Combien faudrait-il effectuer de répétitions indépendantes de l'algorithme pour que l'amplitude de l'intervalle de confiance au niveau 0.95 soit inférieure à 0.001 ?

Exercice 3. Pour chacun des algorithmes suivants calculer l'amplitude des intervalles de confiance de niveau 0.95 et 0.99 sur la valeur finale de X, pour $n = 10^4$, puis calculer les valeurs de n pour lesquelles ces amplitudes sont inférieures à 10^{-3} et 10^{-5}.

1.
```
X ←— 0
Répéter n fois
    X ←— X+Random
finRépéter
X ←— X/n
```

2.
```
X ←— 0
Répéter n fois
    X ←— X + 10*Random
finRépéter
X ←— X/n
```

3.
```
X ←— 0
Répéter n fois
    Si (Random < 0.5) X ←— X + 1 finSi
finRépéter
X ←— X/n
```

4.
```
X ←— 0
Répéter n fois
   Si (Random < 0.05) X ←— X + 1 finSi
finRépéter
X ←— X/n
```

5.
```
X ←— 0
Répéter n fois
   Répéter
      X ←— X + 1
   Jusqu'à (Random < 0.5)
finRépéter
X ←— X/n
```

Exercice 4. Ecrire un algorithme de simulation par inversion pour les lois p suivantes.

1. Loi binomiale $\mathcal{B}(5, 1/2)$.
2. Loi binomiale $\mathcal{B}(5, 9/10)$.
3. Loi binomiale $\mathcal{B}(5, 1/10)$.
4. Loi géométrique de paramètre $p \in]0, 1[$.
5. Loi binomiale négative de paramètres $r \in \mathbb{N}^*$ et $p \in]0, 1[$:

$$p(k) = \binom{k-1}{r-1} p^r (1-p)^{k-r} \ , \ \forall k \in \{r, r+1, \dots\} \ .$$

6. Loi hypergéométrique de paramètres $N \in \mathbb{N}^*$ et $m, n \in \{1, \dots, N\}$.

$$p(k) = \frac{\binom{m}{k}\binom{N-m}{n-k}}{\binom{N}{n}} \ , \ \forall k \in \{0, \dots, \min(m, n)\} \ .$$

7. Loi sur $\mathbb{Z}$ définie par :

$$p(k) = \frac{1}{3} 2^{-|k|} \ , \ \forall k \in \mathbb{Z} \ .$$

8. Loi sur $\mathbb{N}^*$ définie par :

$$p(k) = \frac{1}{k^2 + k} \ , \ \forall k \in \mathbb{N}^* \ .$$

Exercice 5. Ecrire un algorithme de simulation par rejet à partir de la loi uniforme sur l'ensemble des valeurs prises, pour les lois p suivantes (n est un entier supérieur à 1 fixé). Pour chacun des algorithmes, calculer le nombre moyen d'appels de Random.

1. Loi binomiale $\mathcal{B}(5, 1/2)$.

2. Loi binomiale $\mathcal{B}(5, 1/10)$.
3. Loi sur $\{1, \ldots, n\}$ définie par :

$$p(k) = \frac{n+1}{n(k^2+k)}\,, \ \forall k \in \{1, \ldots, n\}\,.$$

4. Loi sur $\{-n, \ldots, n\}$ définie par :

$$p(k) = \frac{|k|}{n(n+1)}\,, \ \forall k \in \{-n, \ldots, n\}\,.$$

5. Loi sur $\{n, \ldots, 2n-1\}$ définie par :

$$p(k) = \frac{2n}{k^2+k}\,, \ \forall k \in \{n, \ldots, 2n-1\}\,.$$

Exercice 6. Ecrire un algorithme de simulation pour les lois p suivantes (n est un entier supérieur à 1 fixé). Pour chacun des algorithmes, calculer le nombre moyen d'appels de Random.

1. Loi sur $\{1, \ldots, 2n\}$ définie par :

$$p(k) = \begin{cases} \dfrac{1}{2n} & \text{si } k \text{ impair,} \\ \dfrac{k}{2n(n+1)} & \text{si } k \text{ pair.} \end{cases}$$

2. Loi sur $\{1, \ldots, 3n\}$ définie par :

$$p(k) = \begin{cases} \dfrac{1}{6n} & \text{si } k \in \{1, \ldots, n\}\,, \\ \dfrac{1}{3n} & \text{si } k \in \{n+1, \ldots, 2n\}\,, \\ \dfrac{1}{2n} & \text{si } k \in \{2n+1, \ldots, 3n\}\,. \end{cases}$$

3. Loi sur $\{1, \ldots, 3n\}$ définie par :

$$p(k) = \begin{cases} \dfrac{1}{12n} & \text{si } k \in \{1, n+1, 2n+1\}\,, \\ \dfrac{2n-1}{12n(n-1)} & \text{si } k \in \{2, \ldots, n\}\,, \\ \dfrac{4n-1}{12n(n-1)} & \text{si } k \in \{n+2, \ldots, 2n\}\,, \\ \dfrac{6n-1}{12n(n-1)} & \text{si } k \in \{2n+2, \ldots, 3n\}\,. \end{cases}$$

Exercice 7. Soit n un entier fixé. On définit les lois de probabilité p_1 et p_2 sur l'ensemble $\{1,\dots,n\}$ par :

$$p_1(k)=\begin{cases}\dfrac{1}{2n-1} & \text{si } k=1\\ \dfrac{2}{2n-1} & \text{si } k=2,\dots,n\,.\end{cases}$$

$$p_2(k)=\begin{cases}\dfrac{3}{3n-2} & \text{si } k=1,\dots,n-1\\ \dfrac{1}{3n-2} & \text{si } k=n\,.\end{cases}$$

On définit la loi de probabilité p sur $\{1,\dots,2n\}$ par :

$$p(k)=\begin{cases}\dfrac{1}{3}p_1\left(\dfrac{k+1}{2}\right) & \text{si } k \text{ est impair}\\ \dfrac{2}{3}p_2\left(\dfrac{k}{2}\right) & \text{si } k \text{ est pair.}\end{cases}$$

1. Ecrire un algorithme de simulation par rejet pour la loi p_1, à partir de la loi uniforme sur $\{1,\dots,n\}$. Quel est le nombre moyen d'appels de Random dans cet algorithme ?
2. Même question pour la loi p_2.
3. Ecrire un algorithme de simulation par rejet pour la loi p, à partir de la loi uniforme sur $\{1,\dots,2n\}$. Quel est le nombre moyen d'appels de Random dans cet algorithme ?
4. En utilisant les algorithmes des questions 1 et 2, écrire un algorithme de simulation par décomposition pour la loi p. Quel est le nombre moyen d'appels de Random dans cet algorithme ?

Exercice 8. Ecrire un algorithme de simulation pour les lois $p=(p(k,h))$ sur $\mathbb{N}\times\mathbb{N}$ définies pour $(k,h)\in\mathbb{N}\times\mathbb{N}$ comme suit.

1. $$p(k,h)=\frac{e^{-1}}{k!\,2^{h+1}}\,,\ \forall (k,h)\in\mathbb{N}^2\,.$$
2. $$p(k,h)=\frac{e^{-h}h^k}{k!\,2^{h+1}}\,,\ \forall (k,h)\in\mathbb{N}^2\,.$$

Exercice 9. On dispose d'un écran de $N_x\times N_y$ pixels que l'on souhaite colorier au hasard. Les couleurs sont numérotées de 1 à K, et on souhaite que le nombre de pixels affecté à la couleur i soit exactement n_i ($0<n_i<N_xN_y$), pour tout $i=1,\dots,K$. On propose trois méthodes (voir 2.5).

- *Echantillonnage aléatoire séquentiel :*
  Pour chacune des couleurs, puis pour chaque pixel, on décide ou non de le colorier, avec une probabilité dépendant du nombre de pixels déjà coloriés.

- *Echantillonnage aléatoire par rejet :*
  Pour chacune des couleurs, on tire au hasard un pixel de l'écran jusqu'à en trouver un non colorié, et on le colorie, jusqu'à avoir le bon nombre de pixels de chaque couleur.
- *Permutation aléatoire des pixels :*
  On commence par ordonner l'ensemble des pixels dans un tableau de taille $N_x N_y$. On colorie les n_1 premiers pixels de la couleur 1, les n_2 suivants de la couleur 2, etc...On permute ensuite aléatoirement le tableau de pixels.

1. Ecrire l'algorithme correspondant à chacune des trois méthodes.
2. Pour chacun des trois algorithmes, démontrer que toutes les manières possibles de colorier l'écran peuvent être obtenues avec la même probabilité.
3. Comparer les durées d'exécution des trois algorithmes, en fonction des paramètres du problème.
4. Pour $N_x = 640$, $N_y = 480$, $K = 16$ et $n_i = 19200$, $i = 1, \ldots, 16$, quel algorithme choisiriez-vous ?

Exercice 10. Soit f une application de $\mathbb{N}^*$ dans l'intervalle $]0, 1[$. On considère la variable aléatoire X en sortie de l'algorithme $\mathcal{A}_f$ suivant.

```
X ⟵ 0
Répéter
    X ⟵ X + 1
Jusqu'à ( Random < f(X) )
```

On conviendra que X prend la valeur ∞ si l'algorithme ne se termine pas.

1. Lorsque f est constante, quelle est la loi de la variable X ? Quelle est son espérance ?
2. Pour tout $n \in \mathbb{N}^*$, calculer $Prob[X > n]$ et $Prob[X = n]$.
3. Démontrer que l'algorithme $\mathcal{A}_f$ se termine si et seulement si :
$$\sum_{k=1}^{\infty} f(k) = \infty .$$
4. On pose, pour tout entier $k \geq 1$:
$$f(k) = 1 - 2^{-(1/2)^k} .$$
Montrer que $Prob[X = \infty] = 1/2$.
5. On pose, pour tout entier $k \geq 1$:
$$f(k) = 1 - \frac{1}{k+1} .$$

a) Déterminer la loi de la variable X.

b) Calculer la fonction génératrice de X.

c) Calculer $\mathbb{E}[X]$ et $Var[X]$.

6. On pose, pour tout entier $k \geq 1$:

$$f(k) = \frac{1}{k+1} \,.$$

a) Déterminer la loi de la variable aléatoire X.

b) Calculer la fonction génératrice de X.

c) Montrer que X n'admet pas d'espérance. Qu'en concluez-vous pour le temps d'exécution de l'algorithme ?

7. On pose, pour tout entier $k \geq 1$:

$$f(k) = \frac{2k+1}{k^2+2k+1} \,.$$

a) Quelle est la loi de la variable X ?

b) Calculer $\mathbb{E}[X]$ et montrer que $Var[X]$ n'existe pas.

Exercice 11. Ecrire un algorithme de simulation par inversion pour les lois dont les densités suivent.

1.
$$f(x) = \alpha\lambda x^{\alpha-1} e^{-\lambda x^\alpha} \mathbb{1}_{\mathbb{R}^+}(x) \,.$$

(Densité de la loi de Weibull de paramètres $\alpha > 0$ et $\lambda > 0$).

2.
$$f(x) = \alpha x^{\alpha-1} \mathbb{1}_{[0,1]}(x) \,.$$

(Densité de la loi Bêta $\mathcal{B}(\alpha, 1)$, le paramètre α est > 0.)

3.
$$f(x) = \alpha\lambda^\alpha x^{-\alpha-1} \mathbb{1}_{[\lambda,+\infty[}(x) \,.$$

(Densité de la loi de Pareto de paramètres $\alpha > 0$ et $\lambda > 0$).

Exercice 12. Déterminer la fonction de répartition, puis la densité de X en sortie des algorithmes suivants.

1. $X \longleftarrow$ 1/1+Random

2. $X \longleftarrow$ $(-\log(\text{Random}))^{1/2}$

3. $X \longleftarrow$ Max(Random,Random)

4. $X \longleftarrow$ Min(Random,Random)

5. $X \longleftarrow$ Min(Random,Random)
   Si (Random < 0.5) alors $X \longleftarrow -X$ finSi

6. $U \longleftarrow$ Random
   $X \longleftarrow U^2$

7. $X \longleftarrow$ (2∗Random−1)^2

8. $U \longleftarrow$ 2∗Random−1
   $X \longleftarrow U * U * U$

9. Si (Random < 0.4)
      alors $X \longleftarrow$ Random
      sinon $X \longleftarrow$ Random +1
   finSi

10. Répéter
       $X \longleftarrow$ 1/1+Random
    Jusqu'à ($X < 3/4$)

11. Répéter
       $X \longleftarrow -\log$(Random)
    Jusqu'à ($X < 2$)

12. $N \longleftarrow$Int($-\log$(Random)/ log(2)) + 1
    $X \longleftarrow -\log$(Random)/N

13. $U \longleftarrow$Random ; $N \longleftarrow 1$; $X \longleftarrow$Random
    TantQue ($U < (1/2)^N$)
       $N \longleftarrow N+1$
       $Y \longleftarrow$Random
       Si ($X < Y$) alors $X \longleftarrow Y$ finSi
    finTantQue

Exercice 13. Soit X une variable aléatoire dont la loi est symétrique par rapport à l'origine (X et $-X$ suivent la même loi). Soit Y une variable aléatoire de même loi que $|X|$ et S une autre variable aléatoire indépendante de Y prenant les valeurs -1 et $+1$ avec probabilité 1/2. Montrer que $Z = SY$ suit la même loi que X.
Application : donner un algorithme de simulation pour la loi de densité f définie par :

$$f(x) = \frac{1}{2}\exp(-|x|) \ , \ \forall x \in \mathbb{R} \, .$$

Exercice 14. On considère la densité de probabilité f suivante :

$$f(x) = (1 - |x|)\mathbb{1}_{[-1,1]}(x) .$$

1. Utiliser la méthode d'inversion pour donner un algorithme de simulation de la loi de densité f.
2. Ecrire un algorithme de simulation par rejet à partir de la loi uniforme sur $[-1, 1]$.
3. Montrer que X a pour densité f en sortie de l'algorithme suivant :

```
X ←— Random
Y ←— Random
Si (Y < X) alors X ←— Y finSi
Si (Random < 0.5) alors X ←— -X finSi
```

4. Lequel des trois algorithmes est le plus rapide ?

Exercice 15. On considère la densité de probabilité f suivante :

$$f(x) = \frac{2}{3}(x\mathbb{1}_{[0,1]}(x) + \mathbb{1}_{[1,2]}(x)) .$$

1. Utiliser la méthode d'inversion pour donner un algorithme de simulation de la loi de densité f.
2. Ecrire un algorithme de simulation par rejet à partir de la loi uniforme sur $[0, 2]$.
3. Soient Y et Z deux variables aléatoires indépendantes telles que Y suit la loi uniforme sur $[0, 1]$ et Z suit la loi uniforme sur $[0, 2]$. Quelle est la fonction de répartition de la variable aléatoire $S = \max\{Y, Z\}$?
4. Montrer que la variable aléatoire X a pour densité f en sortie de l'algorithme suivant :

```
U ←— Random
Si (U < 1/3 )
    alors X ←— 3 * U + 1
    sinon
        Y ←— 3 * (U - 1/3)/2
        Z ←—Random *2
        Si (Y > Z)
            alors X ←— Y
            sinon X ←— Z
        finSi
finSi
```

5. Lequel des algorithmes proposés est le plus rapide ?

Exercice 16.

1. Donner un algorithme de simulation par inversion pour la loi exponentielle de paramètre $\lambda > 0$, de densité :
$$f_\lambda(x) = \lambda e^{-\lambda x} \mathbb{1}_{\mathbb{R}^+}(x) .$$
2. Donner un algorithme de simulation par inversion pour la loi géométrique de paramètre 1/2, définie pour tout $k \in \mathbb{N}^*$ par :
$$p(k) = \frac{1}{2^k} .$$
3. On considère la loi de probabilité sur $\mathbb{R}^+$ définie par la densité f suivante :
$$f(x) = \frac{e^{-x}/2}{(1 - e^{-x}/2)^2} \mathbb{1}_{\mathbb{R}^+}(x) .$$
Calculer la fonction de répartition de cette loi. En déduire un algorithme de simulation par inversion pour la loi de densité f.
4. Montrer que pour tout $x \in \mathbb{R}^+$, $f(x) \leq 2e^{-x}$. En déduire un algorithme de simulation par rejet pour la loi de densité f, à partir de la loi exponentielle de paramètre 1. Quel est le nombre moyen d'appels de Random dans cet algorithme ?
5. Montrer que pour tout $x \in \mathbb{R}^+$, on a :
$$f(x) = \sum_{k=1}^{+\infty} \frac{1}{2^k} \, ke^{-kx} \mathbb{1}_{\mathbb{R}^+}(x) .$$
En déduire un algorithme de simulation par décomposition pour la loi de densité f, utilisant les algorithmes des questions 1 et 2.
6. Lequel des algorithmes proposés est le plus rapide ?

Exercice 17. Soit p un paramètre réel strictement compris entre 0 et 1. On considère la densité de probabilité f_p suivante :
$$f_p(x) = \frac{p}{(1 - (1 - p)x)^2} \mathbb{1}_{[0,1]}(x) .$$

1. Calculer la fonction de répartition F_p de la loi de densité f_p. En déduire un algorithme de simulation par inversion pour cette loi.
2. Ecrire un algorithme de simulation par rejet pour la loi de densité f_p, à partir de la loi uniforme sur $[0, 1]$. Quelle est l'espérance du nombre d'appels de Random dans cet algorithme ?
3. Soient $U_1, \ldots, U_n$ n variables aléatoires indépendantes, de même loi, uniforme sur $[0, 1]$. Montrer que la variable aléatoire :
$$M_n = \max\{U_1, \ldots, U_n\}$$
suit la loi Bêta $\mathcal{B}(n, 1)$, de densité $nx^{n-1} \mathbb{1}_{[0,1]}(x)$.

4. Soit N une variable aléatoire de loi géométrique $\mathcal{G}(p)$, et (U_n) une suite de variables aléatoires indépendantes, de même loi, uniforme sur $[0,1]$. Montrer que la variable aléatoire M_N a pour densité f_p.
5. Ecrire un algorithme de simulation par inversion pour la loi géométrique $\mathcal{G}(p)$.
6. En déduire un algorithme de simulation par décomposition pour la loi de densité f_p. Quelle est l'espérance du nombre d'appels de Random dans cet algorithme ?

Exercice 18. Voici trois algorithmes.

$\mathcal{A}$
```
S ←— 0
Répéter n fois
    X ←—Random
    U ←—Random
    Si (U < √X) alors S ←— S + 1
    finSi
finRépéter
S ←— S/n
```

$\mathcal{B}$
```
S ←— 0
Répéter n fois
    Si (Random < 1/(√2 + 1))
      alors
        X ←—Random*1/2
        U ←—Random*√2/2
      sinon
        X ←—Random*1/2 + 1/2
        U ←—Random
    finSi
    Si (U < √X) alors S ←— S + 1
    finSi
finRépéter
S ←— S/n * (√2 + 2)/4
```

$\mathcal{C}$
```
S ←— 0
Répéter n fois
    S ←— S + √Random
finRépéter
S ←— S/n
```

1. En sortie de ces trois algorithmes, la variable S contient une valeur estimée de la même intégrale : laquelle ?

2. Pour chacun des trois algorithmes, déterminer la valeur de n au-dessus de laquelle l'amplitude de l'intervalle de confiance de niveau 0.95 sur la valeur estimée, est inférieure à 10^{-3}.

Exercice 19. L'algorithme suivant calcule une valeur approchée de :

$$I = \int_{[0,1]^2} xy\,dxdy\;.$$

```
S ⟵ 0
Répéter n fois
    X ⟵Random
    Y ⟵Random
    U ⟵Random
    Si (U < X * Y) alors S ⟵ S + 1
    finSi
finRépéter
S ⟵ S/n
```

1. Calculer le nombre d'appels de Random nécessaires pour que l'amplitude de l'intervalle de confiance de niveau 0.95 soit inférieure à 10^{-3}.
2. On considère le découpage de $\Delta = [0,1]^2$ en 4 carrés :

$$\Delta_1 = [0,0.5]\times[0,0.5]\,,\;\dots\;,\;\Delta_4 = [0.5,1]\times[0.5,1]\;.$$

Pour $i = 1,\dots,4$, soit μ_i le maximum de la fonction xy sur Δ_i. On définit le domaine D' par :

$$D' = \bigcup_{i=1}^{4} \Delta_i \times [0,\mu_i]\;.$$

Ecrire l'algorithme de simulation par rejet pour le calcul de I à partir de la loi uniforme sur le domaine D'.
3. Calculer le nombre d'appels de Random nécessaires pour que l'amplitude de l'intervalle de confiance de niveau 0.95 soit inférieure à 10^{-3}.
4. Mêmes questions pour un découpage irrégulier en 4 rectangles :

$$\Delta_1 = [0,u]\times[0,u]\,,\;\dots\;,\;\Delta_4 = [u,1]\times[u,1]\;.$$

5. Quelle valeur de u est optimale ?
6. Reprendre l'exercice pour un découpage de Δ en 9 carrés.

3 Méthodes markoviennes à temps fini

3.1 Simulation des chaînes de Markov

3.1.1 Définition algorithmique

Une chaîne de Markov est classiquement définie comme une suite de variables aléatoires pour laquelle la meilleure prédiction que l'on puisse faire pour l'étape $n+1$ si on connaît toutes les valeurs antérieures est la même que si on ne connaît que la valeur à l'étape n (le futur et le passé sont indépendants conditionnellement au présent). Nous partons ici d'une définition moins classique, mais plus proche des applications.

Définition 3.1. *Soit E un espace mesurable. Une chaîne de Markov sur E est une suite de variables aléatoires (X_n), $n \in \mathbb{N}$ à valeurs dans E telle qu'il existe :*

1. *une suite (U_n), $n \in \mathbb{N}$ de variables aléatoires indépendantes et de même loi, à valeurs dans un espace probabilisé $\mathcal{U}$,*
2. *une application mesurable Φ de $\mathbb{N} \times E \times \mathcal{U}$ dans E vérifiant :*

$$\forall n \in \mathbb{N}, \qquad X_{n+1} = \Phi(n, X_n, U_n) .$$

On distingue plusieurs cas particuliers.

- Si l'application Φ ne dépend pas de n, la chaîne est dite *homogène*.
- Si l'application Φ ne dépend pas de x, la chaîne est une suite de variables indépendantes. Si Φ ne dépend ni de n ni de x, ces variables indépendantes sont de plus identiquement distribuées.
- Si l'application Φ ne dépend pas de u, Φ définit un système itératif. La chaîne est une suite récurrente (déterministe si sa valeur initiale est déterministe).

Toutes les chaînes de Markov que nous considérons ici sont homogènes. On peut toujours passer du cas non homogène au cas homogène en remplaçant X_n par le couple (n, X_n).

C'est évidemment aux appels d'un générateur pseudo-aléatoire qu'il faut penser pour la suite (U_n) de la définition 3.1. En pratique une chaîne de Markov est simulée de manière itérative comme le dit cette définition. Une initialisation dans E est d'abord choisie (aléatoire ou non). Puis chaque nouveau pas est simulé selon une loi de probabilité dépendant du point atteint précédemment. Cette simulation utilise un ou plusieurs appels de Random successifs, qui constituent la variable U_n.

En toute rigueur, les chaînes de Markov au sens de la définition 3.1 devraient s'appeler "chaînes de Markov simulables". Elles vérifient la propriété suivante, dite "*propriété de Markov*".

Proposition 3.1. *Soit $(X_n), n \in \mathbb{N}$ une chaîne de Markov. Pour tout $n \geq 0$ et pour toute suite d'états $i_0, \ldots, i_n \in E$, la loi conditionnelle de X_{n+1} sachant "$X_0 = i_0, \ldots, X_n = i_n$" est égale à la loi conditionnelle de X_{n+1} sachant "$X_n = i_n$".*

Démonstration. Notons $\mathbb{P}$ la loi de probabilité conjointe de X_0 et de la suite (U_n). D'après la définition 3.1, U_n est indépendante de $X_0, \ldots, X_n$. Pour tout sous ensemble mesurable B de E, on a :

$$
\begin{aligned}
\mathbb{P}[X_{n+1} \in B \,|\, X_0 = i_0, \ldots, X_n = i_n] \\
&= \mathbb{P}[\Phi(X_n, U_n) \in B \,|\, X_0 = i_0, \ldots, X_n = i_n] \\
&= \mathbb{P}[\Phi(i_n, U_n) \in B] \\
&= \mathbb{P}[X_{n+1} \in B \,|\, X_n = i_n] \,.
\end{aligned}
$$

Cette propriété d'"oubli du passé" constitue la définition classique des chaînes de Markov. Il est naturel de se demander s'il existe des chaînes de Markov, au sens de la proposition 3.1, qui ne soient pas simulables. Il n'en existe pas si E est dénombrable, ou si E est $\mathbb{R}^d$, muni de sa tribu de boréliens. On n'en rencontrera donc jamais en pratique.

Exemple : Marches aléatoires.

Soit $(U_n), n \in \mathbb{N}$ une suite de variables aléatoires indépendantes et de même loi sur $\mathbb{R}^d$. La suite de variables aléatoires $(X_n), n \in \mathbb{N}$ définie par $X_0 \in \mathbb{R}^d$ et :

$$\forall n \,, \qquad X_{n+1} \;=\; X_n + U_n \,,$$

est une chaîne de Markov. Comme cas particulier, si U_n suit la loi normale $\mathcal{N}_d(0, hI_d)$, on obtient une discrétisation du mouvement brownien standard sur $\mathbb{R}^d$ (figure 3.1 et paragraphe 3.3.1).

Plus généralement, soit $(G, *)$ un groupe topologique quelconque, muni de sa tribu des boréliens. Soit π une loi de probabilité sur G, et (U_n) une suite de variables aléatoires de même loi π sur G. La suite de variables aléatoires définie par $X_0 \in G$ et pour tout $n \geq 0$:

$$X_{n+1} = X_n * U_n \,,$$

est une chaîne de Markov sur G, dite "*marche aléatoire de pas* π". Les marches aléatoires sur les groupes constituent un cas particulier important des chaînes de Markov (voir Woess [146]).

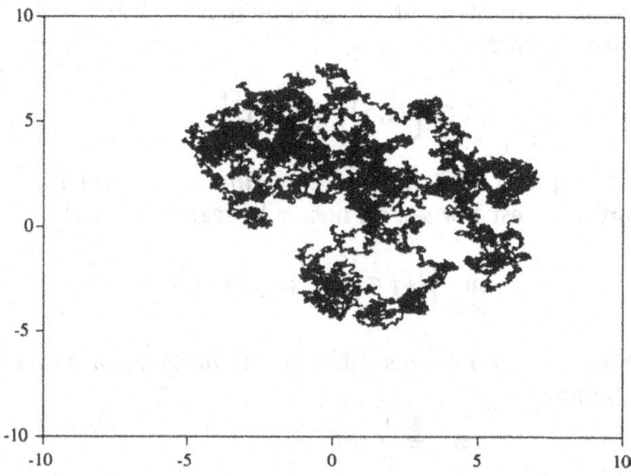

Figure 3.1 – *Mouvement brownien standard dans le plan : trajectoire jusqu'en* $t = 10$.

3.1.2 Espace d'états fini ou dénombrable

Lorsque $E = \{i, j, \dots\}$ est un ensemble fini ou dénombrable, la loi de la variable aléatoire $\Phi(n, i, U_n)$ (définition 3.1) avec laquelle on tire le pas $n+1$ à partir du pas n, est habituellement notée sous forme matricielle. Si la chaîne est homogène, cette loi ne dépend pas de n. Dans ce cas, on note p_{ij} la probabilité de choisir l'état j à partir de l'état i :

$$p_{ij} = \mathbb{P}[\Phi(i, U_n) = j] = \mathbb{P}[X_{n+1} = j \mid X_n = i] , \quad \forall i, j \in E .$$

Dans la relation ci-dessus, $\mathbb{P}$ désigne encore la loi conjointe de X_0 et de la suite (U_n). La probabilité p_{ij} porte le nom de "*probabilité de transition de i à j*". La matrice :

$$P = (p_{ij})_{i,j \in E} ,$$

est la *matrice de transition* de la chaîne. Dans ce qui suit, la définition usuelle des matrices est étendue au cas dénombrable, les vecteurs indicés par E sont des vecteurs colonnes. La matrice de transition a des coefficients positifs ou nuls, et la somme des éléments d'une même ligne vaut 1. Comme nous le verrons dans les exemples des paragraphes suivants, il arrive fréquemment dans les applications que pour un état i donné, le nombre d'états j directement accessibles depuis i (tels que $p_{ij} > 0$) soit faible. La matrice de transition est alors très creuse (elle contient beaucoup de zéros). Il est plus économique de résumer les probabilités de transitions par le *diagramme de transition.* C'est un graphe orienté et pondéré, dont l'ensemble des sommets est E. Une arête de poids p_{ij} va de i à j si $p_{ij} > 0$.

Exemple : Marche aléatoire symétrique sur un graphe.

Supposons E muni d'une structure de graphe non orienté $G = (E, A)$, où A désigne l'ensemble des arêtes :

$$A \subset \Big\{ \{i,j\}\,,\ i,j \in E \Big\}\,.$$

Les sommets j tels que $\{i,j\} \in A$ sont les ***voisins*** de i, et on suppose que leur nombre (le ***degré*** de i) est borné : on note r le degré maximal.

$$r \;=\; \sup_{i \in E} \Big\{ \Big| \{j \in E \;:\; \{i,j\} \in A\} \Big| \Big\}\,,$$

où $|\cdot|$ désigne le cardinal d'un ensemble fini. Définissons la matrice de transition $P = (p_{ij})$ par :

$$\begin{aligned} p_{ij} &= \frac{1}{r} \text{ si } \{i,j\} \in A\,, \\ &= 0 \text{ si } \{i,j\} \notin A\,, \end{aligned}$$

les coefficients diagonaux étant tels que la somme des éléments d'une même ligne vaut 1. La chaîne de Markov de matrice de transition P s'appelle ***marche aléatoire symétrique*** sur le graphe G (voir [146]). La matrice P est, à une transformation près, ce que les combinatoriciens nomment le ***laplacien*** du graphe G (voir [80]). Considérons par exemple $E = \mathbb{Z}^d$, muni de sa structure de réseau habituelle :

$$A = \Big\{ \{i,j\} \in (\mathbb{Z}^d)^2\,,\ \|i-j\| = 1 \Big\}\,,$$

où $\|\cdot\|$ désigne la norme euclidienne. La marche aléatoire symétrique sur ce graphe (figure 3.2) est aussi une marche aléatoire sur le groupe $(\mathbb{Z}^d, +)$, dont le pas est la loi uniforme sur l'ensemble des $2d$ vecteurs de $\mathbb{Z}^d$ de norme 1. Nous la retrouverons en 3.3.1, comme discrétisation du mouvement brownien (proposition 3.5).

Il existe une analogie étroite entre les chaînes de Markov symétriques et les réseaux électriques (voir [99]). Les états de E sont vus comme les sommets d'un réseau, reliés par des lignes électriques. L'analogue de la probabilité de transition p_{ij} est la ***conductance*** (inverse de la résistance) de la ligne reliant i à j.

L'algorithme de simulation d'une chaîne de Markov homogène de matrice de transition P est le suivant.

```
n ⟵ 0
Initialiser X
Répéter
    i ⟵ X          (état présent)
    choisir j avec probabilité p_ij
    X ⟵ j          (état suivant)
```

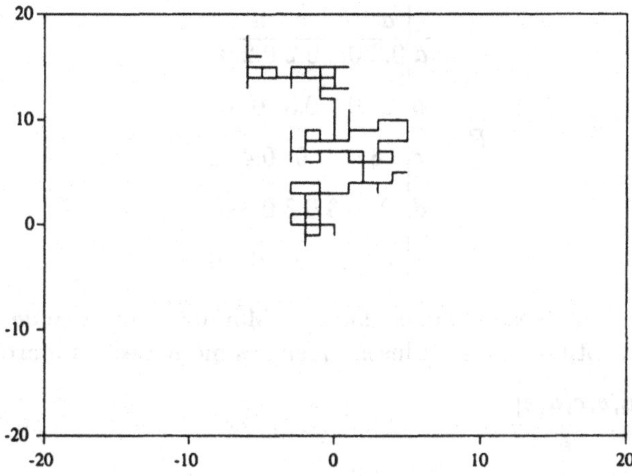

Figure 3.2 – *Marche aléatoire symétrique dans le plan : 200 pas, partant de l'origine.*

$n \longleftarrow n+1$
Jusqu'à (arrêt de la simulation)

L'algorithme ci-dessus correspond bien à la définition 3.1, dans la mesure où les choix successifs sont effectués à l'aide d'appels de Random renouvelés à chaque itération (considérés comme indépendants des précédents). Supposons par exemple que la loi $(p_{ij})_{j \in E}$ soit simulée par inversion. Notons :

- U_n le n-ième appel de Random.
- Φ l'application de $E \times [0,1]$ dans E qui au couple (i, u) associe l'inverse de la fonction de répartition de la loi $(p_{ij})_{j \in E}$, évalué en u.

L'algorithme calcule bien :

$$X_{n+1} = \Phi(X_n, U_n) .$$

Ceci a une portée plutôt théorique. Il ne faut pas en déduire que c'est forcément par inversion que l'on doit simuler la loi $(p_{ij})_{j \in E}$. Dans certains cas un autre type de simulation (par exemple par rejet ou décomposition) pourra s'avérer plus efficace.

Exemple : Voici une matrice de transition sur $E = \{a, b, c, d, e\}$.

$$P = \begin{array}{c|ccccc} & a & b & c & d & e \\ \hline a & 0.2 & 0.2 & 0.2 & 0.2 & 0.2 \\ b & 0 & 0.2 & 0.3 & 0 & 0.5 \\ c & 0.3 & 0.3 & 0 & 0.4 & 0 \\ d & 0 & 0.3 & 0.3 & 0.3 & 0.1 \\ e & 0 & 1 & 0 & 0 & 0 \end{array}$$

L'algorithme ci-après simule une chaîne de Markov de matrice de transition P. Il n'est pas optimal mais il illustre quelques méthodes standard.

```
Tableau E = [a, b, c, d, e]
n ⟵ 0
Initialiser X
Répéter
   i ⟵ X          (état présent)
   Selon i
      i = a : j ⟵ E[Random({1, ... ,5})]

      i = b : Choix ⟵ Random
             Si (Choix < 0.5) alors j ⟵ e
                sinon Si (Choix < 0.8) alors j ⟵ c
                            sinon j ⟵ b
                      finSi
             finSi

      i = c : Choix ⟵ Random
             Si (Choix < 0.4) alors j ⟵ d
                sinon j ⟵ E[Random({1, 2})]
             finSi

      i = d : Répéter
             Test ⟵ Vrai
             j ⟵ E[Random({2, ... ,5})]
             Si j = e alors
                Si (Random > 1/3) alors   Test ⟵ Faux  finSi
             finSi
          Jusqu'à (Test=Vrai)

      i = e : j ⟵ b

   finSelon
   X ⟵ j          (état suivant)
   n ⟵ n+1
Jusqu'à (arrêt de la simulation)
```

3.1.3 Relations algébriques

La loi d'une chaîne de Markov (X_n) est entièrement déterminée par la donnée de la loi de X_0 et de la matrice de transition P, au sens où pour tout n, la loi conjointe de $(X_0, \ldots, X_n)$ s'exprime en fonction de la loi de X_0 et de P. La matrice de transition P contient toute l'information sur l'évolution de la chaîne, qui est commune à toutes les conditions initiales. Cette information se lit sur les puissances successives de P.

Proposition 3.2. *Soit (X_n) une chaîne de Markov homogène de matrice de transition P. Alors :*

1. *Pour toute suite d'états $i_0, i_1, \ldots, i_n$ de E,*

$$\mathbb{P}[X_0 = i_0 \text{ et } \ldots \text{ et } X_n = i_n] = \mathbb{P}[X_0 = i_0]\, p_{i_0 i_1} \cdots p_{i_{n-1} i_n} .$$

2. *Pour tout entier n, notons :*

$$p_{ij}^{(n)} = \mathbb{P}[X_n = j \mid X_0 = i] = \mathbb{P}[X_{m+n} = j \mid X_m = i] , \quad \forall m .$$

C'est la probabilité de transition de i à j en n pas. On a :

$$\left(p_{ij}^{(n)}\right)_{i,j \in E} = P^n .$$

3. *Notons $p(n)$ la loi de X_n :*

$$p(n) = (\mathbb{P}[X_n = i])_{i \in E} .$$

On a :

$$p(n) = {}^tP^n p(0) .$$

Démonstration. Nous montrons uniquement le premier point. Les suivants s'en déduisent de manière immédiate. La formule est vraie pour $n = 0$. Supposons-la vraie pour n. Si :

$$\mathbb{P}[X_0 = i_0 \text{ et } \ldots \text{ et } X_n = i_n] = 0 ,$$

alors pour tout i_{n+1},

$$\mathbb{P}[X_0 = i_0 \text{ et } \ldots \text{ et } X_{n+1} = i_{n+1}] = 0 .$$

Sinon :

$$\mathbb{P}[X_0 = i_0 \text{ et } \ldots \text{ et } X_{n+1} = i_{n+1}]$$

$$= \mathbb{P}[X_{n+1} = i_{n+1} \mid X_0 = i_0 \text{ et } \ldots \text{ et } X_n = i_n]\mathbb{P}[X_0 = i_0 \text{ et } \ldots \text{ et } X_n = i_n]$$

$$= \mathbb{P}[X_{n+1} = i_{n+1} \mid X_n = i_n]\mathbb{P}[X_0 = i_0 \text{ et } \ldots \text{ et } X_n = i_n]$$

$$= p_{i_n i_{n+1}} \mathbb{P}[X_0 = i_0 \text{ et } \ldots \text{ et } X_n = i_n] .$$

Le résultat est donc vrai à l'ordre $n + 1$. □

Dans la définition des probabilités de transition en n pas, on peut comprendre la notation $\mathbb{P}[X_n = j \mid X_0 = i]$ soit comme une probabilité conditionnelle, soit comme une probabilité relative à la loi des U_n, quand l'initialisation est fixée à $X_0 = i$.

On peut voir l'évolution en loi de la suite (X_n) comme un système dynamique linéaire dont ${}^tP$ est la matrice d'évolution.

$$p(n+1) = {}^tPp(n) .$$

Il est assez naturel au vu des relations ci-dessus que des techniques numériques utilisent l'évolution des chaînes de Markov pour la résolution de systèmes linéaires. Ces techniques font l'objet du paragraphe suivant.

3.2 Résolution de systèmes linéaires

3.2.1 Puissances de matrices

Considérons un système d'équations de taille d, mis sous la forme :

$$(I - A)z = b ,$$

où $A = (a_{ij}) \in \mathcal{M}_{d\times d}(\mathbb{R})$, $b \in \mathbb{R}^d$. On suppose que le *rayon spectral* de A, noté $\rho(A)$ (plus grand des modules de valeurs propres) est strictement inférieur à 1. C'est le cas en particulier sous la condition suffisante suivante :

$$\max_i \sum_{j=1}^{d} |a_{ij}| < 1 .$$

Alors la matrice $I - A$ est inversible et :

$$\lim_{k\to+\infty} I + A + \cdots + A^k = (I - A)^{-1} .$$

Pour tout $k \geq 0$, définissons $z^{(k)}$ par :

$$z^{(k)} = (I + A + \cdots + A^k)b .$$

La suite $(z^{(k)})$ converge vers la solution z du système, à vitesse géométrique : pour tout α, $\rho(A) < \alpha < 1$, il existe une constante K telle que :

$$\|z - z^{(k)}\| \leq K\,\alpha^k .$$

Nous allons définir, à partir des trajectoires d'une chaîne de Markov, une variable aléatoire dont l'espérance est égale au produit scalaire ${}^t\varphi z^{(k)}$, où $\varphi = (\varphi_i)$ est un vecteur de $\mathbb{R}^d$. Par exemple si $\varphi = \mathbb{1}_{\{i\}}$, le produit scalaire est la i-ième coordonnée de $z^{(k)}$.

Considérons une chaîne de Markov $(X_n), n \in \mathbb{N}$ à valeurs dans $\{1, \ldots, d\}$ dont la loi est définie par :

1. La loi de X_0 : $(p_i)_{i\in E}$,
2. La matrice de transition $P = (p_{ij})_{i,j\in E}$.

On définit la suite de variables aléatoires (W_n) à partir de la chaîne (X_n) par :

$$X_0 = i_0, \dots, X_n = i_n \quad \Longrightarrow \quad W_n = \frac{\varphi_{i_0}}{p_{i_0}} \frac{a_{i_0 i_1} \dots a_{i_{n-1} i_n}}{p_{i_0 i_1} \dots p_{i_{n-1} i_n}} b_{i_n} .$$

Remarquons qu'en pratique la trajectoire $i_0, \dots, i_n$ ne peut être suivie par la chaîne que si sa probabilité est strictement positive, à savoir si :

$$p_{i_0} p_{i_0 i_1} \dots p_{i_{n-1} i_n} > 0 .$$

Proposition 3.3. *Supposons que :*

1. $\forall i \quad , \varphi_i \neq 0 \Longrightarrow p_i \; > 0$,
2. $\forall i, j \; , a_{ij} \neq 0 \Longrightarrow p_{ij} > 0$.

Alors :

$$\mathbb{E}[W_n] \; = \; {}^t\varphi A^n b .$$

Démonstration. L'idée de la définition de W_n est de réaliser une moyenne des facteurs $\varphi_{i_0} a_{i_0 i_1} \dots a_{i_{n-1} i_n}$ qui interviennent dans le calcul de ${}^t\varphi A^n$, au travers des trajectoires de la chaîne X_n. Il faut pour cela que tous les facteurs non nuls puissent effectivement être atteints, et c'est la signification des hypothèses de cette proposition. L'espérance de W_n vaut :

$$\begin{aligned} \mathbb{E}[W_n] &= \sum \frac{\varphi_{i_0}}{p_{i_0}} \frac{a_{i_0 i_1} \dots a_{i_{n-1} i_n}}{p_{i_0 i_1} \dots p_{i_{n-1} i_n}} b_{i_n} \, p_{i_0} p_{i_0 i_1} \dots p_{i_{n-1} i_n} \\ &= \sum \varphi_{i_0} a_{i_0 i_1} \dots a_{i_{n-1} i_n} b_{i_n} , \end{aligned}$$

la somme portant sur les trajectoires $i_0, \dots, i_n$ de probabilité non nulle, c'est-à-dire telles que :

$$p_{i_0} p_{i_0 i_1} \dots p_{i_{n-1} i_n} > 0 .$$

Or :

$${}^t\varphi A^n b \; = \; \sum \varphi_{i_0} a_{i_0 i_1} \dots a_{i_{n-1} i_n} b_{i_n} ,$$

où la somme porte sur les $i_0, \dots, i_n$ tels que le produit correspondant soit non nul. D'où le résultat. □

Pour calculer une valeur approchée de ${}^t\varphi z^{(k)}$, il ne reste plus qu'à définir :

$$Z_k \; = \; \sum_{n=0}^{k} W_n ,$$

dont l'espérance est :

$$\mathbb{E}[Z_k] = {}^t\varphi z^{(k)} .$$

Cette espérance sera approchée par la moyenne empirique des valeurs prises par Z_k sur un grand nombre de trajectoires indépendantes de longueur k de la chaîne (X_n). Voici l'algorithme correspondant.

```
S ←— 0
Répéter N fois
    n ←— 0
    Choisir i0 dans {1,... ,d} avec probabilité p_i0
    X ←— i0
    W ←— φ_i0/p_i0
    Z ←— φ_i0/p_i0 * b_i0
    Répéter
        i ←— X
        Choisir j avec probabilité p_ij
        X ←— j
        W ←— W * a_ij/p_ij
        Z ←— Z + W * b_j
        n ←— n + 1
    Jusqu'à (n = k)
S ←— S + Z
finRépéter
S ←— S/N
```

Un caractère intéressant de cet algorithme est qu'on peut utiliser les mêmes trajectoires pour calculer simultanément plusieurs produits scalaires, par exemple toutes les coordonnées de z. Il est même possible de calculer toute la matrice $(I - A)^{-1}$. Des variantes de cet algorithme ont été proposées qui n'utilisent qu'une seule trajectoire, suivie suffisamment longtemps (voir Rubinstein [54] p. 158-169).

Comme on l'aura constaté, on dispose d'une grande latitude pour choisir la loi initiale ainsi que les probabilités de transition. La seule contrainte que nous ayons imposée est que les p_i doivent s'annuler au plus aussi souvent que les φ_i, et les p_{ij} que les a_{ij}. La question se pose donc d'optimiser la méthode par un choix judicieux des p_i et p_{ij}. Le problème est que la variance de Z_k est impossible à calculer en général. Tout au plus peut-on donner quelques conseils de bon sens. La chaîne de Markov la plus rapide à simuler est la suite de variables indépendantes de loi uniforme sur $\{1,\dots,d\}$. Elle correspond au choix :

$$p_i = p_{ij} = \frac{1}{d}, \quad \forall i, j .$$

Ce n'est pas nécessairement celle qu'il faut utiliser. En ce qui concerne la loi initiale (p_i), le choix dépend de l'objectif. Si on souhaite calculer toutes les coordonnées de $z^{(k)}$, la loi uniforme sera le meilleur choix. Si c'est une seule coordonnée, c'est de l'indice correspondant qu'il faudra faire partir toutes les trajectoires. Pour la matrice de transition, il est difficile de donner des indications précises. Quand la matrice A est pleine (tous ses coefficients sont non nuls), le choix $p_{ij} = 1/d$ sera probablement bon. C'est rarement le cas en pratique. Les gros systèmes linéaires proviennent de la discrétisation de problèmes intégro-différentiels pour lesquels les matrices sont assez creuses. Dans ce cas, c'est un choix algorithmiquement raisonnable que d'adapter la matrice de transition à la matrice du système, en annulant p_{ij} quand $a_{ij} = 0$. Nous en verrons un exemple en 3.3.1 avec le problème de la chaleur (3.1). Signalons enfin que l'algorithme, pour être implémenté efficacement devra être quelque peu modifié. En particulier les quotients a_{ij}/p_{ij} seront calculés en début de programme, et non à chaque passage dans la boucle principale. De plus il sera judicieux de faire en sorte qu'un maximum d'entre eux soient égaux à ± 1 de manière à éviter des multiplications. Dans le cas où tous les p_{ij} ne s'annuleraient pas en même temps que les a_{ij}, il faut éviter de continuer à simuler des trajectoires pour lesquelles le facteur W_n est nul (modifier le test d'arrêt de chaque trajectoire).

3.2.2 Utilisation d'un état absorbant

Une variante de la méthode précédente permet d'atteindre en moyenne ${}^t\varphi z$, et non pas seulement ${}^t\varphi z^{(k)}$. L'astuce consiste à introduire un état absorbant pour la chaîne (X_n) que l'on simule. Soit $P = (p_{ij})$ une matrice de transition sur :

$$E = \{1, \ldots, d, a\} ,$$

telle que :

$$\forall i = 1, \ldots, d , \quad p_{ai} = 0 \quad \text{et} \quad \exists n > 0 , \quad p_{ia}^{(n)} > 0 .$$

Une chaîne de Markov (X_n) de matrice P admet a comme état absorbant : toute trajectoire, quel que soit son point de départ, atteindra a au bout d'un nombre fini de pas, et n'en partira plus.

Le point de départ de la chaîne est choisi comme précédemment avec la loi $(p_i)_{1 \leq i \leq d}$. Toutes les trajectoires sont donc de la forme $(i_0, i_1, \ldots, i_n, a, a \ldots)$, avec $i_\ell \in \{1, \ldots, d\}$ pour tout ℓ entre 0 et n.

A la chaîne (X_n) on associe la variable aléatoire Z' définie par :

$$X_0 = i_0, \ldots, X_n = i_n, X_{n+1} = a \quad \Longrightarrow \quad Z' = \frac{\varphi_{i_0}}{p_{i_0}} \frac{a_{i_0 i_1} \cdots a_{i_{n-1} i_n}}{p_{i_0 i_1} \cdots p_{i_{n-1} i_n}} \frac{b_{i_n}}{p_{i_n a}} .$$

Proposition 3.4. *Supposons que :*

1. $\forall i \quad , \varphi_i \neq 0 \Longrightarrow p_i > 0 ,$
2. $\forall i, j , a_{ij} \neq 0 \Longrightarrow p_{ij} > 0 ,$
3. $\forall i \quad , b_i \neq 0 \Longrightarrow p_{ia} > 0 .$

Alors :

$$\mathbb{E}[Z'] = {}^t\varphi z .$$

Démonstration. L'espérance de Z' vaut :

$$\begin{aligned}\mathbb{E}[Z'] &= \sum_{n=0}^{+\infty} \sum \frac{\varphi_{i_0}}{p_{i_0}} \frac{a_{i_0 i_1} \dots a_{i_{n-1} i_n}}{p_{i_0 i_1} \dots p_{i_{n-1} i_n}} \frac{b_{i_n}}{p_{i_n a}} p_{i_0} p_{i_0 i_1} \dots p_{i_{n-1} i_n} p_{i_n a} , \\ &= \sum_{n=0}^{+\infty} \sum \varphi_{i_0} a_{i_0 i_1} \dots a_{i_{n-1} i_n} b_{i_n} .\end{aligned}$$

La seconde somme porte sur les trajectoires $i_0, \dots , i_n, a$ de probabilité non nulle, c'est-à-dire telles que :

$$p_{i_0} p_{i_0 i_1} \dots p_{i_{n-1} i_n} p_{i_n a} > 0 .$$

Or :

$$\begin{aligned}{}^t\varphi z &= {}^t\varphi \sum_{n=0}^{+\infty} A^n b \\ &= \sum_{n=0}^{+\infty} \sum \varphi_{i_0} a_{i_0 i_1} \dots a_{i_{n-1} i_n} b_{i_n} .\end{aligned}$$

D'où le résultat.

L'espérance sera comme d'habitude approchée par la moyenne empirique des valeurs prises par Z' sur un grand nombre de trajectoires indépendantes de la chaîne (X_m). L'écriture de l'algorithme est laissée au lecteur en exercice. Les remarques déjà faites sur l'optimisation de l'algorithme précédent restent vraies pour celui-ci.

3.3 Problèmes différentiels

Les problèmes différentiels issus de la physique sont à l'origine de l'introduction des méthodes de Monte-Carlo. L'idée consiste encore à exprimer la solution du problème à résoudre comme l'espérance d'une certaine variable aléatoire, dépendant de la trajectoire d'une chaîne de Markov. On obtient alors une approximation de la solution, comme dans les paragraphes précédents, en calculant la moyenne empirique des valeurs prises par cette variable aléatoire sur un grand nombre de trajectoires indépendantes.

Nous allons voir que l'utilisation du hasard est ici beaucoup plus qu'une astuce de programmation. Il y a un lien mathématique profond entre certains systèmes d'équations aux dérivées partielles, les problèmes de physique dont ils sont issus, et les processus de diffusion. Nous ne développerons ce lien que pour certaines de ses conséquences numériques. Les quelques exemples qui suivent ne sont qu'une introduction à un sujet en plein développement. Nous commençons par l'exemple basique du problème de la chaleur.

3.3.1 Le problème de la chaleur

Appliquons la méthode du paragraphe 3.2.2 à la discrétisation d'un problème de Dirichlet simple. Soit D le carré unité ouvert, ∂D son bord. Le problème consiste à trouver une fonction harmonique sur le carré, de valeur fixée sur le bord.

$$\begin{cases} \Delta z(x) = 0 & , \forall x \in D \\ z(x) = b(x) & , \forall x \in \partial D \, . \end{cases} \tag{3.1}$$

Choisissons un pas de discrétisation h (inverse d'un entier), et examinons la version discrétisée du problème sur une grille de pas h.

$$G = \{x \in D \; : \; x = (hi, hj) \, , \; i,j = 1, \dots, n\} \, ,$$

où $n = (1/h - 1)$. Cette version discrétisée est un système linéaire de n^2 équations à n^2 inconnues. A chaque point x de la discrétisation correspond une équation, qui fait intervenir les quatre voisins y_1, y_2, y_3, y_4 de x sur la grille de discrétisation. Les points dont un des voisins est sur le bord étant des cas particuliers, les équations sont de trois types.

$$\begin{cases} 1) \quad z(x) - \frac{1}{4}(z(y_1) + z(y_2) + z(y_3) + z(y_4)) = 0 \\ 2) \quad z(x) - \frac{1}{4}(z(y_1) + z(y_2) + z(y_3)) = \frac{1}{4} b(y_4) \\ 3) \quad z(x) - \frac{1}{4}(z(y_1) + z(y_2)) = \frac{1}{4}(b(y_3) + b(y_4)) \, . \end{cases}$$

Les équations du type 1 correspondent aux points qui ont leurs 4 voisins à l'intérieur du carré, celles du type 2 aux points qui ont un voisin y_4 sur le bord, celles du type 3 aux 4 points qui ont deux voisins y_3 et y_4 sur le bord. Ce système est bien mis sous la forme $(I - A)z = b$. La technique d'approximation par chaîne de Markov avec état absorbant (paragraphe 3.2.2) s'applique ici avec une légère modification sur la condition d'arrêt. Prenons pour probabilités de transition p_{xy} les coefficients a_{xy} du système.

$$\begin{aligned} p_{xy} &= \frac{1}{4} \; \forall x, y \in G \, , \; \|x - y\| = h \, , \\ &= 0 \text{ dans tous les autres cas.} \end{aligned}$$

(La norme $\|\cdot\|$ est la norme euclidienne). Supposons que l'on souhaite obtenir la valeur de la solution au point x_0 de la discrétisation. Le point de départ de la chaîne simulée sera x_0. L'évolution de la chaîne est la suivante. Pour chaque point de la discrétisation ayant ses 4 voisins à l'intérieur du carré, l'un de ces 4 voisins est choisi au hasard comme point suivant et la simulation continue (on définit ainsi une marche aléatoire symétrique sur la grille). Si le point de départ a un voisin sur le bord, alors avec probabilité 1/4 la trajectoire s'arrête et la valeur retournée pour Z' est la valeur de b sur ce voisin. Si le point de départ a deux voisins sur le bord, alors avec probabilité 1/2 la trajectoire s'arrête et la valeur retournée est la moyenne des valeurs de b sur ces deux points. En résumé on laisse évoluer une marche aléatoire symétrique dans $h\mathbb{Z}^2$, jusqu'à ce qu'elle atteigne le bord de D. L'algorithme estime $z(x_0)$ par la moyenne empirique des valeurs prises par la condition de bord b sur les valeurs finales d'un grand nombre de trajectoires indépendantes partant de x_0.

Quel est au juste le rôle de la géométrie du réseau et de la discrétisation de pas h ? Il n'est pas très important. La marche aléatoire symétrique sur $h\mathbb{Z}^2$ découlait de la discrétisation du laplacien. Sa propriété importante est d'estimer localement le laplacien, en un sens probabiliste que nous explicitons ci-dessous.

Proposition 3.5. *Soit $\{e_1, \dots, e_d\}$ une base orthonormée de $\mathbb{R}^d$. Soit $(X_n)_{n\in\mathbb{N}}$ une marche aléatoire symétrique sur $\mathbb{Z}^d$, définie par $X_{n+1} = X_n + G_n$ où les G_n sont indépendants et :*

$$\mathbb{P}[G_n = \pm e_i] = \frac{1}{2d}\,.$$

Soit φ une fonction deux fois continûment différentiable sur $\mathbb{R}^d$. Alors :

$$\lim_{h\to 0^+} \frac{2d}{h^2}\mathbb{E}[\varphi(hX_{n+1}) - \varphi(x) \,|\, hX_n = x] =$$

$$\lim_{h\to 0^+} \frac{1}{h^2}\sum_{i=1}^{d}(\varphi(x+he_i) - \varphi(x)) + (\varphi(x-he_i) - \varphi(x)) = \Delta\varphi(x)\,.$$

Cette proposition n'a bien sûr rien de profond. Elle explicite pourtant un lien important entre l'analyse numérique et les probabilités. Ce lien est le suivant. Pour calculer le laplacien d'une fonction en analyse numérique, on fait la somme de différences finies de la fonction, calculées dans les $2d$ directions de l'espace. En probabilité on tire au hasard une de ces différences finies pour se déplacer dans sa direction. En espérance, cela revient au même à une constante près. La traduction probabiliste du fait que la moyenne des différences finies, (pondérée par $1/h^2$) converge vers le laplacien, est le fait que la marche aléatoire symétrique de pas h, convenablement accélérée (en $1/h^2$) converge vers le mouvement brownien standard dans $\mathbb{R}^2$. Le rapport entre le mouvement brownien standard et le laplacien est fondamental.

Proposition 3.6. *Soit φ une fonction deux fois continûment différentiable sur $\mathbb{R}^d$. Soit $\{W(t)\,;\, t \geq 0\}$ le mouvement brownien standard dans $\mathbb{R}^d$. Alors pour tout $t \geq 0$:*

$$\lim_{\delta t\to 0^+} \frac{1}{\delta t}\Big(\mathbb{E}[\varphi(W(t+\delta t)) \,|\, W(t) = x] - \varphi(x) \Big) = \frac{1}{2}\Delta\,\varphi(x)\,.$$

On comprend donc qu'il n'est pas vraiment utile de discrétiser par un réseau carré pour résoudre le problème de Dirichlet (3.1). On obtiendra un résultat analogue en remplaçant la marche aléatoire symétrique sur $h\mathbb{Z}^2$ par une discrétisation de pas $\delta t = h^2$ du mouvement brownien.

Le principe de l'algorithme reste le même : pour évaluer la solution $z(x)$ au point x du domaine, on calculera la moyenne, sur un grand nombre de trajectoires partant de x, des valeurs prises par b au point où la trajectoire atteint pour la première fois le bord.

Après avoir en quelque sorte court-circuité l'étape de discrétisation, nous pouvons nous poser la question du rapport entre la résolution du problème de Dirichlet par le mouvement brownien et le problème physique initial. En termes physiques le problème (3.1) s'énonce de la façon suivante. Supposons que D soit une plaque métallique (bonne conductrice de chaleur). Fixons la température sur le bord de D à la fonction b, et laissons s'établir l'équilibre thermique. Quand cet équilibre sera atteint, la température au point x de la plaque sera $z(x)$. Mais qu'est-ce qui transmet l'énergie des bords de la plaque vers le point x pour équilibrer sa température? C'est l'agitation aléatoire des particules à l'intérieur de la plaque. Ces particules ne se déplacent pas selon un mouvement brownien d'un point du bord vers un point quelconque du domaine car elles ne sont mobiles que localement. Mais la transmission d'énergie entre particules se fait par des cumuls de petites interactions aléatoires locales et il n'est pas irréaliste de modéliser cette transmission par un mouvement brownien. En d'autres termes, la méthode de Monte-Carlo que nous venons de voir, au-delà de ses aspects numériques, peut être vue comme une modélisation aléatoire du phénomène physique, et constitue une alternative à la modélisation déterministe par le laplacien. Ce n'est bien sûr pas une coïncidence que le même terme "diffusion" apparaisse en physique, en analyse et en probabilités (même si les sens qui lui sont donnés dans ces trois disciplines peuvent sembler a priori n'avoir que peu de rapport entre eux). Sur cette cohérence entre modélisation déterministe et aléatoire, problèmes différentiels et simulation de processus de diffusion, on pourra se reporter à la troisième partie de Kloeden et Platen [114], à Chung [93], ainsi qu'à Talay [141] et aux autres articles du même ouvrage.

Le rapport entre le mouvement brownien et le laplacien se généralise aux processus de diffusion. Cela fournit le principe de méthodes de Monte-Carlo pour la résolution de nombreux problèmes différentiels. Nous en donnerons plusieurs exemples dans les paragraphes suivants. Auparavant, nous étudions la simulation des processus de diffusion.

3.3.2 Simulation des processus de diffusion

La référence de base sur le sujet est le livre de Kloeden et Platen [114]. Nous ne présentons ici que les deux méthodes les plus simples, qui généralisent aux processus de diffusion la méthode d'Euler et la méthode de Heun pour les solutions d'équations différentielles ordinaires.

Les processus de diffusion sont solutions de problèmes de Cauchy stochastiques.

$$\begin{cases} dX(t) = \mu(t, X(t))dt + \sigma(t, X(t))dW_t \\ X(0) = X_0 \,, \end{cases} \tag{3.2}$$

où :

- $\mu(t, x)$ est une fonction de $\mathbb{R}^+ \times \mathbb{R}^d$ dans $\mathbb{R}^d$,
- $\sigma(t, x)$ est une fonction de $\mathbb{R}^+ \times \mathbb{R}^d$ dans $\mathcal{M}_{d \times d'}(\mathbb{R})$,
- $\{W_t \,;\, t \geq 0\}$ désigne le mouvement brownien standard dans $\mathbb{R}^{d'}$.

Sans perte de généralité, on peut supposer $d' \leq d$. Par définition, une solution du problème (3.2) sur l'intervalle $[0, T]$ est un processus stochastique $\{X(t) \,;\, t \in [0, T]\}$, à trajectoires continues, vérifiant pour tout $t \in [0, T]$,

$$X(t) = X_0 + \int_0^t \mu(s, X(s))ds + \int_0^t \sigma(s, X(s))dW_s \,, \tag{3.3}$$

où la seconde intégrale est une intégrale stochastique au sens de Itô (voir [10, 112, 114]). De plus, le processus $\{X(t) \,;\, t \in [0, T]\}$ doit être ***adapté*** au sens où sa valeur à l'instant t est connue exactement si la trajectoire du mouvement brownien entre 0 et t est connue : dans l'évolution de $X(t)$, le hasard ne provient que du mouvement brownien. Dans le cas où les fonctions μ et σ ne dépendent pas de t, le processus de diffusion correspondant est dit *homogène.* Le résultat ci-dessous est le plus classique et le plus simple des résultats d'existence et d'unicité. Dans ce théorème, $\|\cdot\|$ désigne n'importe quelle norme de vecteur ou de matrice, selon le cas.

Théorème 3.1. *Supposons les hypothèses suivantes vérifiées.*

1. *Les fonctions $\mu(t, x)$ et $\sigma(t, x)$ sont mesurables en t, pour tout $x \in \mathbb{R}^d$.*
2. *Il existe une constante positive K telle que pour tout $t \in [0, T]$ et tout $x, y \in \mathbb{R}^d$,*
$$\|\mu(t, x) - \mu(t, y)\| + \|\sigma(t, x) - \sigma(t, y)\| \leq K\|x - y\| \,.$$
(Les fonctions μ et σ sont uniformément lipschitziennes en x.)
3. *Il existe une constante positive K' telle que pour tout $t \in [0, T]$ et tout $x \in \mathbb{R}^d$,*
$$\|\mu(t, x)\|^2 + \|\sigma(t, x)\|^2 \leq K'(1 + \|x\|^2) \,.$$
(Les fonctions μ et σ sont à croissance au plus linéaire en x.)

4. *La variable aléatoire X_0 admet une variance et est indépendante du mouvement brownien $\{W_t\,;\,t \geq 0\}$.*

Alors il existe une solution $\{X(t)\,;\,t \in [0,T]\}$ du problème (3.2) *adaptée à trajectoires continues, telle que :*

$$\sup\{\mathbb{E}[X^2(t)]\,;\,t \in [0,T]\} < +\infty\,.$$

De plus, il y a unicité trajectorielle : si $\{X(t)\,;\,t \in [0,T]\}$ et $\{Y(t)\,;\,t \in [0,T]\}$ sont deux solutions,

$$\mathbb{P}[\sup\{\|X(t) - Y(t)\|\,;\,t \in [0,T]\} = 0] \;=\; 1\,.$$

Pour résoudre numériquement un problème de Cauchy déterministe ($\sigma(t,x) = 0$), le moyen le plus simple est la méthode d'Euler. Cette méthode s'étend naturellement au cas des diffusions sous le nom de méthode d'Euler-Maruyama. Elle consiste à calculer une approximation de $X(t)$ sur une discrétisation de l'intervalle $[0,T]$, par une chaîne de Markov.

Soit $\{X(t)\,;\,t \in [0,T]\}$ le processus de diffusion solution du problème de Cauchy (3.2). Fixons un pas de temps $\delta t > 0$ et notons t_n la suite des instants de discrétisation.

$$t_n \;=\; n\,\delta t\;,\; n \geq 0\,.$$

Soit (δW_n) la suite des incréments de la discrétisation correspondante du mouvement brownien $\{W_t\,;\,t \geq 0\}$.

$$\delta W_n \;=\; W_{t_{n+1}} - W_{t_n}\;,\; n \geq 0\,.$$

Par définition du mouvement brownien, la suite (δW_n) est une suite de vecteurs aléatoires dans $\mathbb{R}^{d'}$, indépendants et de même loi. Chacune des coordonnées de δW_n suit la loi normale $\mathcal{N}(0,\delta t)$, de moyenne 0 et de variance δt (d'écart-type $\sqrt{\delta t}$).

Définissons la chaîne de Markov $(\tilde{X}_n)$ par $\tilde{X}_0 = X_0$ et pour $n \geq 0$:

$$\tilde{X}_{n+1} \;=\; \tilde{X}_n + \mu(t_n,\tilde{X}_n)\,\delta t + \sigma(t_n,\tilde{X}_n)\,\delta W_n\,. \tag{3.4}$$

Dans le cas où les fonctions μ et σ ne dépendent pas de t, $(\tilde{X}_n)$ est une chaîne de Markov homogène.

Sous certaines hypothèses de régularité, les variables aléatoires $\tilde{X}_n$ approchent les variables aléatoires $X(t_n)$ de la solution exacte, au sens où l'erreur quadratique moyenne entre solution exacte et solution approchée tend vers 0 quand le pas δt tend vers 0.

Théorème 3.2. *Supposons que les hypothèses du théorème 3.1 soient vérifiées et que de plus il existe une constante $K'' > 0$ telle que pour tout $s,t \in [0,T]$ et tout $x \in \mathbb{R}^d$,*

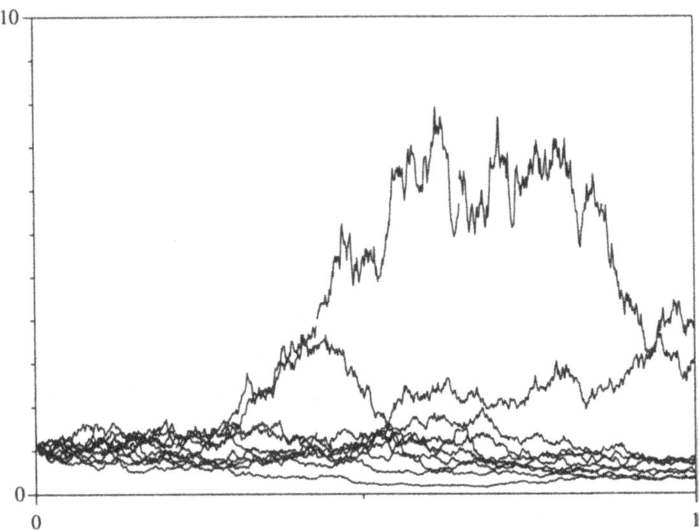

Figure 3.3 – *Simulation par la méthode d'Euler-Maruyama de 10 trajectoires du processus solution de l'équation de Black et Scholes ($dX = XdW$), partant de $X(0) = 1$, jusqu'au temps $t = 1$.*

$$\|\mu(t,x) - \mu(s,x)\| + \|\sigma(t,x) - \sigma(s,x)\| \leq K''|t-s|^{1/2} .$$

Définissons l'erreur globale $EG(\delta t)$ par :

$$EG(\delta t) = \max\left\{ \left(\mathbb{E}[(\tilde{X}_n - X(t_n))^2 \,|\, \tilde{X}_0 = X(0) = x_0]\right)^{1/2} ; \; t_n \in]0,T] \right\} . \tag{3.5}$$

Alors quand δt tend vers 0, $EG(\delta t) = O(\sqrt{\delta t})$.

L'erreur globale EG est une erreur quadratique moyenne maximale. En pratique, le point de départ x_0 est connu "exactement". C'est donc EG qui mesure la précision de l'approximation trajectorielle.

L'algorithme de simulation de la chaîne de Markov $(\tilde{X}_n)$ est très facile à implémenter.

Hors de la boucle principale :

Définir les constantes δt et $\sqrt{\delta t}$
Définir la fonction "Normale" qui retourne un vecteur
de d' variables indépendantes de loi $\mathcal{N}(0,1)$.
Initialiser X_0.

Boucle principale :

$t \longleftarrow 0$
$\tilde{X} \longleftarrow X_0$
TantQue $(t < T)$
$\tilde{X} \longleftarrow \tilde{X} + \delta t * \mu(t, \tilde{X}) + \sigma(t, \tilde{X}).(\sqrt{\delta t} * \texttt{Normale})$
$t \longleftarrow t + \delta t$
finTantQue

Dans l'algorithme ci-dessus, le produit "$\sigma(t, \tilde{X}).(\sqrt{\delta t} *$ Normale)" est le produit d'une matrice par un vecteur. S'il y a lieu, il faudra évidemment le programmer à part. L'évaluation des fonctions $\mu(t, \tilde{X})$ et $\sigma(t, \tilde{X})$ pourra également se faire à l'extérieur de la boucle principale. En ce qui concerne la fonction Normale, qui retourne d' variables aléatoires indépendantes de loi $\mathcal{N}(0, 1)$, elle peut être programmée en utilisant l'algorithme polaire de 2.6.2. Dans ce cas, il faudra prendre garde à utiliser successivement les deux variables aléatoires retournées par cet algorithme. Ceci ne pose pas de problème si d' est pair, mais peut conduire à doubler les instructions dans la boucle principale (simuler deux pas consécutifs) si d' est impair.

De nombreux raffinements ont été proposés. Nous nous contenterons de présenter en dimension 1 le shéma de Heun-Milshtein. Le passage à la dimension supérieure pose des problèmes théoriques et pratiques que nous n'aborderons pas (voir [40] p. 155, ou [25] p. 208). Dans ce qui suit, le coefficient de dérive μ et de diffusion σ sont des fonctions de $\mathbb{R}^+ \times \mathbb{R}$ dans $\mathbb{R}$.

Aux instants de discrétisation t_n, le processus $\{X(t)\}$ vérifie, d'après (3.3) :

$$X(t_{n+1}) = X(t_n) + \int_{t_n}^{t_{n+1}} \mu(s, X(s))\, ds + \int_{t_n}^{t_{n+1}} \sigma(s, X(s))\, dW_s \,. \quad (3.6)$$

La méthode d'Euler consiste à approcher les intégrales de (3.6) par la méthode des rectangles à gauche. On gagne en précision en utilisant la méthode des trapèzes :

$$\begin{aligned} \tilde{X}_{n+1} &= \tilde{X}_n + \frac{1}{2}(\mu(t_n, \tilde{X}_n) + \mu(t_{n+1}, \tilde{X}_{n+1}))\, \delta t \\ &\quad + \frac{1}{2}(\sigma(t_n, \tilde{X}_n) + \sigma(t_{n+1}, \tilde{X}_{n+1}))\, \delta W_n \,. \end{aligned}$$

Mais cette formule définit $\tilde{X}_{n+1}$ sous forme implicite. La méthode de Heun-Milshtein consiste à la rendre explicite en remplaçant dans le membre de droite $\tilde{X}_{n+1}$ par un pas de la méthode d'Euler.

Définissons la chaîne de Markov $(\tilde{X}_n)$ par $\tilde{X}_0 = X_0$ et pour $n \geq 0$:

$$\begin{aligned} \tilde{X}_{n+1} &= \tilde{X}_n + \frac{1}{2}(\mu(t_n, \tilde{X}_n) + \mu(t_{n+1}, \overline{X}_{n+1}))\,\delta t \\ &\quad + \frac{1}{2}(\sigma(t_n, \tilde{X}_n) + \sigma(t_{n+1}, \overline{X}_{n+1}))\,\delta W_n \,, \end{aligned} \tag{3.7}$$

où :

$$\overline{X}_{n+1} = \tilde{X}_n + \mu(t_n, \tilde{X}_n)\,\delta t + \sigma(t_n, \tilde{X}_n)\,\delta W_n \,.$$

Les particularités du calcul stochastique font que la chaîne de Markov ainsi définie n'approche pas la solution de (3.2) mais celle du problème :

$$\begin{cases} dX(t) = \Big(\mu(t, X(t)) + \frac{1}{2}(\sigma\frac{\partial\sigma}{\partial x})(t, X(t))\Big)\, dt + \sigma(t, X(t))\, dW_t \\ X(0) = X_0 \,. \end{cases} \tag{3.8}$$

Définissons encore par (3.5) l'erreur globale $EG(\delta t)$, entre le processus $\{X(t)\}$ solution de (3.8) et la chaîne de la méthode de Heun-Milshtein (3.7). Sous des hypothèses de régularité portant sur les coefficients μ et σ (voir [114] ou [25] p. 193), on démontre que cette erreur globale est de l'ordre de δt, au lieu de $\sqrt{\delta t}$ pour la méthode d'Euler. Ce gain en précision s'accompagne d'un alourdissement algorithmique (deux évaluations de μ et σ à chaque pas). Nous comparerons expérimentalement les deux méthodes sur un exemple en 6.3.1.

Il existe de nombreuses autres méthodes pour simuler les processus de diffusion (voir Kloeden et Platen [114]). La méthode d'Euler-Maruyama, si elle est la moins précise de toutes, présente l'avantage d'être la plus naturelle, la plus facile à programmer, et la plus rapide à l'exécution. Dans le cas déterministe, la méthode d'Euler est connue pour "cumuler les erreurs" (au sens ou l'écart entre la solution exacte et son approximation numérique augmente avec le temps). C'est aussi le cas pour la version stochastique. Le problème de la stabilité numérique est abordé dans [114] p. 331-337. Des techniques de réduction de variance appropriées aux méthodes de Monte-Carlo utilisant ce type de simulation ont été proposées. Nous ne les aborderons pas (voir [114] p. 511-527).

3.3.3 Problèmes de Dirichlet

Nous généralisons ici le problème de la chaleur (3.1). Notre présentation est celle de [112] p. 364-365 (voir aussi [11] p. 237). Nous nous plaçons dans le cas de diffusions *homogènes* (les coefficients μ et σ du problème (3.2) ne dépendent pas de t).

L'application μ va de $\mathbb{R}^d$ dans $\mathbb{R}^d$, σ de $\mathbb{R}^d$ dans $\mathcal{M}_{d\times d'}(\mathbb{R})$. On note $S = (s_{ij})$ l'application qui à $x \in \mathbb{R}^d$ associe :

$$S(x) = (s_{ij}(x)) = \sigma(x)\,{}^t\sigma(x) \,.$$

L'opérateur différentiel du second ordre associé à la diffusion $\{X(t)\,;\, t \geq 0\}$ est noté $\mathcal{A}$. C'est son *générateur* en tant que processus de Markov homogène. A une application φ, de $\mathbb{R}^d$ dans $\mathbb{R}$, deux fois différentiable, il associe :

$$\mathcal{A}\varphi\,(x) \;=\; \frac{1}{2}\sum_{i,j=1}^{d} s_{ij}(x)\,\frac{\partial^2\varphi}{\partial x_i \partial x_j}(x) \;+\; \sum_{i=1}^{d} \mu_i(x)\frac{\partial\varphi}{\partial x_i}(x)\,.$$

L'opérateur $\mathcal{A}$ est dit elliptique au point x si la forme quadratique de matrice $S(x)$ est strictement positive. Remarquons que $\mathcal{A}$ est elliptique au point x si et seulement si la matrice $\sigma(x)$ est de rang d. On supposera donc désormais que $d' = d$.

Le problème de Dirichlet généralisé est le suivant. Soit D un domaine ouvert borné connexe de $\mathbb{R}^d$ et ∂D sa frontière, supposée suffisamment régulière (lipschitzienne par morceaux). Soient a, b, c trois applications continues :

$$a : \overline{D} \longrightarrow [0, +\infty[\quad , \quad b : \partial D \longrightarrow \mathbb{R} \quad , \quad c : \overline{D} \longrightarrow \mathbb{R}\,.$$

Le problème consiste à trouver une application z continue de $\overline{D}$ dans $\mathbb{R}$, deux fois continûment différentiable sur D, telle que :

$$\left\{\begin{aligned} \mathcal{A}z(x) - a(x)z(x) &= c(x)\ ,\ \forall x \in D \\ z(x) &= b(x)\ ,\ \forall x \in \partial D\,. \end{aligned}\right. \tag{3.9}$$

Le théorème suivant montre que la solution du problème (3.9) peut sous certaines hypothèses s'écrire comme l'espérance d'une fonction de la trajectoire du processus de diffusion solution du problème de Cauchy stochastique (3.2), suivie jusqu'à ce qu'elle atteigne le bord de D.

Théorème 3.3. *Supposons que l'opérateur $\mathcal{A}$ soit elliptique en tous les points de D. Supposons que les applications μ et σ vérifient les conditions du théorème 3.1.*

Notons $\{X_x(t)\,;\, t \geq 0\}$ la solution du problème de Cauchy (3.2), partant de $X_0 = x$. Le temps d'atteinte du bord de D est la variable aléatoire τ_x définie par :

$$\tau_x = \inf\{t \geq 0\,;\, X_x(t) \notin D\}\,.$$

Soit Z_x la variable aléatoire définie par :

$$\begin{aligned} Z_x = {} & b(X_x(\tau_x))\exp\left(-\int_0^{\tau_x} a(X_x(t))\,dt\right) \\ & - \int_0^{\tau_x} c(X_x(t))\exp\left(-\int_0^t a(X_x(s))\,ds\right)\,dt\,. \end{aligned}$$

Alors pour tout $x \in D$ on a :

$$\mathbb{E}[Z_x] \;=\; z(x)\;,$$

où $z(x)$ est la valeur en x de la solution du problème de Dirichlet (3.9).

D'après ce théorème, on peut calculer une valeur approchée de la solution du problème (3.9) au point x en simulant des trajectoires partant de x, jusqu'à ce qu'elles atteignent le bord de D, et en calculant les valeurs prises par la variable aléatoire Z_x dont l'espérance vaut $z(x)$. La moyenne empirique de ces valeurs est l'approximation cherchée. L'implémentation pose quelques problèmes pratiques, en particulier de précision numérique sur le calcul des intégrales et des exponentielles. Un autre problème est celui du temps d'atteinte du bord par la diffusion. L'hypothèse que $\mathbb{E}[\tau_x]$ est finie n'est pas particulièrement restrictive et sera vraie en dehors des cas pathologiques. Cette valeur $\mathbb{E}[\tau_x]$ contrôle le coût de l'algorithme puisque pour un pas de discrétisation δt, et un nombre de trajectoires simulées N, l'espérance du nombre total de pas simulés sera $N\mathbb{E}[\tau_x]/\delta t$. Un pas de discrétisation trop faible par rapport à $\mathbb{E}[\tau_x]$ conduira à un temps de calcul beaucoup trop long.

3.3.4 Equations de Fokker-Planck et Feynman-Kac

Nous avons déjà employé le terme de "générateur" à propos de l'opérateur elliptique $\mathcal{A}$ dans le paragraphe précédent. Sans rentrer dans des détails qui sortiraient du cadre de ce cours, préciser la signification de ce terme nous permettra de comprendre pourquoi suivre au cours du temps les trajectoires d'un processus de diffusion, permet de résoudre certains problèmes différentiels. Comme dans le paragraphe précédent, les applications μ et σ ne dépendent pas de t pour l'instant. Elles sont supposées vérifier les hypothèses du théorème 3.1. Le processus de diffusion solution du problème (3.2) pour $X_0 = x$, est encore noté $\{X_x(t)\,;\, t \geq 0\}$.

Proposition 3.7. *Soit φ une application continue bornée de $\mathbb{R}^d$ dans $\mathbb{R}$. Pour tout $t > 0$, on note $\mathcal{S}_t\,\varphi$ l'application qui à $x \in \mathbb{R}^d$ associe :*

$$\mathcal{S}_t\,\varphi(x) = \mathbb{E}[\varphi(X_x(t))]\;.$$

Alors :

1. *L'application $\mathcal{S}_t\,\varphi$ est continue et bornée.*
2. *Quand t tend vers 0^+, $\mathcal{S}_t\,\varphi$ converge uniformément vers φ.*
3. *Pour tout $s, t \geq 0$,*

$$\mathcal{S}_{s+t}\,\varphi \;=\; \mathcal{S}_t\,\mathcal{S}_s\,\varphi \;=\; \mathcal{S}_s\,\mathcal{S}_t\,\varphi\;.$$

Les propriétés énoncées ci-dessus font de la famille d'opérateurs linéaires $\{\mathcal{S}_t\,;\, t \geq 0\}$ un *semi-groupe*. Ce semi-groupe décrit la dynamique d'évolution inhérente à l'équation :

$$dX \;=\; \mu(X)dt + \sigma(X)dW\;.$$

La propriété essentielle est la troisième. Elle découle du caractère markovien et de l'homogénéité (voir par exemple [10]).

Sous les hypothèses du théorème de Hille-Yosida, tout semi-groupe admet un générateur qui, formellement, est sa dérivée logarithmique. Dans le cas du semi-groupe associé à un processus de diffusion, ce générateur est l'opérateur $\mathcal{A}$ du paragraphe précédent. Pour toute fonction φ de $\mathbb{R}^d$ dans $\mathbb{R}$ deux fois continûment différentiable et bornée, on a :

$$\frac{d}{dt}\mathcal{S}_t\,\varphi \;=\; \mathcal{A}\mathcal{S}_t\,\varphi \;=\; \mathcal{S}_t\mathcal{A}\varphi\,, \tag{3.10}$$

avec :

$$\mathcal{A}\varphi\,(x) \;=\; \frac{1}{2}\sum_{i,j=1}^{d} s_{ij}(x)\,\frac{\partial^2\varphi}{\partial x_i\partial x_j}(x) \;+\; \sum_{i=1}^{d} \mu_i(x)\frac{\partial\varphi}{\partial x_i}(x)\,.$$

On peut alors traduire la relation (3.10) entre le semi-groupe et son générateur de différentes manières.

Notons $u(t,x) \;=\; \mathcal{S}_t\,\varphi(x) \;=\; \mathbb{E}[\varphi(X_x(t))]$. Alors $u(t,x)$ est solution du problème différentiel suivant.

$$\begin{cases} \dfrac{\partial u(t,x)}{\partial t} = \mathcal{A}u(t,x) \\ u(0,x) \quad = \varphi(x)\,. \end{cases} \tag{3.11}$$

Mais pour tout $T > 0$ fixé et tout $t \in [0,T]$, on peut aussi remonter le temps, et considérer $v(t,x) = u(T-t,x)$. Cette fonction est solution du problème différentiel suivant.

$$\begin{cases} -\dfrac{\partial v(t,x)}{\partial t} = \mathcal{A}v(t,x) \\ v(T,x) \quad = \varphi(x)\,. \end{cases} \tag{3.12}$$

L'opérateur $\mathcal{A}$ étant elliptique, sous des hypothèses de régularité suffisante des coefficients μ et σ, on démontre que la variable aléatoire $X_x(t)$ admet une densité par rapport à la mesure de Lebesgue sur $\mathbb{R}^d$, pour tout $x \in \mathbb{R}^d$ et tout $t > 0$. Supposons que ce soit le cas et notons $p(t,x,y)$ cette densité. Pour toute fonction φ continue et bornée, elle vérifie :

$$\mathbb{E}[\varphi(X_x(t))] \;=\; \int_{\mathbb{R}^d} \varphi(y)\,p(t,x,y)\,dy\,.$$

De plus quand t tend vers 0, la mesure de densité $p(t,x,y)$ converge vers la masse de Dirac $\delta(x)$ au point x :

$$\lim_{t \to 0^+} p(t,x,y)\,dy = \delta(x) .$$

Les deux équations (3.10) entraînent les suivantes.

$$\frac{\partial p(t,x,y)}{\partial t} = \frac{1}{2} \sum_{i,j=1}^{d} s_{ij}(x) \frac{\partial^2}{\partial x_i \partial x_j} p(t,x,y) + \sum_{i=1}^{d} \mu_i(x) \frac{\partial}{\partial x_i} p(t,x,y) . \tag{3.13}$$

$$\frac{\partial p(t,x,y)}{\partial t} = \frac{1}{2} \sum_{i,j=1}^{d} \frac{\partial^2}{\partial y_i \partial y_j} (s_{ij}(y)\, p(t,x,y)) - \sum_{i=1}^{d} \frac{\partial}{\partial y_i} (\mu_i(y)\, p(t,x,y)) . \tag{3.14}$$

La première équation porte le nom d'équation de Fokker-Planck, ou équation de Kolmogorov arrière (les dérivées portent sur x qui est la variable de départ). La seconde équation porte le nom d'équation de Feynman-Kac, ou équation de Kolmogorov avant (elle porte sur la variable d'arrivée).

La famille de densités $\{p(t,x,y)\}$ constitue un système fondamental de solutions, ou noyau fondamental. On obtient la solution générale des équations (3.13) et (3.14) en prenant le produit de convolution de $p(t,x,y)$ par une fonction quelconque.

Exemple : Noyau de la chaleur

Le mouvement brownien standard est un processus de diffusion particulier, correspondant à $\mu = 0$, $\sigma = I_d$. Ses composantes sont indépendantes. S'il part du point $x = (x_i)$ à l'instant s, sa densité à l'instant $s+t$ sera le produit des densités des composantes, à savoir le produit des densités de lois normales de moyenne x_i et de variance t.

$$p(t,x,y) = \prod_{i=1}^{d} \frac{1}{\sqrt{2\pi t}} e^{-\frac{(y_i - x_i)^2}{2t}} = \frac{1}{(2\pi t)^{d/2}} e^{-\frac{\|y-x\|^2}{2t}} ,$$

où $\|\cdot\|$ désigne la norme euclidienne de $\mathbb{R}^d$. C'est le noyau de la chaleur, solution des deux "équations de la chaleur" suivantes, à comparer avec la proposition 3.6.

$$\frac{\partial p(t,x,y)}{\partial t} = \frac{1}{2} \Delta_x\, p(t,x,y) ,$$

et

$$\frac{\partial p(t,x,y)}{\partial t} = \frac{1}{2} \Delta_y\, p(t,x,y) .$$

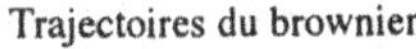

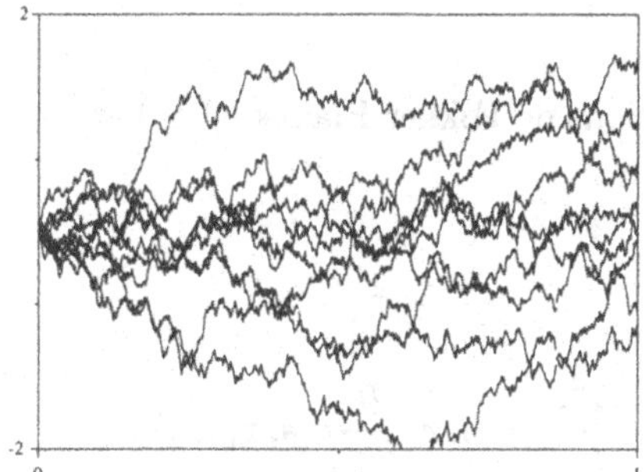

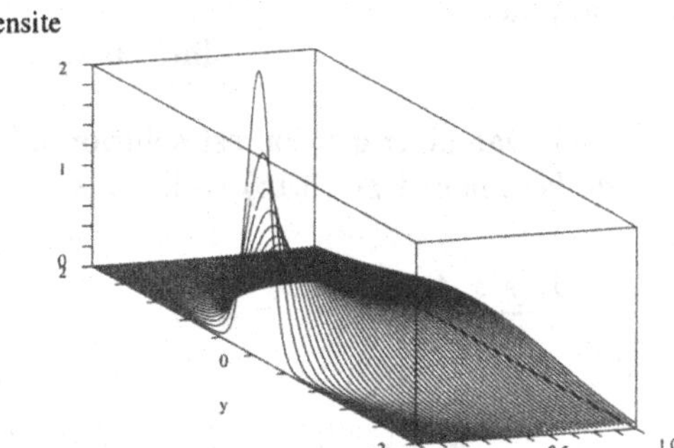

Figure 3.4 – *Trajectoires du mouvement brownien standard et noyau de la chaleur, entre* $t = 0$ *et* $t = 1$.

Ce qui vient d'être dit pour les diffusions homogènes reste valable dans le cas non homogène, même si on perd alors l'interprétation de l'opérateur différentiel $\mathcal{A}$ comme générateur d'un semi-groupe. Ce qui suit s'inspire de Karatzas et Shreve [112] p. 366-369.

Soient μ et σ deux fonctions de $\mathbb{R}^+ \times \mathbb{R}^d$ dans $\mathbb{R}^d$ et $\mathcal{M}_{d\times d}(\mathbb{R})$ respectivement. On note $S = (s_{ij})$ l'application qui à $(t,x) \in \mathbb{R}^+ \times \mathbb{R}^d$ associe :

$$S(t,x) \;=\; (s_{ij}(t,x)) \;=\; \sigma(t,x)\,{}^t\sigma(t,x)\,.$$

L'opérateur différentiel $\mathcal{A}_t$ est par définition celui qui associe à une application φ, de $\mathbb{R}^d$ dans $\mathbb{R}$, deux fois différentiable,

$$\mathcal{A}_t\varphi(x) \;=\; \frac{1}{2}\sum_{i,j=1}^{d} s_{ij}(t,x)\,\frac{\partial^2\varphi}{\partial x_i \partial x_j}(x) \;+\; \sum_{i=1}^{d} \mu_i(t,x)\frac{\partial\varphi}{\partial x_i}(x)\,.$$

Les conditions sous lesquelles les affirmations qui vont suivre sont vraies portent sur :

- la régularité des fonctions μ et σ, ainsi que des fonctions b et c du problème (3.17) ci-dessous,
- la croissance linéaire ou polynomiale de ces mêmes fonctions,
- l'ellipticité uniforme des opérateurs $\mathcal{A}_t$.

(Se reporter à [112] pour les énoncés précis). On note $\{X(t)\,;\, t \geq 0\}$ le processus de diffusion, solution du problème de Cauchy (3.2). Les opérateurs $\mathcal{A}_t$ étant elliptiques, si μ et σ sont suffisamment régulières, alors le processus $\{X(t)\,;\, t \geq 0\}$ admet un noyau de transition, noté $p(s,x,t,y)$. Pour toute fonction φ continue et bornée, ce noyau vérifie, pour tout couple d'instants $0 \leq s < t$,

$$\mathbb{E}[\varphi(X(t))|X(s) = x] \;=\; \int_{\mathbb{R}^d} \varphi(y)\,p(s,x,t,y)\,dy\,.$$

De plus :

$$\lim_{t-s\to 0^+} p(s,x,t,y)\,dy = \delta(x)\ .$$

Ce noyau de transition est solution des équations de Fokker-Planck (3.15) et de Feynman-Kac (3.16) ci-dessous.

$$\frac{\partial p(s,x,t,y)}{\partial s} = \frac{1}{2}\sum_{i,j=1}^{d} s_{ij}(s,x)\,\frac{\partial^2}{\partial x_i \partial x_j} p(s,x,t,y) + \sum_{i=1}^{d} \mu_i(s,x)\frac{\partial}{\partial x_i} p(s,x,t,y)\ . \tag{3.15}$$

$$\frac{\partial p(s,x,t,y)}{\partial t} = \frac{1}{2}\sum_{i,j=1}^{d} \frac{\partial^2}{\partial y_i \partial y_j}(s_{ij}(t,y)\,p(s,x,t,y)) - \sum_{i=1}^{d} \frac{\partial}{\partial y_i}(\mu_i(t,y)\,p(s,x,t,y))\ . \tag{3.16}$$

Considérons le problème différentiel suivant.

$$\begin{cases} -\dfrac{\partial u(t,x)}{\partial t} = \mathcal{A}_t u(t,x) + c(t,x) \\ u(T,x) \quad = b(x)\ . \end{cases} \tag{3.17}$$

La notation $\mathcal{A}_t u(t,x)$ désigne l'image par l'opérateur $\mathcal{A}_t$ de l'application qui à $x \in \mathbb{R}^d$ associe $u(t,x)$. La solution de (3.17) (sur $[0,T] \times \mathbb{R}^d$) s'écrit :

$$u(t,x) = \int_{\mathbb{R}^d} p(t,x,T,y) b(y)\,dy + \int_t^T \int_{\mathbb{R}^d} p(t,x,\tau,y)\,c(\tau,y)\,dy d\tau\ .$$

Considérons le problème plus général suivant.

$$\begin{cases} -\dfrac{\partial u(t,x)}{\partial t} = \mathcal{A}_t u(t,x) + a(t,x)u(t,x) + c(t,x) \\ u(T,x) \quad = b(x)\ . \end{cases} \tag{3.18}$$

La solution de ce problème s'écrit comme l'espérance d'une variable aléatoire, fonction des trajectoires du processus de diffusion $\{X_x(s)\,;\, s \in [t,T]\}$, issu de x à l'instant t.

$$u(t,x) = \mathbb{E}\left[b(X_x(T))\exp\left(\int_t^T a(s,X_x(s))\,ds\right) + \int_t^T c(\tau,X_x(\tau)\exp\left(\int_t^\tau a(s,X_x(s))\,ds\right)d\tau\right].$$

Tous les résultats théoriques de ce paragraphe se traduisent de manière algorithmique en des méthodes de résolution approchée de problèmes différentiels paraboliques. Pour ce qui est des solutions fondamentales sous forme de noyau, elles peuvent être approchées par des estimateurs de densités. Par exemple, l'histogramme à l'instant $t > s$ des valeurs prises par N trajectoires de la diffusion, partant toutes de x à l'instant s, est une approximation de la fonction (de y) $p(s,x,t,y)$.

3.4 Méthodes particulaires

L'intérêt des problèmes différentiels des paragraphes 3.3.3 et 3.3.4 est plus de faire ressortir une cohérence dans la modélisation que de proposer des méthodes numériques efficaces. Au moins en basse dimension, pour la résolution des problèmes linéaires (de type Dirichlet ou Fokker-Planck), les méthodes de Monte-Carlo sont beaucoup moins efficaces que les méthodes d'éléments finis classiques. Nous allons montrer dans cette dernière partie que les processus de diffusion peuvent servir à résoudre certains problèmes d'EDP non linéaires. Notre référence générale sera ici l'ouvrage collectif [107], et en particulier les contributions de Méléard p. 42–95 et Pulvirenti p. 96–126 (voir aussi [40]). Nous nous contenterons de dégager quelques idées générales sur la propagation du chaos et la résolution de certaines équations aux dérivées partielles non linéaires par des méthodes stochastiques. Nous renvoyons à [107] et aux nombreuses références de cet ouvrage pour le traitement mathématique, qui est d'un niveau souvent très supérieur à celui de ce livre. Notre objectif est de faire apparaître une fois de plus la cohérence entre le point de vue déterministe et le point de vue stochastique, tout en restant le plus proche possible des considérations algorithmiques. D'autres approches stochastiques des EDP ont été proposées, par exemple [91, 92].

3.4.1 Propagation du chaos

Dans les méthodes des paragraphes précédents, la solution était écrite comme l'espérance d'une certaine fonction d'un processus de diffusion. Il suffisait de calculer cette espérance de manière approchée en appliquant la loi des grands nombres à N trajectoires indépendantes. L'idée ici sera encore d'approcher une solution par des moyennes empiriques en utilisant la loi des grands nombres. Mais on l'appliquera à une famille de processus qui ne sont indépendants qu'asymptotiquement. Par analogie avec les modèles physiques à propos desquels ces méthodes sont apparues, les processus qui interagissent sont appelés particules, d'où le nom de méthodes particulaires.

Il s'agit en général d'un ensemble de N processus de diffusion, $(\{X_i^N(t)\,;\, t \geq 0\})_{i=1,\dots,N}$ dont chacun interagit de manière symétrique avec tous les autres, les interactions individuelles restant faibles. Nous précisons ce cadre à l'aide de l'exemple introductif de Pulvirenti, [107] p. 97.

Exemple :

Soit K une application de $\mathbb{R}^d$ dans $\mathbb{R}^d$, de classe $\mathcal{C}^\infty$. Pour $N \in \mathbb{N}^*$, considérons le système d'équations différentielles ordinaires suivant.

$$\frac{dX_i^N(t)}{dt} = \frac{1}{N}\sum_{j=1}^{N} K(X_i^N(t) - X_j^N(t))\,, \quad i = 1,\dots,N\,. \tag{3.19}$$

Supposons que la condition initiale de ce système soit formée de vecteurs aléatoires indépendants $(X_i^N(0))_{i\leq N}$. Les vecteurs solution $(X_i^N(t))_{i\leq N}$ ne sont pas indépendants. Il est cependant possible de montrer que pour tout $k \in \mathbb{N}$ et pour tout $t > 0$, la loi du vecteur $(X_i^N(t))_{i\leq k}$ converge lorsque N tend vers l'infini, vers une mesure produit. En d'autres termes, les $X_i^N(t)$ sont asymptotiquement indépendants pour tout t. Considérons la mesure empirique $\pi_N(t)$ associée au vecteur $(X_i^N(t))_{i\leq N}$:

$$\pi_N(t) = \frac{1}{N}\sum_{i=1}^{N} \delta(X_i^N(t))\,,$$

où $\delta(x)$ désigne la masse de Dirac au point $x \in \mathbb{R}^d$. Soit φ une fonction test (de classe $\mathcal{C}^\infty$, à support compact sur $\mathbb{R}^d$). On a :

$$\begin{aligned}
\frac{d}{dt}\langle\, \pi_N(t)\,,\varphi\,\rangle &= \frac{d}{dt}\,\frac{1}{N}\sum_{i=1}^{N}\varphi(X_i^N(t)) \\
&= \frac{1}{N}\sum_{i=1}^{N}\Big(\frac{d}{dt}X_i^N(t)\Big).\nabla\varphi(X_i^N(t)) \\
&= \frac{1}{N}\sum_{i=1}^{N}\Big(\frac{1}{N}\sum_{j=1}^{N} K(X_i^N(t) - X_j^N(t))\Big).\nabla\varphi(X_i^N(t)) \\
&= \langle\, \pi_N(t)\,, K * \pi_N(t).\nabla\varphi\,\rangle \\
&= -\langle\, div[(K * \pi_N(t))\pi_N(t)]\,,\varphi\,\rangle\,,
\end{aligned}$$

où $K * \pi_N(t)(x) = \int K(x-y)\pi_N(t)(dy)$. En d'autres termes, $\pi_N(t)$ est une solution faible de l'équation non linéaire suivante.

$$\frac{\partial \pi}{\partial t} + div[(K * \pi)\pi] = 0 . \tag{3.20}$$

Supposons qu'au temps $t = 0$, la mesure $\pi_N(0)$ converge vers la mesure $f(0,x)\,dx$. C'est le cas si les conditions initiales sont des variables aléatoires indépendantes de densité $f(0,x)$, par la loi des grands nombres. On peut alors démontrer, les variables $X_i^N(t)$ étant asymptotiquement indépendantes, que leur mesure empirique $\pi_N(t)$ converge pour tout t vers la mesure $f(t,x)\,dx$, où $f(t,x)$ est solution forte de (3.20), pour la condition initiale $f(0,x)$. On a donc mis en correspondance l'équation non linéaire (3.20), avec le système (3.19). En pratique, on pourra approcher la solution (forte) de (3.20) par un histogramme des coordonnées de la solution de (3.19), pour N assez grand.

Dans cet exemple, deux propriétés ont joué un rôle essentiel.

1. Si les $X_i^N(0)$ sont indépendantes, alors les $X_i^N(t)$ sont asymptotiquement indépendantes quand N tend vers l'infini. Cette propriété porte le nom de *propagation du chaos*.
2. La mesure empirique $\pi_N(t)$ converge vers une mesure déterministe, par la loi des grands nombres.

De ces deux propriétés, on conçoit que la première entraîne la seconde. Elles sont en fait équivalentes pour des lois échangeables, au sens du théorème suivant (voir par exemple Méléard [107] p. 66).

Théorème 3.4. *Pour tout $N \in \mathbb{N}^*$, soit $(X_i^N)_{i\leq N}$ un vecteur de variables aléatoires à valeurs dans $\mathbb{R}^d$, de loi échangeable, c'est-à-dire que (X_i^N) a même loi que $(X_{\rho(i)}^N)$ pour toute permutation ρ des coordonnées. Soit π une loi de probabilité sur $\mathbb{R}^d$. Les deux propriétés suivantes sont équivalentes.*

1. *Pour tout $k \geq 0$, la loi du vecteur $(X_i^N)_{i\leq k}$ converge vers la mesure produit $\pi^{\otimes k}$.*
2. *La mesure empirique :*

$$\pi_N = \frac{1}{N}\sum_{i=1}^{N} \delta(X_i^N) ,$$

   converge vers la mesure π.

Les paragraphes qui suivent sont consacrés à d'autres exemples d'applications de la même démarche.

3.4.2 Equations de McKean-Vlasov

L'équation de Vlasov modélise le comportement d'un gaz à forte densité de particules, pour lesquelles les collisions sont si fréquentes que leur effet peut être décrit par une diffusion dont le terme de dérive interactif traduit l'attraction ou la répulsion des particules. C'est McKean qui le premier a donné la traduction stochastique de ce modèle. L'équation de McKean-Vlasov dans $\mathbb{R}^d$ s'écrit sous la forme générale suivante, que l'on peut voir comme une généralisation de l'équation de Fokker-Planck (3.13).

$$\frac{\partial\pi(t)}{\partial t} = \frac{1}{2}\sum_{i,j=1}^{d} \frac{\partial^2}{\partial x_i \partial x_j}(s_{ij}[x,\pi(t)])\pi(t) - \sum_{i=1}^{d}\frac{\partial}{\partial x_i}(\mu_i[x,\pi(t)])\pi(t) , \quad (3.21)$$

où $\pi(t)$ est une mesure de probabilité sur $\mathbb{R}^d$ (la distribution des particules à l'instant t) et :

$$\mu[x,\pi] = \int_{\mathbb{R}^d} \mu(x,y)\pi(dy) , \quad \mu(x,y) \in \mathbb{R}^d ,$$

$$S[x,\pi] = \sigma[x,\pi]\,{}^t\sigma[x,\pi] ,$$

$$\sigma[x,\pi] = \int_{\mathbb{R}^d} \sigma(x,y)\pi(dy) , \quad \sigma(x,y) \in \mathcal{M}_{d\times d'}(\mathbb{R}) ,$$

pour toute mesure de probabilité π sur $\mathbb{R}^d$. L'équation (3.21) doit être comprise au sens faible. Pour toute fonction test φ, on doit avoir :

$$\frac{\partial}{\partial t}\langle\pi(t),\varphi\rangle = \langle\,\pi(t)\,,\,\frac{1}{2}\sum_{i,j=1}^{d} s_{ij}[x,\pi(t)]\frac{\partial^2\varphi}{\partial x_i\partial x_j} + \sum_{i=1}^{d}\mu_i[x,\pi(t)]\frac{\partial\varphi}{\partial x_i}\,\rangle\,. \quad (3.22)$$

L'idée, comme en 3.3.4, est d'associer à (3.21) un générateur, et une équation différentielle stochastique. Le générateur est l'opérateur différentiel $\mathcal{A}(\pi)$, qui à une fonction test φ associe :

$$\mathcal{A}(\pi)\varphi(x) = \frac{1}{2}\sum_{i,j=1}^{d} s_{ij}[x,\pi]\frac{\partial^2\varphi}{\partial x_i\partial x_j} + \sum_{i=1}^{d}\mu_i[x,\pi]\frac{\partial\varphi}{\partial x_i}\,. \quad (3.23)$$

L'équation différentielle stochastique correspondante est :

$$dX = \mu[X(t),\pi(t)]dt + \sigma[X(t),\pi(t)]dW , \quad (3.24)$$

où $\{W(t)\,;\,t \geq 0\}$ est le mouvement brownien standard dans $\mathbb{R}^{d'}$. Dans (3.24), $\pi(t)$ désigne la loi à l'instant t de $X(t)$, d'où la non linéarité. On peut comprendre physiquement cette équation en disant que la trajectoire d'une particule entre les instants t et $t+dt$ est celle d'une diffusion dont les coefficients dépendent non seulement de la position de la particule à l'instant t, mais aussi de la densité globale $\pi(t)$ des particules. Nous ne donnerons pas les conditions d'existence et d'unicité de la solution de (3.24) (voir [107] p. 46).

L'algorithme de simulation approchée de cette solution est tout à fait naturel. Il suffit en effet de simuler une famille de processus de diffusion, par exemple par la méthode d'Euler-Maruyama vue en 3.3.2, en remplaçant dans les coefficients de dérive μ et de diffusion σ, la loi $\pi(t)$ par son approximation à l'aide de la mesure empirique :

$$\pi_N(t) = \frac{1}{N}\sum_{i=1}^{N}\delta(X_i(t)) .$$

Pour $N \in \mathbb{N}^*$, on est alors conduit à définir l'ensemble de diffusions $(X_i^N)_{i\leq N}$ comme solution du système d'équations différentielles stochastiques "ordinaires" :

$$dX_i^N(t) = \mu[X_i^N(t), \pi_N(t)]\, dt + \sigma[X_i^N(t), \pi_N(t)]\, dW_i(t) , \tag{3.25}$$

où pour $i \leq N$ les $\{W_i(t)\,;\, t \geq 0\}$ sont des mouvements browniens indépendants.

On montre alors que les "particules" solutions de (3.25) vérifient la propriété de propagation du chaos. Si à l'instant 0 elles sont indépendantes, alors quand N tend vers l'infini elles sont asymptotiquement indépendantes pour tout t et leur mesure empirique converge vers la solution de (3.21).

3.4.3 Equations de Boltzmann

Les équations de Boltzmann modélisent le comportement d'un gaz dont les molécules, en plus de leur mouvement diffusif, subissent des chocs qui modifient instantanément leur vitesse. Tenir compte de ces chocs impose des discontinuités qui rajoutent une difficulté supplémentaire par rapport au cas précédent. Considérons en effet la variable d'état position–vitesse $(z, v) \in \mathbb{R}^3 \times \mathbb{R}^3$, pour une molécule de gaz. Un choc est une transition instantanée de l'état (z, v) vers l'état (z, v'). Un processus modélisant ces chocs est donc un cas particulier de processus de saut dans $\mathbb{R}^d$. De tels processus peuvent être définis par leur générateur, avec le même sens mathématique donné à celui-ci qu'en 3.3.4 (voir 5.1.4 pour le cas des ensembles d'états finis). Si φ désigne une fonction test sur $\mathbb{R}^d$, le générateur $\mathcal{B}(\pi)$ du processus de saut est défini, pour toute mesure de probabilité π sur $\mathbb{R}^d$ par :

$$\mathcal{B}(\pi)\varphi(x) = \int (\varphi(x+h) - \varphi(x))\, \Gamma(x, \pi, dh) , \tag{3.26}$$

où $\Gamma(x, \pi, dh)$ désigne une famille de mesures positives bornées sur $\mathbb{R}^d$. Nous noterons $|\Gamma(x, \pi)|$ la masse totale de la mesure $\Gamma(x, \pi, dh)$.

$$|\Gamma(x, \pi)| = \int_{h\in\mathbb{R}^d} \Gamma(x, \pi, dh) .$$

Il faut comprendre la définition du générateur $\mathcal{B}(\pi)$ comme suit. Si x est l'état courant de la particule, alors x sautera avec taux $|\Gamma(x,\pi)|$, c'est-à-dire au bout d'un temps suivant la loi exponentielle de moyenne $1/|\Gamma(x,\pi)|$. A cet instant, x sautera vers $x+h$, où h sera choisi selon la loi de probabilité $\Gamma(x,\pi,dh)/|\Gamma(x,\pi)|$. Nous retrouverons cette interprétation au paragraphe 5.1.3. La mesure π dont dépend le générateur $\mathcal{B}(\pi)$ est pour l'instant un paramètre. Comme dans (3.23), π sera interprétée comme la loi du processus courant.

Le modèle le plus général sera obtenu en superposant un processus de diffusion et un processus de saut indépendants. Cela se fait en ajoutant au générateur $\mathcal{A}(\pi)$ de (3.23), le générateur $\mathcal{B}(\pi)$ qui vient d'être défini. Cette extension conduit fort naturellement à résoudre l'équation suivante, qui généralise (3.21), et que nous interprèterons au sens faible, comme (3.22). La solution est une mesure de probabilité $\pi(t)$ sur $\mathbb{R}^d$, telle que pour toute fonction test φ, on ait :

$$\frac{\partial}{\partial t}\langle\pi(t),\varphi\rangle = \langle\, \pi(t)\,,\, \mathcal{A}(\pi(t))\varphi + \mathcal{B}(\pi(t))\varphi\,\rangle\,. \tag{3.27}$$

L'idée de la méthode particulaire consiste à simuler un ensemble de N processus de diffusion avec saut, $(\{X_i(t)\})_{i\leq N}$, qui interagissent par l'intermédiaire de leur mesure empirique, comme le système défini par (3.25). Ce système vérifie la propriété de propagation du chaos, et pour des conditions initiales indépendantes, sa mesure empirique $\pi_N(t)$ converge vers la solution de (3.27). Plutôt que de détailler le résultat théorique de convergence, pour lequel nous renvoyons à Méléard [107], p. 54–63, nous donnerons un algorithme de simulation. L'algorithme que nous proposons n'est évidemment pas le seul possible (voir [107] p. 63). Il consiste à simuler le vecteur des N diffusions, en lui superposant un processus de saut, simulé par une technique de rejet classique.

Pour appliquer cette technique au processus de saut de générateur $\mathcal{B}(\pi)$, nous devons supposer que le taux de saut est uniformément borné.

$$\sup_{x,\pi}|\Gamma(x,\pi)| = C < +\infty\,.$$

La constante $1/C$ est en quelque sorte l'unité de temps à laquelle se produisent les sauts : nous parlerons d'"horloge interne" en 5.1.5. Supposons tout d'abord que la partie diffusion n'existe pas. On a alors à simuler N processus de saut pur, interagissant seulement par l'intermédiaire de leur mesure empirique. L'algorithme de simulation du vecteur $(\{X_i(t)\})_{i\leq N}$ de ces N processus est le suivant (voir 5.1.6).

```
t ⟵ 0
Initialiser (X_1, ... , X_N)
Répéter
    choisir i avec probabilité 1/N
```

```
    calculer |Γ(X_i, π_N)|
    Si (Random < |Γ(X_i, π_N)|/C) alors
        choisir h selon la loi Γ(X_i, π_N, dh)/|Γ(X_i, π_N)|
        X_i ←— X_i + h
    finSi
    t ←— t + 1/(NC)
Jusqu'à (arrêt de la simulation)
```

Nous devons maintenant superposer cet algorithme de saut avec un processus de diffusion. La seule difficulté consiste à harmoniser les deux échelles de temps :

- celle de la chaîne associée aux N processus de diffusion par la méthode d'Euler-Maruyama, qui dépend du pas de discrétisation δt (voir 3.3.2),
- celle des processus de saut, pour laquelle l'intervalle de temps entre deux tentatives de saut consécutives vaut en moyenne $1/(NC)$ (voir 5.1.6).

L'algorithme que nous proposons consiste à accélérer l'échelle de temps du processus de saut de $1/(NC)$ jusqu'à δt, quitte à augmenter le nombre de sauts fictifs. Ceci suppose évidemment que δt soit inférieur à $1/(NC)$. Il semble raisonnable, pour éviter trop d'appels inutiles de Random, de faire en sorte que $1/(NC)$ et δt soient relativement proches, ce qui impose que $N\,\delta t$ soit de l'ordre de $1/C$. Il n'est pas évident que C soit effectivement calculable, auquel cas on le remplacera par un majorant, au prix d'une nouvelle perte de temps en sauts fictifs.

L'algorithme de simulation est le suivant.

```
t ←— 0
Initialiser (X_1, ..., X_N)
Répéter
    Pour i de 1 à N                        (diffusions)
        X_i ←— X_i + δt * μ(X_i, π_N) + σ(X_i, π_N).(√δt * Normale)
    finPour
    choisir i avec probabilité 1/N         (sauts)
    calculer |Γ(X_i, π_N)|
    Si (Random < (|Γ(X_i, π_N)|/C) (δt/(1/(NC)))) alors
        choisir h selon la loi Γ(X_i, π_N, dh)/|Γ(X_i, π_N)|
        X_i ←— X_i + h
    finSi
    t ←— t + δt                            (échelle de temps)
Jusqu'à (arrêt de la simulation)
```

3.5 Exercices

Exercice 20. *Le jeu de Penney.*
Le but de l'exercice est d'étudier les occurrences de séquences binaires données à l'intérieur d'une suite de tirages de pile ou face. Dans ce qui suit $(\epsilon_n)_{n\geq 1}$ désigne une suite de tirages de pile ou face, à savoir une suite de variables aléatoires indépendantes identiquement distribuées, suivant la loi de Bernoulli de paramètre 1/2.

$$\forall n \geq 1\,, \quad Prob[\epsilon_n = 0] \;=\; Prob[\epsilon_n = 1] = \frac{1}{2}\,.$$

Première partie

On s'intéresse aux occurrences successives d'un "mot" binaire donné.

Soit $A = (a_i)_{1\leq i\leq \ell}$ un mot binaire de longueur ℓ.

$$\forall i = 1, \ldots, \ell\,, \quad a_i = 0 \text{ ou } 1\,.$$

Pour tout $k = 1, \ldots, \ell$, on note A_k le mot A tronqué à ses k premières lettres :

$$\forall k = 1, \ldots, \ell\,, \quad A_k = (a_i)_{1\leq i\leq k}\,.$$

Pour tout entier n on définit la variable aléatoire X_n, à valeurs dans $\{0, 1, \ldots, \ell\}$ comme le nombre de bits parmi les derniers tirages jusqu'au n-ième qui coïncident avec le début de A.

$$\begin{array}{ll} X_n = 0 & \text{si } n = 0 \text{ ou } \forall k = 1, \ldots, \ell \; (\epsilon_{n-k+1}, \ldots, \epsilon_n) \neq A_k \\ X_n = k \in \{1 \ldots, \ell-1\} & \text{si } (\epsilon_{n-k+1}, \ldots, \epsilon_n) = A_k \\ & \text{et } \; (\epsilon_{n-k-i}, \ldots, \epsilon_n) \neq A_{k+i+1}\,,\; \forall i = 0, \ldots, \ell-k-1 \\ X_n = \ell & \text{si } (\epsilon_{n-\ell+1}, \ldots, \epsilon_n) = A_\ell = A\,. \end{array}$$

1. Montrer que $(X_n)_{n\in\mathbb{N}}$ est une chaîne de Markov.
2. Montrer que la loi de la chaîne (X_n) ne change pas si on remplace $A = (a_i)_{1\leq i\leq \ell}$ par $\overline{A} = (1 - a_i)_{1\leq i\leq \ell}$.
3. Expliciter le diagramme et la matrice de transitions de la chaîne (X_n) dans les cas suivants.
   a) $A = (1, 1, \ldots, 1)$ (ℓ termes égaux à 1).
   b) $A = (1, \ldots, 1, 0)$ ($\ell-1$ termes égaux à 1 suivis d'un 0).
   c) $A = (1, 0, 1)$.
   d) $A = (1, 1, 0, 0)$.
   e) $A = (1, 0, 1, 1)$.
   f) $A = (0, 1, 1, 1)$.
4. Ecrire un algorithme qui prenne en entrée un mot binaire donné comme un tableau de booléens, et qui retourne en sortie la matrice de transition de la chaîne (X_n).

5. Ecrire un programme de simulation. Ce programme prend en entrée un mot binaire donné comme un tableau de booléens, et un nombre de pas n. Il retourne le tableau des n valeurs prises par la chaîne (X_n), à partir de $X_0 = 0$.

Deuxième partie

On s'intéresse à l'instant de première apparition du mot $A = (a_i)_{1 \leq i \leq \ell}$ à savoir le premier indice n pour lequel la chaîne (X_n) atteint l'état ℓ.

Pour tout $k = 0, \dots, \ell-1$ et pour tout $n \geq 1$, on note $q_k(n)$ la probabilité d'atteindre pour la première fois l'état ℓ en exactement n pas, à partir de l'état k.

$$q_k(n) = \mathbb{P}[X_{m+n} = \ell \,,\, X_{m+n-1} \neq \ell \,, \dots \,,\, X_{m+1} \neq \ell \,|\, X_m = k] \,.$$

1. Soit $P = (p_{ij})$ la matrice de transition de la chaîne (X_n). Montrer que pour tout $k = 0, \dots, \ell - 1$ $q_k(1) = p_{k\ell}$ et pour tout $n > 1$,

$$q_k(n) = \sum_{j=0}^{\ell-1} p_{kj}\, q_j(n-1) \,.$$

2. Pour tout $k = 0, \dots, \ell - 1$ montrer que $(q_k(n))_{n \in \mathbb{N}}$ est une loi de probabilité sur $\mathbb{N}^*$.

On note g_k la fonction génératrice de cette loi de probabilité, et m_k son espérance.

$$g_k(z) = \sum_{n=1}^{+\infty} q_k(n)\, z^n \,,$$
$$m_k = \sum_{n=1}^{+\infty} n\, q_k(n) \,.$$

On note $G(z)$ et M les vecteurs :

$$G(z) = (g_k(z))_{0 \leq k \leq \ell-1} \quad \text{et} \quad M = (m_k)_{0 \leq k \leq \ell-1} \,.$$

On note P_ℓ le vecteur formé des ℓ premiers termes de la dernière colonne de P et P' la matrice obtenue en ôtant la dernière ligne et la dernière colonne de P.

$$P_\ell = (p_{i\ell})_{0 \leq i \leq \ell-1} \quad \text{et} \quad P' = (p_{ij})_{0 \leq i,j \leq \ell-1} \,.$$

On note enfin I la matrice identité de dimension ℓ et $\mathbb{1}$ le vecteur de $\mathbb{R}^\ell$ dont toutes les coordonnées valent 1.

3. Montrer que :

$$G(z) = z(I - zP')^{-1} P_\ell \quad \text{et} \quad M = (I - P')^{-1} \mathbb{1} \,.$$

4. Soit N la variable aléatoire égale au premier indice d'apparition du mot A dans la suite (ϵ_n). Quelle est la fonction génératrice de la loi de N ? Quelle est son espérance ?
5. Calculer la fonction génératrice de la loi de N pour $A = (1,1)$ puis $A = (1,0)$.
6. Calculer l'espérance de N dans les cas suivants :
   a) $A = (1,1,\ldots,1)$ (ℓ termes égaux à 1).
   b) $A = (1,\ldots,1,0)$ ($\ell-1$ termes égaux à 1 suivis d'un 0).
   c) $A = (1,0,1)$.
   d) $A = (1,1,0,0)$.
   e) $A = (1,0,1,1)$.
   f) $A = (0,1,1,1)$.
7. Soit A un mot binaire quelconque. On définit le mot binaire $R(A) = (r_1,\ldots,r_\ell)$, qui compte les auto-recouvrements partiels de A, de la façon suivante. Pour tout $k = 1,\ldots,\ell$,
$$\begin{aligned} r_k &= 1 \text{ si } (a_1,\ldots,a_{\ell-k+1}) = (a_k,\ldots,a_\ell) \\ &= 0 \text{ sinon} . \end{aligned}$$
   On admettra que le temps moyen de première apparition de A est égal à 2 fois la valeur entière de $R(A)$:
$$\mathbb{E}[N] = 2\sum_{k=1}^{\ell} r_k 2^{\ell-k} .$$
   a) Vérifier les résultats de la question précédente.
   b) Calculer le temps moyen de première apparition de :
$$A = (1,1,0,1,1,0,1,1,0) .$$
8. Vérifier par la simulation les résultats des questions 6 et 7. On donnera pour chacun des temps moyens un intervalle de confiance d'amplitude inférieure à 0.1, au niveau de confiance 0.99.

Troisième partie

Le jeu de Penney consiste à faire jouer deux mots binaires A et B l'un contre l'autre jusqu'à l'instant d'apparition du premier d'entre eux. C'est celui des deux mots qui apparaît le premier qui gagne. Selon A et B, il pourrait se faire que l'un des deux ne puisse jamais gagner, ou que les deux gagnent simultanément. Afin de simplifier les écritures et d'éviter ces cas particuliers, nous supposerons que A et B sont deux mots binaires distincts de même longueur ℓ. Le but est de calculer la durée moyenne d'une partie ainsi que la probabilité que chacun des deux mots a de gagner.

1. La suite de tirages (ϵ_n) étant fixée, on lui associe les deux chaînes de Markov $(X_n)_{n\in\mathbb{N}}$ et $(Y_n)_{n\in\mathbb{N}}$ où (X_n) est la chaîne associée au mot A

comme dans la première partie, et (Y_n) correspond à B de façon analogue. Montrer que $((X_n, Y_n))_{n\in\mathbb{N}}$ est une chaîne de Markov sur $\{0,\dots,\ell\}^2$. Les variables aléatoires X_n et Y_n peuvent-elles être indépendantes ?

2. Expliciter le diagramme de transitions de la chaîne $((X_n, Y_n))$ dans le cas :
$$A = (1,1,\dots,1) \quad ; \quad B = (1,\dots,1,0)\,.$$
3. Même question pour le cas :
$$A = (1,1,\dots,1) \quad ; \quad B = (0,\dots,0,1)\,.$$

Pour k et h différents de ℓ, on note $q^A_{k,h}(n)$ (respectivement $q^B_{k,h}(n)$) la probabilité que A (resp. B) gagne au bout de n coups en partant de l'état (k,h).

$$\begin{aligned} q^A_{k,h}(n) = \mathbb{P}[&X_{m+n} = \ell, X_{m+n-1} \neq \ell, \dots, X_{m+1} \neq \ell,\\ &Y_{m+n-1} \neq \ell, \dots, Y_{m+1} \neq \ell \mid (X_m, Y_m) = (k,h)]\,. \end{aligned}$$

4. On note $m_{k,h}$ la durée moyenne du jeu en partant de l'état (k,h).
$$m_{k,h} = \sum_{n=1}^{+\infty} n\,(q^A_{k,h}(n) + q^B_{k,h}(n))\,.$$
Montrer que les $m_{k,h}$ sont solution du système :
$$\forall k,h \neq \ell\,, \quad m_{k,h} = \sum_{k'=0}^{\ell-1}\sum_{h'=0}^{\ell-1} p_{(k,h)(k',h')}\, m_{k',h'}\,,$$
où les $p_{(k,h)(k',h')}$ désignent les probabilités de transition de la chaîne $\{(X_n, Y_n)\ ;\ n \in \mathbb{N}\}$.
5. On note $q^A_{k,h}$ la probabilité que A gagne le jeu en partant de l'état (k,h).
$$q^A_{k,h} = \sum_{n=1}^{+\infty} q^A_{k,h}(n)\,.$$
Montrer que les $q^A_{k,h}$ sont solution du système :
$$\forall k,h \neq \ell\,, \quad q^A_{k,h} = \sum_{k'=0}^{\ell-1}\sum_{h'=0}^{\ell-1} p_{(k,h)(k',h')}\, q^A_{k',h'} + \sum_{h'=0}^{\ell-1} p_{(k,h)(\ell,h')}\,.$$
6. Calculer la durée moyenne du jeu et la probabilité que A gagne dans les cas suivants :
   a) $A = (1,1)$; $B = (1,0)$.
   b) $A = (1,1)$; $B = (0,1)$.

7. Soient A et B deux mots quelconques. On définit le mot binaire $R(A,B) = (r_1,\dots,r_\ell)$, qui compte les recouvrements partiels de A par B, de la façon suivante. Pour tout $k = 1,\dots,\ell$,

$$\begin{aligned} r_k &= 1 \text{ si } (b_1,\dots,b_{\ell-k+1}) = (a_k,\dots,a_\ell) \\ &= 0 \text{ sinon .} \end{aligned}$$

On note $\rho(A)$, $\rho(B)$, $\rho(A,B)$ et $\rho(B,A)$ les valeurs entières des mots binaires $R(A)$, $R(B)$, $R(A,B)$ et $R(B,A)$. On admettra la formule donnant la probabilité que A gagne le jeu de Penney :

$$q^A_{0,0} = \frac{\rho(B)-\rho(B,A)}{\rho(B)-\rho(B,A)+\rho(A)-\rho(A,B)} .$$

Vérifier les résultats de la question précédente.

8. Calculer la probabilité que A gagne dans les cas suivants :
   a) A = (1,1,0,1) ; B = (1,0,1,1).
   b) A = (1,0,1,1) ; B = (0,1,1,1).
   c) A = (0,1,1,1) ; B = (1,1,0,1).
9. Vérifier par la simulation les résultats de la question précédente. Dans chacun des trois cas, on donnera un intervalle de confiance pour la probabilité de gain de A, d'amplitude inférieure à 0.01. On donnera également un intervalle de confiance pour la durée moyenne de chacune des trois parties. Les niveaux de confiance sont toujours fixés à 0.99.

Exercice 21. Soit N un entier. On note $(X^N_n, Y^N_n)_{n\in\mathbb{N}}$ la marche aléatoire sur $\mathbb{R}\times\mathbb{R}$, partant de $(X^N_0, Y^N_0) = (0,1)$, telle que les suites de variables aléatoires $(X^N_{n+1} - X^N_n)$ et $(Y^N_{n+1} - Y^N_n)$ soient indépendantes entre elles, formées de variables indépendantes et de même loi :

$$\mathbb{P}[X^N_{n+1} - X^N_n = -1/N] = \mathbb{P}[X^N_{n+1} - X^N_n = 1/N] = 1/2 ,$$

$$\mathbb{P}[Y^N_{n+1} - Y^N_n = -1/N] = \mathbb{P}[Y^N_{n+1} - Y^N_n = 1/N] = 1/2 .$$

A chaque pas la marche choisit au hasard entre les 4 points diagonalement opposés sur les 4 carrés de côté $1/N$ voisins.

Première partie

On s'intéresse à l'instant de sortie et à l'abscisse de sortie de la marche aléatoire ainsi définie hors du demi plan supérieur.
L'instant de sortie est la variable aléatoire T^N définie par :

$$T^N = k \iff Y^N_i > 0 \;\forall i < k \text{ et } Y^N_k = 0 .$$

L'abscisse de sortie U^N est l'abscisse de la marche aléatoire à l'instant de sortie T^N.

$$T^N = k \implies U^N = X^N_k .$$

1. Déterminer la fonction génératrice de T^N.
2. En déduire la fonction caractéristique de U^N .
3. Montrer que la suite (U^N) converge en loi, quand N tend vers l'infini, vers la loi de Cauchy, de densité :

$$\frac{1}{\pi(1+x^2)} .$$

4. Implémenter un algorithme de simulation de la marche aléatoire, de manière à réaliser une étude expérimentale du comportement asymptotique de T^N et U^N. Les sorties attendues sont par exemple :
   - les courbes des intervalles de confiance de niveau 0.99 pour les espérances de T^N et U^N en fonction de N.
   - des histogrammes de T^N , pour N "assez grand".
   - des histogrammes de U^N , pour N "assez grand", superposés avec la densité de la loi de Cauchy.
5. On modifie la loi des pas de la marche aléatoire qui se déplace maintenant verticalement et horizontalement au lieu de se déplacer en diagonale :

$$\begin{aligned}
\mathbb{P}[(X_{n+1}^N - X_n^N, Y_{n+1}^N - Y_n^N) = (1/N, 0)] &= \\
\mathbb{P}[(X_{n+1}^N - X_n^N, Y_{n+1}^N - Y_n^N) = (0, 1/N)] &= \\
\mathbb{P}[(X_{n+1}^N - X_n^N, Y_{n+1}^N - Y_n^N) = (-1/N, 0)] &= \\
\mathbb{P}[(X_{n+1}^N - X_n^N, Y_{n+1}^N - Y_n^N) = (0, -1/N)] &= 1/4 .
\end{aligned}$$

   Qu'est-ce qui change dans l'étude précédente ?

Deuxième partie

On s'intéresse maintenant à l'instant de sortie et à l'abscisse de sortie de la marche aléatoire hors de la bande de plan $\mathbb{R}\times]0,2[$.
L'instant de sortie est la variable aléatoire T^N définie par :

$$T^N = k \iff 0 < Y_i^N < 2 \; \forall i < k \text{ et } Y_k^N \in \{0,2\} .$$

Soient U^N et V^N l'abscisse et l'ordonnée de la marche aléatoire à l'instant de sortie T^N.

$$T^N = k \implies (U^N, V^N) = (X_k^N, Y_k^N) .$$

1. Montrer que U^N et V^N sont indépendantes. Quelle est la loi de V^N ? Montrer que la loi de U^N est symétrique :

$$\forall k \in \mathbb{N} \; \mathbb{P}[U^N = k] = \mathbb{P}[U^N = -k] .$$

2. Déterminer la fonction génératrice de T^N.
3. En déduire la fonction caractéristique de U^N.

4. Montrer que la suite (U^N) converge en loi, quand N tend vers l'infini, vers une loi dont la densité est $a/\cosh(bx)$, où a et b sont des paramètres à calculer.
5. Reprendre les questions 4 et 5 de la première partie.

Exercice 22. Soit d un entier pair et $\alpha \in]0, 1/d[$. Soit A une matrice de dimension d telle que sur chaque ligne, la moitié des coefficients valent $+\alpha$, l'autre moitié $-\alpha$. Soit b le vecteur dont toutes les coordonnées valent 1. On note z la solution du système $(I - A)z = b$, et $z^{(k)}$ la solution approchée à l'ordre k :

$$z^{(k)} = (I + A + \cdots + A^k)b \,.$$

1. Vérifier que $z = z^{(k)} = b$.
2. Ecrire l'algorithme de calcul de la i-ième coordonnée de $z^{(k)}$, en appliquant la méthode du paragraphe 3.2.1, pour :

$$p_{ij} = \frac{1}{d} \,, \quad \forall i, j = 1, \ldots, d \,.$$

3. Calculer la variance de Z_k.
4. En déduire le nombre de trajectoires nécessaires pour que l'amplitude de l'intervalle de confiance soit inférieure à 10^{-3}.
5. Soit $\beta \in]0, 1/d[$. Ecrire l'algorithme de calcul de la i-ième coordonnée de z par la méthode du paragraphe 3.2.2, pour :

$$p_{ij} = \beta \,, \quad \forall i, j = 1, \ldots, d \,.$$

6. Quelle est la loi du nombre moyen de pas de la chaîne avant absorption ?
7. Calculer la variance de Z'.
8. En déduire le nombre de trajectoires nécessaires pour que l'amplitude de l'intervalle de confiance soit inférieure à 10^{-3}.
9. Discuter de l'intérêt éventuel de choisir $\beta \neq \alpha$.
10. Programmer les deux méthodes, et déterminer pour un temps de calcul fixé quelle est celle qui donne la meilleure précision.

Exercice 23.

1. Ecrire un algorithme de simulation approchée pour le processus de diffusion dans $\mathbb{R}$, solution de l'équation différentielle stochastique :

$$\begin{cases} dX(t) = \sin(X(t))dt + \cos(X(t))dW_t \\ X(0) \;\; = X_0 \,, \end{cases} \tag{3.28}$$

où $\{W_t \,;\, t \geq 0\}$ désigne le mouvement brownien standard dans $\mathbb{R}$ et X_0 une variable aléatoire de carré intégrable indépendante de $\{W_t \,;\, t \geq 0\}$.

2. En déduire un algorithme de calcul approché de la fonction z, de $[-1,1]$ dans $\mathbb{R}$, solution du problème différentiel suivant.

$$\begin{cases} \frac{1}{2}\cos^2(x)\frac{d^2z}{dx^2}(x) + \sin(x)\frac{dz}{dx}(x) - z(x) = 0 \ , \forall x \in]-1,1[\\ z(-1) = z(1) = 1 \ . \end{cases} \tag{3.29}$$

Exercice 24. Soit $\mathcal{A}$ l'opérateur différentiel qui à une application φ, de $\mathbb{R}$ dans $\mathbb{R}$, deux fois dérivable, associe :

$$\mathcal{A}\varphi(x) = \frac{1}{2}e^{-2x^2}\frac{d^2\varphi}{dx^2} + x\,\frac{d\varphi}{dx} \ .$$

1. Ecrire un algorithme de simulation pour un processus de diffusion homogène $\{ X_t \, , \, t \geq 0 \}$, admettant l'opérateur $\mathcal{A}$ comme générateur.
2. Ecrire un algorithme de calcul approché de la fonction z, de $[-1,1]$ dans $\mathbb{R}$, solution du problème différentiel suivant.

$$\begin{cases} \mathcal{A}z(x) - \cos(x)z(x) = \sin(x) \ , \forall x \in]-1,1[\\ z(-1) = z(1) = 1 \ . \end{cases}$$

3. Ecrire un algorithme de calcul approché de la fonction u, de $\mathbb{R}^+ \times \mathbb{R}$ dans $\mathbb{R}$, solution du problème différentiel suivant.

$$\begin{cases} \frac{\partial u(t,x)}{\partial t} = \mathcal{A}u(t,x) \\ u(0,x) = \cos(x) \ . \end{cases}$$

4. Ecrire un algorithme de calcul approché de la fonction v, de $[0,1] \times \mathbb{R}$ dans $\mathbb{R}$, solution du problème différentiel suivant.

$$\begin{cases} -\frac{\partial v(t,x)}{\partial t} = e^{-t}\mathcal{A}v(t,x) + \sin(t+x) \\ v(1,x) = \cos(x) \ . \end{cases}$$

Exercice 25. Soit $\mathcal{A}$ l'opérateur différentiel qui à une application φ, de $\mathbb{R}^2$ dans $\mathbb{R}$, deux fois différentiable, associe :

$$\begin{aligned} \mathcal{A}\varphi\,(x_1,x_2) &= (1+\cos^2 x_1)\frac{\partial^2\varphi}{\partial x_1^2}(x_1,x_2) + 2\sin(x_1+x_2)\frac{\partial^2\varphi}{\partial x_1 \partial x_2}(x_1,x_2) \\ &\quad + (1+\cos^2 x_2)\frac{\partial^2\varphi}{\partial x_2^2}(x_1,x_2) + x_1\frac{\partial\varphi}{\partial x_1}(x_1,x_2) + x_2\frac{\partial\varphi}{\partial x_2}(x_1,x_2) \ . \end{aligned}$$

1. Montrer que l'opérateur $\mathcal{A}$ est elliptique en tout point (x_1,x_2) de $\mathbb{R}^2$.

2. Soit D le disque unité ouvert de $I\!R^2$. On considère le problème de Dirichlet suivant.

$$\begin{cases} \mathcal{A}z(x_1,x_2) - (x_1+x_2)^2 z(x_1,x_2) = e^{-(x_1+x_2)^2} & , \forall (x_1,x_2) \in D \,, \\ z(x_1,x_2) = 1 & , \forall (x_1,x_2) \in \partial D \,. \end{cases} \tag{3.30}$$

Ecrire un algorithme de Monte-Carlo pour le calcul approché de la solution en un point (x_1, x_2) quelconque de D.

3. On considère l'équation parabolique :

$$\frac{\partial u}{\partial t}(t,x_1,x_2) = \mathcal{A}u(t,x_1,x_2) \,.$$

Ecrire un algorithme de calcul approché du noyau fondamental $p(t, x_1, x_2, y_1, y_2)$ de cette équation.

4. En déduire un algorithme de résolution approchée du problème de Cauchy suivant :

$$\begin{cases} \frac{\partial u}{\partial t}(t,x_1,x_2) = \mathcal{A}u(t,x_1,x_2) & , \forall (t,x_1,x_2) \in [0,T] \times I\!R \times I\!R \,, \\ u(0,x_1,x_2) = e^{-(x_1+x_2)^2} & , \forall (x_1,x_2) \in I\!R \times I\!R \,. \end{cases} \tag{3.31}$$

5. On note $\mathcal{A}_t$ l'opérateur différentiel défini par :

$$\mathcal{A}_t \varphi = e^t \mathcal{A}\varphi \,.$$

6. Modifier les algorithmes des questions précédentes pour la résolution du problème suivant.

$$\begin{cases} \frac{\partial u}{\partial t}(t,x_1,x_2) = \mathcal{A}_t u(t,x_1,x_2) & , \forall (t,x_1,x_2) \in [0,T] \times I\!R \times I\!R \,, \\ u(0,x_1,x_2) = \cos(x_1 x_2) & , \forall (x_1,x_2) \in I\!R \times I\!R \,. \end{cases} \tag{3.32}$$

7. Ecrire un algorithme de résolution approchée du problème suivant.

$$\begin{cases} \frac{\partial u}{\partial t}(t,x_1,x_2) = \mathcal{A}_t u(t,x_1,x_2) + \cos(t x_1 x_2)\, u(t,x_1,x_2) + \sin(t x_1 x_2) \,, \\ u(T,x_1,x_2) = 1 \,. \end{cases} \tag{3.33}$$

Exercice 26. Soit $\mathcal{A}$ l'opérateur différentiel qui à une application φ, de $\mathbb{R}^2$ dans $\mathbb{R}$, deux fois différentiable, associe :

$$\begin{aligned}\mathcal{A}\varphi(x_1,x_2) &= \frac{1}{2}e^{-x_1^2}\frac{\partial^2\varphi}{\partial x_1^2}(x_1,x_2) + \frac{1}{\sqrt{2}}e^{-(x_1^2+x_2^2)/2}\frac{\partial^2\varphi}{\partial x_1 \partial x_2}(x_1,x_2) \\ &\quad + \frac{1}{2}e^{-x_2^2}\frac{\partial^2\varphi}{\partial x_2^2}(x_1,x_2)\,.\end{aligned}$$

1. Ecrire un algorithme de simulation pour un processus de diffusion homogène $\{(X_1(t),X_2(t))\,,\ t \geq 0\}$, admettant l'opérateur $\mathcal{A}$ pour générateur.
2. Soit D le disque unité ouvert de $\mathbb{R}^2$. On considère le problème de Dirichlet suivant.

$$\begin{cases} \mathcal{A}z(x_1,x_2) - z(x_1,x_2) = 1\ ,\ \forall (x_1,x_2) \in D\ , \\ z(x_1,x_2) = 2\ ,\ \forall (x_1,x_2) \in \partial D\ . \end{cases} \tag{3.34}$$

   Donner l'expression de la solution du problème (3.34) au point $x = (x_1,x_2) \in D$, en fonction du temps d'atteinte du bord de D, τ_x défini par :

$$\tau_x = \inf\{t \geq 0\,;\ X^x(t) \notin D\}\ ,$$

   où $\{X^x(t)\} = \{(X_1^x(t),X_2^x(t))\,,\ t \geq 0\}$ est un processus de diffusion de générateur $\mathcal{A}$, tel que :

$$(X_1^x(0),X_2^x(0)) = (x_1,x_2)\,.$$

3. En déduire un algorithme de calcul approché de la solution z du problème (3.34).

4 Exploration markovienne

Les méthodes d'exploration markoviennes, ou méthodes de Monte-Carlo par chaîne de Markov (MCMC), ont été considérablement développées ces 15 dernières années (voir Robert [52] ou Fishman [23]). Si p est une loi de probabilité à simuler, l'idée est de l'exprimer comme la mesure stationnaire d'une chaîne de Markov. Deux alternatives s'offrent alors. La première est la méthode de simulation exacte de Propp et Wilson (4.1.2) qui consiste à coupler dans le passé plusieurs trajectoires de la chaîne. L'autre consiste à simuler la chaîne dans le futur pendant suffisamment longtemps, jusqu'à ce qu'elle approche sa mesure stationnaire. Là deux choix sont encore possibles, la méthode séquentielle et la méthode parallèle. Dans la première on obtient un échantillon de taille n en extrayant n valeurs régulièrement espacées d'une seule trajectoire. Dans la seconde on simule n trajectoires indépendantes jusqu'à un certain temps d'arrêt. C'est surtout cette dernière que nous étudierons (4.1.6).

Quelques algorithmes d'optimisation stochastique seront introduits ensuite, principalement le recuit simulé, les algorithmes génétiques et l'algorithme MOSES. Bien que ces algorithmes simulent des chaînes de Markov non homogènes, on peut néanmoins utiliser les résultats sur la vitesse de convergence des chaînes homogènes pour étudier leur comportement, comme nous le ferons pour le recuit simulé en 4.2.2 et 4.2.3.

4.1 Comportement asymptotique

Les résultats décrivant la classification des états d'une chaîne de Markov sur un ensemble fini, ses mesures stationnaires, la convergence vers ces mesures, sont classiques et se retrouvent dans de nombreux manuels [6, 12, 15, 21, 29, 33]. Ils sont rappelés en 4.1.1. Nous nous limiterons par la suite aux chaînes de Markov à temps discret *réversibles*, puisque ce sont elles que l'on rencontre dans la plupart des méthodes markoviennes de Monte-Carlo. Ce choix entraîne une grande simplification du traitement mathématique.

4.1.1 Mesures stationnaires

Soit $E = \{i, j, \dots\}$ un ensemble fini. Soit $P = (p_{ij})$ la matrice de transition d'une chaîne de Markov homogène sur l'ensemble fini E (voir 3.1.2). La somme des coefficients de chaque ligne de P vaut 1. Autrement dit, le vecteur $\mathbb{1}_E$ dont toutes les coordonnées valent 1 est vecteur propre de P, associé à la valeur propre 1. Donc 1 est également valeur propre de ${}^tP$. Les mesures de probabilité, vecteurs propres de ${}^tP$ associés à la valeur propre 1 sont les états d'équilibre de la chaîne.

Définition 4.1. *Soit $p = (p_i)_{i\in E}$ une mesure de probabilité sur E. On dit que p est une* mesure stationnaire *de la chaîne de Markov de matrice de transition P, ou que la matrice P est* p-stationnaire, *si :*

$$
{}^tP\, p = p \,.
$$

Il faut comprendre cette définition par référence à la proposition 3.2. Soit $(X_t), t \in \mathbb{N}$ une chaîne de Markov de matrice de transition P. Supposons que la loi de X_0 soit une mesure stationnaire p, alors pour tout $t \geq 1$, la loi de X_t est encore p (d'où le nom de mesure stationnaire).

Toute matrice de transition admet au moins une mesure stationnaire. Il n'y a unicité que si la matrice est irréductible à savoir si tout état peut être atteint à partir de tout autre en un nombre fini de pas. Si de plus la matrice est apériodique (les probabilités de retour sont toutes strictement positives à partir d'un certain nombre de pas), alors la mesure stationnaire est un état d'équilibre stable. Le théorème 4.1 résume les propriétés asymptotiques du cas irréductible apériodique. Nous ne donnerons pas les démonstrations, qui figurent dans la plupart des manuels (par exemple [15]). Nous nous contenterons de préciser le point *2* dans le cas réversible au paragraphe 4.1.5.

Théorème 4.1. *Soit P une matrice de transition irréductible et apériodique sur l'ensemble fini E. Il existe une unique mesure stationnaire $p = (p_i)_{i\in E}$. Elle possède les propriétés suivantes :*

1. *Pour tout $i \in E$, p_i est strictement positif.*
2. *Il existe α, $0 \leq \alpha < 1$ et $C > 0$ tels que pour tout $i, j \in E$, et pour tout $t \in \mathbb{N}$:*
$$
|p_{ij}^{(t)} - p_j| < C\,\alpha^t \,.
$$
3. *Soit (X_t) une chaîne de matrice de transition P. Pour toute fonction f de E dans $\mathbb{R}$:*
$$
\lim_{T\to\infty} \frac{1}{T} \sum_{t=0}^{T-1} f(X_t) = \sum_{i\in E} f(i) p_i \,, \quad p.s.
$$

Les points *1* et *2* sont des résultats d'algèbre. On peut les déduire du théorème de Perron-Frobenius, après avoir observé que la matrice P est irréductible et apériodique si et seulement si ses puissances successives à partir d'un certain rang sont à coefficients strictement positifs. Le point *2* affirme que toute chaîne de matrice de transition P, quel que soit son point de départ, converge en loi vers la mesure stationnaire p à vitesse géométrique. Cette vitesse est contrôlée par le facteur α, qui est un majorant des modules des valeurs propres de P différentes de 1. Concrètement, cela signifie que la mesure stationnaire, qui en théorie décrit un comportement asymptotique, peut être atteinte en pratique dans les simulations au bout d'un nombre d'itérations raisonnable. Malheureusement la vitesse de convergence dépend de la taille de l'espace d'états et de la vitesse avec laquelle la chaîne peut le parcourir, et les constantes C et α sont en général inconnues. Il peut se faire, sur de grands espaces d'états, que la mesure stationnaire ne puisse jamais être observée à l'échelle de temps des simulations.

Le fait que la limite quand t tend vers l'infini de $p_{ii}^{(t)}$ soit non nulle entraîne que i est récurrent positif : la chaîne visite une infinité de fois chacun des états. Comme autre conséquence du point *2*, Les comportements de la chaîne en deux instants éloignés l'un de l'autre sont à peu près indépendants. Quelle que soit l'information disponible sur le passé, la meilleure prédiction que l'on puisse faire à horizon lointain est la mesure stationnaire.

Dans *3*, on peut comprendre la fonction f comme un coût associé aux visites dans les différents états. Le membre de gauche $(1/T)\sum f(X_t)$ est le coût moyen observé sur une période de temps d'amplitude T. Le membre de droite est l'espérance du coût d'une visite en régime stationnaire. En pratique, si l'espace d'états est très grand, il arrive que l'on ne puisse pas calculer la mesure stationnaire p. On peut néanmoins calculer une valeur approchée du coût moyen en régime stationnaire en effectuant la moyenne des coûts observés sur une seule trajectoire simulée. Comme nous le verrons en 4.1.5, ceci a une portée plutôt théorique, et on procède différemment en pratique.

4.1.2 Simulation exacte d'une mesure stationnaire

Une méthode extrêmement astucieuse, due à J. Propp et D. Wilson [130], permet si l'on souhaite simuler une loi de probabilité $p = (p_i)$ et que l'on dispose d'une matrice de transition $P = (p_{ij})$ pour laquelle p est stationnaire, de construire un algorithme de simulation exacte de p, avec un test d'arrêt explicite. Pour comprendre cette méthode, repartons de la définition algorithmique 3.1.

Soit $(U_t)_{t\in\mathbb{N}}$ une suite de variables aléatoires indépendantes et de même loi, à valeurs dans un espace mesurable $\mathcal{U}$ et $\mathbb{P}$ leur loi de probabilité. Soit $E = \{i, j, \dots\}$ un ensemble fini, et Φ une application de $E \times \mathcal{U}$ dans E telle que pour tout $i, j \in E$ et pour tout $t \in \mathbb{N}$:

$$\mathbb{P}[\Phi(i, U_t) = j] = p_{i,j} .$$

L'application de E dans E qui à i associe $\Phi(i, U_t)$ est aléatoire. Si on compose deux telles applications, on obtient une nouvelle application aléatoire, et l'image de cette nouvelle application a au plus autant d'éléments que les images de chacune des deux composantes. Si on compose entre elles suffisamment de ces applications, on peut s'attendre à ce que l'image de la composée finisse par ne contenir qu'un seul élément. L'idée de Propp et Wilson consiste à composer successivement *à gauche* (vers le passé) les applications $\Phi(i, U_t)$ jusqu'à ce que la composée devienne constante. Miraculeusement, la valeur de cette constante est i avec probabilité p_i.

La suite d'applications aléatoires que l'on souhaite définir est une chaîne de Markov à valeurs dans E^E. Soit F une application aléatoire de E dans E (variable aléatoire à valeurs dans E^E), indépendante de la suite (U_t). On définit la suite $(F_t)_{t \in \mathbb{N}}$ d'applications aléatoires de E dans E par $F_0 = F$ et pour tout $t \geq 0$:

$$F_{t+1}(i) = F_t(\Phi(i, U_t)) \ , \quad \forall i \in E \ .$$

Autrement dit, en notant Φ_t l'application aléatoire $\Phi(\cdot, U_t)$:

$$F_t = F \circ \Phi_1 \circ \cdots \circ \Phi_{t-1} \ .$$

On vérifie immédiatement que la suite $(F_t)_{t \in \mathbb{N}}$ est bien une chaîne de Markov sur E^E. On notera $\mathbb{P}_F$ sa loi.

On suppose que la matrice P est irréductible et apériodique. Pour tout $i \in E$, on note $f^{(i)}$ l'application constamment égale à i ($f^{(i)}(j) = i$, $\forall j \in E$). Le fait que P soit irréductible et apériodique entraîne que les applications $f^{(i)}$, $i \in E$ sont les seuls états absorbants de la chaîne de Markov (F_t). Mais cela ne suffit pas pour affirmer que la chaîne (F_t) est absorbée avec probabilité 1 dans l'un de ces états. Voici un contre exemple. Soit $E = \{a, b\}$ et P la matrice carrée d'ordre 2 dont les quatre coefficients valent 1/2. Soit (U_t) une suite de variables indépendantes de Bernoulli, avec $\mathbb{P}[U_t = 0] = \mathbb{P}[U_t = 1] = 1/2$. Définissons Φ par :

$$\Phi(a, 0) = a \ , \ \Phi(b, 0) = b \ , \ \Phi(a, 1) = b \ , \ \Phi(b, 1) = a \ .$$

On a bien $\mathbb{P}[\Phi(i, U_t) = j] = 1/2$. Pourtant, si F est l'application identique alors pour tout t, F_t est égale à l'application identique ou bien à la transposition de a et b, chacune avec probabilité 1/2, et n'est donc jamais constante. Pour éviter ce piège nous imposons que le cardinal de l'image puisse toujours diminuer.

$$\forall E' \subset E \ , \ |E'| > 1 \Longrightarrow \mathbb{P}[\, |\Phi(E', U_t)| < |E'| \,] > 0 \ . \qquad (4.1)$$

Théorème 4.2. *Soit T le temps d'absorption de la chaîne (F_n) :*

$$T = \inf\{t \in \mathbb{N}, \ F_t \textit{ est constante}\} \ .$$

Sous l'hypothèse (4.1), *T est une variable aléatoire presque sûrement finie, d'espérance finie. De plus, si I désigne l'application identique de E dans E, alors, pour tout $i \in E$:*

$$\mathbb{P}_I[F_T = f^{(i)}] = p_i \ .$$

Démonstration. Par l'hypothèse (4.1), toutes les applications autres que les applications constantes sont des états transients de la chaîne (F_t), qui atteint nécessairement l'un des états absorbants au bout d'un temps fini. On peut donner une évaluation grossière du temps d'absorption T. L'hypothèse que la matrice de transition $P = (p_{i,j})_{i,j \in E}$ est irréductible et apériodique, entraîne que toutes les puissances de P à partir d'un certain rang ont tous leurs coefficients positifs. On notera m le plus petit entier tel que la matrice P^m a tous ses coefficients strictement positifs. Il existe donc α strictement inférieur à 1 tel que :

$$\mathbb{P}_F[T > m] < \alpha ,$$

quelle que soit la loi de F. Par la propriété de Markov, pour tout $k \geq 1$:

$$\mathbb{P}_F[T > km] < \alpha^k .$$

Et donc :

$$\begin{aligned} \mathbb{E}[T] = \sum_{h=0}^{\infty} \mathbb{P}[T > h] &= \sum_{k=0}^{\infty} \sum_{h=0}^{m-1} \mathbb{P}[T > km + h] \\ &< \sum_{k=0}^{\infty} m\alpha^k = \frac{m}{1-\alpha} . \end{aligned}$$

On peut donc s'attendre à ce que la chaîne soit absorbée en un temps raisonnable. Reste à montrer que c'est bien la mesure stationnaire p qui est atteinte au moment de l'absorption. Pour toute application f fixée, de E dans E, notons :

$$p_f(i) = \mathbb{P}_f[\, F_T = f^{(i)} \,] .$$

Dire que pour $F_0 \equiv f$, $F_T = f^{(i)}$ est équivalent à $\Phi_1 \circ \cdots \circ \Phi_T \in f^{-1}(i)$, soit aussi à $I \circ \Phi_1 \circ \cdots \circ \Phi_T \in f^{-1}(i)$. Mais si la chaîne, partant de I arrive à l'instant T dans l'ensemble $f^{-1}(i)$, elle sera nécessairement absorbée en un point de cet ensemble. Réciproquement, si la chaîne partant de I est absorbée en un point de $f^{-1}(i)$, alors, en composant avec f, la chaîne partant de f sera absorbée en i. On a donc :

$$p_f(i) = \sum_{j \in f^{-1}(i)} p_I(j) .$$

En décomposant sur les valeurs de la première application aléatoire Φ_1 :

$$\begin{aligned} p_I(i) &= \sum_{f \in E^E} \mathbb{P}[\Phi_1 = f]\, p_f(i) \\ &= \sum_{f \in E^E} \mathbb{P}[\Phi_1 = f] \sum_{j \in f^{-1}(i)} p_I(j) \\ &= \sum_{j \in E} p_I(j) \sum_{\substack{f \in E^E \\ f(j)=i}} \mathbb{P}[\Phi_1 = f] \\ &= \sum_{j \in E} p_I(j) \mathbb{P}[\Phi_1(j) = i] \\ &= \sum_{j \in E} p_I(j)\, p_{ji} \, . \end{aligned}$$

La mesure p_I est donc bien égale à la mesure stationnaire p (qui est unique puisque P est irréductible).

Pour simuler exactement la mesure p, il suffit donc en théorie de composer les applications aléatoires $\Phi_1 \circ \cdots \circ \Phi_t$ jusqu'à ce que la composée soit constante. La valeur de la constante obtenue est distribuée selon la loi p. Rappelons qu'on n'emploie une méthode MCMC pour simuler une loi de probabilité que quand l'espace d'états est trop grand pour que l'on puisse utiliser une méthode directe. Calculer explicitement les images de tous les éléments de l'ensemble E est donc exclu. Là intervient un point crucial de la méthode de Propp et Wilson. Dans la définition de Φ, on dispose d'une grande latitude. Rien ne dit en particulier que les images $(\Phi(i, U))$ doivent être des variables indépendantes. On pourra donc choisir Φ de manière à ce qu'il suffise que les images par $\Phi_1 \circ \cdots \circ \Phi_t$ de quelques états seulement coïncident, pour pouvoir affirmer que l'application est constante. L'adaptation de la méthode à toutes sortes de problèmes concrets a fait l'objet de nombreuses publications ces 5 dernières années (voir [103, 144]). Nous ne la développerons pas ici.

On pourrait penser qu'il aurait été plus naturel de composer les applications aléatoires à droite (vers le futur), plutôt qu'à gauche. On définirait ainsi une chaîne de Markov, $(G_t)_{t \in \mathbb{N}}$, à valeurs dans E^E, par $G_0 = G$, indépendante de la suite (U_t), et pour tout $t \geq 0$:

$$G_{t+1}(i) = \Phi(G_t(i), U_t) \, , \quad \forall i \in E \, .$$

Sous l'hypothèse (4.1), l'ensemble des applications constantes $\{f^{(i)} \, , \ i \in E\}$ est l'unique classe récurrente de cette chaîne de Markov. Le temps d'atteinte S de cette classe récurrente est encore presque sûrement fini. On pourrait s'attendre à ce que l'application constante G_M soit $f^{(i)}$ avec probabilité p_i. Ce n'est pas nécessairement le cas. Supposons par exemple qu'il existe un couple $(i, j) \in E$ tel que $p_{i,j} = 1$. On a alors :

$$\mathbb{P}_G[\, G_S = f^{(j)} \,] = 0 \, .$$

4.1.3 Mesures réversibles

La réversibilité est un cas très particulier de stationnarité.

Définition 4.2. *Soit $p = (p_i)_{i\in E}$ une mesure de probabilité sur E. On dit que p est une* mesure réversible *pour la chaîne de Markov de matrice de transition P, ou que la matrice P est* p-réversible, *si :*

$$p_i\, p_{ij} \;=\; p_j\, p_{ji}\;, \quad \forall i,j \in E\;. \tag{4.2}$$

Le livre de Kelly [32] est une bonne référence générale sur la réversibilité et ses applications. Observons tout d'abord qu'une mesure réversible est nécessairement stationnaire. En effet si on somme par rapport à j l'équation (4.2), on obtient :

$$p_i \;=\; \sum_{j\in E} p_j\, p_{ji}\;, \quad \forall i \in E\;,$$

qui est la condition de stationnarité.

Soit (X_t), $t \in \mathbb{N}$ une chaîne de matrice de transition P. Si p est une mesure réversible et si la loi de X_t est p, alors non seulement la loi de X_{t+1} est encore p (stationnarité), mais on a :

$$\mathbb{P}[X_t = i \text{ et } X_{t+1} = j] \;=\; \mathbb{P}[X_t = j \text{ et } X_{t+1} = i]\;.$$

C'est la raison pour laquelle on parle de mesure *réversible*. Soit P une matrice de transition p-réversible. Soient i et j deux états tels que $p_i > 0$ et $p_j = 0$. Alors $p_{ij} = 0$. Donc la restriction de P à l'ensemble des états i tels que $p_i > 0$ est encore une matrice de transition, qui est réversible par rapport à la restriction de p à son support. Quitte à réduire l'espace d'états, on peut donc se ramener au cas où la mesure réversible p est strictement positive ($p_i > 0, \forall i \in E$). C'est ce que nous supposerons désormais.

La condition de réversibilité (4.2) s'écrit sous une forme matricielle qui nous sera utile par la suite. Soit $p = (p_i)_{i\in E}$ une mesure de probabilité strictement positive sur E. Notons D la matrice diagonale dont le coefficient d'ordre (i,i) est $\sqrt{p_i}$.

$$D \;=\; Diag(\,(\sqrt{p_i}\,)\,,\; i \in E\,)\;.$$

On vérifie immédiatement que la matrice de transition P est p-réversible si et seulement si la matrice DPD^{-1} est symétrique.

Pour donner des exemples de chaînes admettant une mesure réversible, nous commençons par observer qu'on peut toujours "symétriser" une matrice de transition admettant p comme mesure stationnaire, pour la rendre p-réversible.

Proposition 4.1. *Soit P une matrice de transition et $p = (p_i)_{i\in E}$ une mesure stationnaire pour P, telle que pour tout i, $p_i > 0$. Soit P^* la matrice $D^{-2}\,{}^t\!PD^2$, et $Q = (P + P^*)/2$. Alors les matrices P^* et Q sont des matrices de transition, P^* est p-stationnaire et Q est p-réversible.*

La matrice P^* est celle de l'adjoint de l'opérateur de matrice P dans $L_2(p)$. Une matrice de transition P est p-réversible si l'opérateur est auto-adjoint dans $L_2(p)$. Par souci de simplicité, nous avons choisi de nous en tenir à une présentation matricielle élémentaire, même si beaucoup de résultats s'écrivent de manière beaucoup plus élégante avec le formalisme de l'analyse hilbertienne (voir [136]).

L'observation suivante est immédiate, mais elle contient bon nombre d'applications.

Proposition 4.2. *Supposons que P soit une matrice de transition symétrique, alors P admet la loi uniforme sur E comme mesure réversible.*

C'est le cas en particulier pour la marche aléatoire symétrique sur E, muni d'une structure de graphe non orienté (cf. 3.1.2).

Des critères pour vérifier si une matrice de transition donnée admet ou non une mesure réversible ont été donnés par Kolmogorov (voir [32]). Nous nous intéresserons plutôt ici à la construction d'une matrice de transition p-réversible, quand p est une mesure donnée. Voici une méthode générale.

Proposition 4.3. *Soit $Q = (q_{ij})$ une matrice de transition sur E, vérifiant :*

$$q_{ij} > 0 \implies q_{ji} > 0 \,, \quad \forall i,j \in E \,.$$

Soit $p = (p_i)_{i \in E}$ une loi de probabilité strictement positive sur E. Définissons la matrice de transition $P = (p_{ij})$ de la façon suivante : pour $i \neq j$,

$$\begin{aligned} p_{ij} &= q_{ij} \min\left\{ \frac{p_j\, q_{ji}}{p_i\, q_{ij}} \,,\ 1 \right\} \quad \textit{si } q_{ij} \neq 0 \,, \\ &= 0 \qquad\qquad\qquad\qquad\quad \textit{sinon} \,. \end{aligned} \tag{4.3}$$

Les coefficients diagonaux sont tels que la somme des éléments d'une même ligne vaut 1.
La matrice de transition P est p-réversible.

Observons que p peut n'être connue qu'à un coefficient de proportionnalité près, puisque la définition des p_{ij} ne fait intervenir que les rapports p_j/p_i.

Démonstration. Soient $i \neq j$ deux états. Supposons sans perte de géneralité que $p_j\, q_{ji} < p_i\, q_{ij}$. Alors $p_{ij} = p_j\, q_{ji}/p_i$ et $p_{ji} = q_{ji}$, de sorte que la condition de réversibilité (4.2) est satisfaite. □

On peut voir la proposition 4.3 comme une extension de la méthode de rejet qui permet de simuler une loi de probabilité quelconque à partir d'une autre. La matrice Q s'appelle *matrice de sélection*. L'algorithme correspondant porte le nom d'*algorithme de Metropolis*.

```
Initialiser X
t ⟵ 0
Répéter
```

```
    i ⟵ X
    choisir j avec probabilité q_ij
    ρ ⟵ (p_j * q_ji)/(p_i * q_ij)
    Si (ρ ≥ 1) alors
        X ⟵ j
    sinon
        Si (Random < ρ) alors
            X ⟵ j
        finSi
    finSi
    t ⟵ t+1
Jusqu'à (arrêt de la simulation)
```

Tel qu'il est écrit, cet algorithme n'est évidemment pas optimisé. Dans la plupart des applications, la matrice de transition Q est symétrique, ce qui simplifie le calcul du coefficient d'acceptation ρ (remarquer qu'il vaut mieux dans ce cas tester si $p_j < p_i$ avant de faire le calcul de ρ). Très souvent, l'espace des états est naturellement muni d'une structure de graphe déduite du contexte d'application, et on choisit alors pour Q la matrice de transition de la marche aléatoire symétrique sur ce graphe.

Exemple : Ensemble des stables d'un graphe.

Soit $G = (S, B)$ un graphe fini non orienté, dont S est l'ensemble des sommets et B l'ensemble des arêtes. On considère l'ensemble E des *stables* de ce graphe. Un sous-ensemble R de S est dit *stable* si :

$$\forall x, y \in R\,, \quad \{x, y\} \notin B\,.$$

L'algorithme suivant simule une chaîne de Markov irréductible et apériodique qui admet la loi uniforme sur E pour mesure réversible.

```
R ⟵ ∅
t ⟵ 0
Répéter
    choisir x au hasard dans S
    Si (x ∈ R)
        alors R ⟵ R \ {x}
        sinon
            Si (∀y ∈ R, {x,y} ∉ B)
                alors R ⟵ R ∪ {x}
            finSi
    finSi
    t ⟵ t + 1
Jusqu'à (arrêt de la simulation)
```

L'ensemble des stables E est un sous-ensemble de l'ensemble E' de tous les sous-ensembles de S. E' est naturellement muni d'une structure de graphe (hypercube), pour laquelle deux sous-ensembles sont voisins s'ils diffèrent en un seul élément. L'algorithme ci-dessus simule la marche aléatoire symétrique sur cet hypercube (à chaque pas on choisit un élément de S au hasard, on le rajoute à l'ensemble courant s'il n'y était pas, on le retranche sinon). Pour obtenir une marche aléatoire symétrique sur l'ensemble des stables, il suffit d'imposer la contrainte que l'on ne peut rajouter un élément x à R que si $R \cup \{x\}$ est encore stable.

Supposons maintenant que l'on veuille simuler la loi de probabilité sur E telle que la probabilité de tout stable R est donnée par :

$$p_R = \frac{1}{Z} \lambda^{|R|} ,$$

où λ est un réel strictement positif, et $Z = \sum_{R \in E} \lambda^{|R|}$. Il est inutile de calculer la constante de normalisation Z pour appliquer l'algorithme de Metropolis (proposition 4.3). Pour $\lambda > 1$, l'algorithme est le suivant (on le modifierait de manière évidente pour $\lambda < 1$).

```
R ←— ∅
t ←— 0
Répéter
    choisir x au hasard dans S
    Si (x ∈ R)
        alors
            Si (Random < 1/λ) alors R ←— R \ {x}
            finSi
        sinon
            Si (∀y ∈ R, {x,y} ∉ B)
                alors R ←— R ∪ {x}
            finSi
    finSi
    t ←— t + 1
Jusqu'à (arrêt de la simulation)
```

Dans la section suivante, nous décrivons une première application des méthodes MCMC au dénombrement de grands ensembles.

4.1.4 Dénombrement par chaîne de Markov

Ce qui suit s'inspire de Aldous [65, 66] (voir aussi [58, 125]).

Etant donné un domaine (ensemble fini ou bien ouvert connexe dans $\mathbb{R}^d$), les deux problèmes consistant d'une part à évaluer sa taille (cardinal ou bien volume d-dimensionnel) et d'autre part à simuler la loi uniforme sur ce domaine sont liés, et même équivalents au moins au sens de la complexité algorithmique. Une méthode générale pour la simulation de la loi uniforme sur un domaine D quelconque est la méthode de rejet. L'algorithme consiste à tirer au hasard dans un ensemble D' qui le contient et rejeter tous les tirages qui ne tombent pas dans D (cf. proposition 2.4). Le coût de cet algorithme est proportionnel au nombre de passages dans la boucle principale, qui suit la loi géométrique de paramètre $v(D)/v(D')$. Dans le cas d'un domaine de $\mathbb{R}^d$, le coût de la méthode de rejet croît exponentiellement avec la dimension de l'espace. Prenons comme exemple la boule unité de $\mathbb{R}^d$.

$$B_d = \{x = (x_i) \in \mathbb{R}^d ; \sum x_i^2 < 1\} .$$

Pour simuler la loi uniforme sur B_d, on peut l'inclure dans le cube C_d :

$$C_d = \{x = (x_i) \in \mathbb{R}^d ; \max |x_i| < 1\} .$$

Le coût de l'algorithme de rejet correspondant est proportionnel au rapport du volume de C_d à celui de B_d. Si d est pair, ce rapport vaut :

$$\frac{v(C_d)}{v(B_d)} = \frac{2^d\,(d/2)!}{\pi^{d/2}} .$$

Pour $d = 10$ et $d = 20$, on trouve respectivement $4\,10^2$ et $4\,10^7$.

Il n'existe pas d'algorithme connu pour simuler de manière exacte la loi uniforme sur un ensemble convexe borné K quelconque, avec un coût polynomial en la dimension de l'espace. Il n'en existe pas non plus pour calculer son volume.

Soit K un convexe borné de $\mathbb{R}^d$, h un pas de discrétisation et $K_h = K \cap h\mathbb{Z}^d$. On peut approcher le volume de K par $h^d|K_h|$, ce qui ramène le calcul de $v(K)$ à un problème de dénombrement. De même la loi uniforme sur K_h est une approximation de la loi uniforme sur K.

Nous avons vu (proposition 4.2) une méthode générale de simulation approchée pour la loi uniforme sur un ensemble fini E quelconque. Il s'agit de suivre pendant assez longtemps une chaîne de Markov sur E dont la matrice de transition soit irréductible et symétrique. Dans la pratique, on inclut l'ensemble E dans l'ensemble des sommets d'un graphe régulier (E', A) (par exemple $K_h \subset h\mathbb{Z}^d$). On simule alors la marche aléatoire symétrique sur (E', A), partant dans E, en ne conservant que les pas qui restent dans E.

```
Initialiser X
t ⟵ 0
Répéter
    i ⟵ X
    choisir j au hasard parmi les voisins de i dans E'
    Si (j ∈ E) alors X ⟵ j
    finSi
    t ⟵ t + 1
Jusqu'à (arrêt de la simulation)
```

C'est l'algorithme que nous avons utilisé pour l'ensemble des stables d'un graphe. On peut le voir comme un cas particulier de l'algorithme de Metropolis (proposition 4.3), ou comme une extension de la technique classique de rejet. Soit (X_t) la chaîne de Markov produite par l'algorithme ci-dessus. Comment l'utilise-t-on pour évaluer la taille de E ? Soit A un sous-ensemble de E. D'après le théorème 4.1, la proportion de temps que la chaîne passe dans A converge vers la probabilité de A pour la mesure réversible.

$$\lim_{T\to\infty} \frac{1}{T}\sum_{t=1}^{T} \mathbb{1}_A(X_t) = \frac{|A|}{|E|} . \tag{4.4}$$

Si le cardinal de A est connu ou a été calculé auparavant, on en déduira une évaluation du cardinal de E, à condition que le rapport $|A|/|E|$ ne soit pas trop petit. En pratique, on déterminera une suite emboîtée d'ensembles :

$$A_1 \subset A_2 \subset \cdots \subset A_k \subset E .$$

Le premier sous-ensemble A_1 est choisi de sorte qu'il puisse être dénombré exactement. Puis les rapports $|A_i|/|A_{i+1}|$ sont estimés par (4.4). On multiplie alors ces rapports pour en déduire une estimation de la taille de E.

4.1.5 Convergence vers une mesure réversible

En dehors de la simulation exacte du paragraphe 4.1.2, le moyen de simuler une mesure stationnaire est de suivre une chaîne de Markov pendant un nombre de pas suffisant pour que la mesure stationnaire soit à peu près atteinte. Le problème est de déterminer ce "nombre de pas suffisant". La question de la vitesse de convergence est d'une grande importance pratique. Elle n'est encore qu'imparfaitement résolue. Nous donnons quelques éléments de réponse dans le cas réversible (voir Saloff-Coste [136] pour plus de détails).

Nous considérons ici une matrice de transition P sur un ensemble fini E, admettant comme mesure réversible la mesure p, strictement positive sur E. Si (X_t) est une chaîne de Markov de matrice de transition P, partant de l'état i en $t = 0$, alors la loi de X_t est la i-ième ligne de la matrice P^t, que nous noterons $P_i^{(t)}$, son coefficient d'ordre j étant noté $p_{ij}^{(t)}$ (probabilité de transition de i à j en t pas). Notre but ici est d'étudier le comportement asymptotique de $P_i^{(t)}$.

Nous commençons par une description du spectre de P. Nous notons encore D la matrice diagonale :

$$D = Diag(\,(\sqrt{p_i}\,)\,,\ i \in E\,) .$$

La matrice DPD^{-1} est symétrique. Notons I la matrice identité sur E.

Proposition 4.4. *Les formes quadratiques de matrices $I - DPD^{-1}$ et $I + DPD^{-1}$ sont positives.*

Démonstration. La forme quadratique de matrice $I - DPD^{-1}$ associe au vecteur $u = (u_i)_{i \in E}$ la quantité :

$$\mathcal{Q}(u,u) = {}^t u \,(I - DPD^{-1})\, u = \frac{1}{2} \sum_{i,j \in E} p_i p_{ij} \left(\frac{u_i}{\sqrt{p_i}} - \frac{u_j}{\sqrt{p_j}} \right)^2 . \qquad (4.5)$$

La forme quadratique de matrice $I + DPD^{-1}$ associe au vecteur $u = (u_i)_{i \in E}$ la quantité :

$$\mathcal{Q}'(u,u) = {}^t u \,(I + DPD^{-1})\, u = \frac{1}{2} \sum_{i,j \in E} p_i p_{ij} \left(\frac{u_i}{\sqrt{p_i}} + \frac{u_j}{\sqrt{p_j}} \right)^2 . \qquad (4.6)$$

Théorème 4.3. *Soit P une matrice de transition p-réversible. Alors :*

1. *Les valeurs propres de la matrice P sont toutes réelles et comprises entre -1 et 1.*
2. *La valeur propre 1 est simple si et seulement si :*

$$\forall i,j \in E \,,\ \exists k_1, \ldots , k_\ell \in E \,, \quad p_{ik_1} p_{k_1 k_2} \cdots p_{k_\ell j} > 0 \,. \qquad (4.7)$$

3. *Si l'un des coefficients diagonaux p_{ii} de P est non nul, et si* (4.7) *est vrai, alors -1 n'est pas valeur propre de P.*

Ces propriétés du spectre des matrices de transition réversibles sont des cas particuliers des propriétés plus générales qui sont à la base du théorème 4.1. L'hypothèse de réversibilité permet d'en donner une démonstration élémentaire.

Démonstration. Comme DPD^{-1} est symétrique, ses valeurs propres sont toutes réelles, et ce sont celles de P. Les valeurs propres de $I - DPD^{-1}$ et de $I + DPD^{-1}$ sont positives ou nulles (proposition 4.4). Donc celles de P sont comprises entre -1 et 1. Un vecteur u non nul annule (4.5) si et seulement si pour tout couple i,j tel que $p_{ij} > 0$, on a :

$$\frac{u_i}{\sqrt{p_i}} = \frac{u_j}{\sqrt{p_j}} \,.$$

L'ensemble des vecteurs u vérifiant ceci est de dimension 1 si et seulement si tout état i est relié à tout autre état j par une suite de transitions, de probabilités strictement positives (propriété (4.7)), c'est-à-dire si la matrice de transition est *irréductible*.

Supposons que la forme quadratique (4.6) s'annule pour un vecteur u. Pour tout i tel que $p_{ii} > 0$, on doit avoir $u_i = 0$, mais aussi $u_j = 0$ pour tout j tel que $p_{ij} > 0$. Supposons que (4.7) soit vrai, alors le vecteur u doit être nul. Donc la forme quadratique (4.6) est strictement positive et -1 n'est pas valeur propre de P. Si (4.7) est vrai et si -1 est valeur propre, P est *périodique* de période 2. C'est la seule période possible dans le cas réversible. Dans le cas contraire, on dit que la chaîne (ou sa matrice de transition) est *apériodique*. □

Nous supposerons désormais que P est irréductible et apériodique. Dans ce cas, 1 est valeur propre simple de P, et toutes les autres valeurs propres sont strictement comprises entre -1 et 1. De plus p est la seule mesure stationnaire de la chaîne.

Notons d le cardinal de E et (λ_ℓ), $\ell = 1, \ldots, d$ les valeurs propres de P, rangées par ordre décroissant, avec leur multiplicité.

$$\lambda_1 = 1 > \lambda_2 \geq \cdots \geq \lambda_d > -1 .$$

Les matrices symétriques DP^tD^{-1} sont diagonalisables dans une même base orthonormée de vecteurs propres. Soit (ϕ_ℓ), $\ell = 1, \ldots, d$ une telle base, où ϕ_ℓ est un vecteur propre associé à λ_ℓ. Pour ϕ_1 on choisira :

$$\phi_1 = (\sqrt{p_j})_{j \in E} .$$

Pour tout couple (u, v) de vecteurs de $\mathbb{R}^d$, on a :

$$^t u \, DP^tD^{-1} \, v = \sum_{\ell=1}^{d} {}^t u\phi_\ell \, {}^t v\phi_\ell \, \lambda_\ell^t . \tag{4.8}$$

Comme cas particulier, on obtient le résultat suivant.

Proposition 4.5.

$$p_{ij}^{(t)} = p_j + \frac{\sqrt{p_j}}{\sqrt{p_i}} \sum_{\ell=2}^{d} \phi_\ell(i)\phi_\ell(j) \, \lambda_\ell^t . \tag{4.9}$$

Démonstration. Il suffit d'appliquer (4.8) à :

$$u = \frac{1}{\sqrt{p_i}} \mathbb{1}_{\{i\}} \quad \text{et} \quad v = \sqrt{p_j} \mathbb{1}_{\{j\}} .$$

La formule (4.9) précise le point *2* du théorème 4.1 : elle entraîne que la suite des matrices P^t converge à vitesse exponentielle vers la matrice dont toutes les lignes sont égales à ${}^t p$. Autrement dit, quel que soit le point de départ de la chaîne (valeur de X_0), la loi de X_t converge vers la mesure réversible p. De plus, pour s fixé et t tendant vers l'infini, les variables aléatoires X_s et X_{s+t} sont asymptotiquement indépendantes. Le problème dans les applications est d'évaluer précisément la valeur de t à partir de laquelle on peut considérer avec une marge d'erreur fixée que la loi de X_t est p, ou que X_s et X_{s+t} sont indépendantes. La formule (4.9) n'est pas d'un grand secours car, sauf cas très particulier, on ne peut pas diagonaliser explicitement la matrice DPD^{-1}. Il existe dans la littérature de nombreuses majorations, qui expriment en substance la même idée de convergence à vitesse exponentielle vers la mesure d'équilibre, que ce soit dans le cas réversible ou dans le cas général, pour des chaînes à temps discret ou à temps continu (voir Saloff-Coste [136] ou Diaconis et Saloff-Coste [98]). Plusieurs notions de distance permettent de mesurer l'écart entre la loi de la chaîne à l'instant t et sa mesure réversible. Nous n'utiliserons que deux d'entre elles, la distance en variation totale et la distance du khi-deux. La distance en variation totale entre $P_i^{(t)}$ et p est :

$$\| P_i^{(t)} - p \| = \max_{F \subset E} |P_i^{(t)}(F) - p(F)| = \frac{1}{2} \sum_{j \in E} |P_i^{(t)}(j) - p_j| \,. \tag{4.10}$$

La distance du khi-deux est :

$$\chi(P_i^{(t)}, p) = \sum_{j \in E} \frac{(P_i^{(t)}(j) - p_j)^2}{p_j} \,. \tag{4.11}$$

Par l'inégalité de Cauchy-Schwarz, on a :

$$\|P_i^{(t)} - p\| \le \frac{1}{2} (\chi(P_i^{(t)}, p))^{1/2} \,. \tag{4.12}$$

La proposition suivante donne la majoration la plus simple pour la distance du khi-deux. Nous utiliserons plutôt la distance en variation totale au paragraphe 4.1.6.

Proposition 4.6. *Soit p une mesure de probabilité strictement positive sur E et P une matrice de transition irréductible apériodique et p-réversible. Soient λ_ℓ , $\ell = 1, \ldots, d$ les valeurs propres de P rangées par ordre décroissant et :*

$$\alpha \; = \; \max\{|\lambda_\ell| \,,\; \ell = 2, \ldots, d\} \; < \; 1 \,.$$

Alors :

$$\chi(P_i^{(t)}, p) \; \le \; \frac{1}{p_i} \alpha^{2t} \,. \tag{4.13}$$

Démonstration. Ecrivons (4.9) sous la forme suivante :

$$\sqrt{p_j} \left(\frac{p_{ij}^{(t)}}{p_j} - 1 \right) \; = \; \frac{1}{\sqrt{p_i}} \sum_{\ell=2}^{d} \phi_\ell(i) \phi_\ell(j) \, \lambda_\ell^t \,.$$

Ceci est la j-ième coordonnée d'un vecteur de $\mathbb{R}^d$ dont les coordonnées dans la base (ϕ_ℓ) sont :

$$\frac{1}{\sqrt{p_i}}\,\phi_\ell(i)\lambda_\ell^t\,, \quad \ell = 2,\dots,d\,.$$

Comme la base (ϕ_ℓ) est orthonormée, le carré de la norme de ce vecteur vaut :

$$\sum_{j\in E} p_j \left(\frac{p_{ij}^{(t)}}{p_j} - 1\right)^2 = \frac{1}{p_i}\sum_{\ell=2}^{d} \phi_\ell^2(i)\;\lambda_\ell^{2t}\,. \tag{4.14}$$

En majorant chacun des facteurs λ_ℓ^{2t} par α^{2t}, on obtient :

$$\begin{aligned}\chi(P_i^{(t)}, p) &\leq \frac{1}{p_i}\alpha^{2t}\sum_{\ell=2}^{d}\phi_\ell^2(i)\\ &\leq \frac{1}{p_i}\alpha^{2t}\,.\end{aligned}$$

Voici une autre inégalité du même type, pour l'espérance d'une fonction quelconque de X_t.

Proposition 4.7. *Avec les hypothèses de la proposition* 4.6, *soit f une application de E dans $\mathbb{R}$. Notons :*

$$\mathbb{E}_p[f] = \sum_{j\in E} f(j)p_j \quad \text{et} \quad Var_p[f] = \sum_{j\in E}(f(j) - \mathbb{E}_p[f])^2 p_j\,.$$

Soit $(X_t), t \in \mathbb{N}$ une chaîne de Markov de matrice de transition P. Alors pour tout $i \in E$ et tout $t \in \mathbb{N}$, on a :

$$\Big(\mathbb{E}[f(X_t)\,|\,X_0 = i] - \mathbb{E}_p[f]\Big)^2 \leq \frac{1}{p_i}\alpha^{2t}\,Var_p[f]\,. \tag{4.15}$$

Démonstration. Appliquons (4.8) aux vecteurs u et v, où u est le vecteur $\mathbb{1}_{\{i\}}/\sqrt{p_i}$, et $v = (v_j)_{j\in E}$ est défini par :

$$v_j = \sqrt{p_j}(f(j) - \mathbb{E}_p[f])\,.$$

Alors :

$${}^t u\, DP^t D^{-1}\, v = \sum_{j\in E} p_{ij}^{(t)}\Big(f(j) - \mathbb{E}_p[f]\Big) = \mathbb{E}[f(X_t)\,|\,X_0 = i] - \mathbb{E}_p[f]\,.$$

Mais aussi :

$$\begin{aligned}{}^t u\, DP^t D^{-1}\, v &= \sum_{\ell=1}^{d} {}^t u\phi_\ell\, {}^t v\phi_\ell\, \lambda_\ell^t\\ &= 0 + \sum_{\ell=2}^{d}\frac{\phi_\ell(i)}{\sqrt{p_i}}\,{}^t v\phi_\ell\,\lambda_\ell^t\,.\end{aligned}$$

Par l'inégalité de Cauchy-Schwarz, on obtient :

$$\begin{aligned}\Big(\mathbb{E}[f(X_t)\,|\,X_0=i]-\mathbb{E}_p[f]\Big)^2 &\le \sum_{\ell=2}^{d}\frac{\phi_\ell^2(i)}{p_i}\lambda_\ell^{2t}\sum_{\ell=2}^{d}({}^t v\phi_\ell)^2\\ &\le \frac{1}{p_i}\alpha^{2t}\sum_{\ell=1}^{d}\phi_\ell^2(i)\sum_{\ell=1}^{d}({}^t v\phi_\ell)^2\,.\end{aligned}$$

Dans cette dernière relation, la première somme vaut 1 (la matrice $(\phi_\ell(i))_{i,\ell}$ est orthogonale), et la seconde vaut :

$$\|v\|^2 \;=\; \sum_{j\in E} p_j\,(f(j)-\mathbb{E}_p[f])^2 \;=\; Var_p[f]\,.$$

En général, l'espace d'états E est très grand, et on ne cherche pas à estimer simultanément toutes les probabilités p_j. On souhaite par contre estimer l'espérance d'une fonction f de la chaîne à l'équilibre (par exemple une fonction de coût). Au vu du point *3* du théorème 4.1, il paraît naturel d'estimer $\mathbb{E}_p[f]$ par une moyenne des valeurs prises par f sur une trajectoire de la chaîne, suivie suffisamment longtemps, puisque :

$$\lim_{T\to\infty}\frac{1}{T}\sum_{t=0}^{T-1} f(X_t) \;=\; \mathbb{E}_p[f]\,,\quad \text{p.s.} \tag{4.16}$$

Les quantités $\mathbb{E}_p[f]$ et $Var_p[f]$ sont l'espérance et la variance de f sous la mesure réversible, c'est-à-dire les limites de $\mathbb{E}[f(X_t)]$ et $Var[f(X_t)]$ quand t tend vers l'infini. En pratique, la simulation de la chaîne part d'un état i fixé, et on cherche à savoir au bout de combien de temps l'équilibre est atteint avec une précision donnée. Les propositions 4.6 et 4.7 montrent que ce temps est d'autant plus court que α est loin de 1. Malheureusement, on ne connaît pas en général la valeur de α. On est alors amené à en donner des majorations, et de nombreuses techniques ont été inventées pour cela. Nous ne développerons pas cet aspect, pour lequel nous renvoyons à [98, 136]. Pour appliquer (4.16), il faut pouvoir estimer l'erreur commise quand on remplace $\mathbb{E}_p[f]$ par la moyenne empirique des $f(X_t)$. Dans le cas de variables indépendantes, nous disposons du théorème central limite pour calculer des intervalles de confiance. Un théorème central limite est vrai pour la suite $(f(X_t))$ (voir [14] p. 94). Mais la variance asymptotique, qui détermine l'amplitude des intervalles de confiance, n'est pas $Var_p[f]$. Elle est en général impossible à calculer, et peut être très grande. Se pose d'autre part le problème de déterminer la valeur de T pour laquelle on peut considérer avec une bonne approximation que la moyenne des $f(X_t)$, $t = 0,\ldots,T-1$ est distribuée suivant une loi normale. Il est intuitivement clair qu'on a peu de chances d'obtenir de bons résultats si la chaîne n'a pas atteint son état d'équilibre bien avant T. On devrait donc effectuer une moyenne des valeurs $f(X_t)$ sur un échantillon de très grande taille, ce qui serait extrêmement coûteux.

Ce n'est pas ainsi que l'on procède en pratique. On fait partir la chaîne d'une valeur X_0 quelconque, et on la laisse d'abord évoluer pendant un nombre de pas t_0, suffisant pour que l'on puisse considérer que l'équilibre est atteint. C'est le ***préchauffage***. Puis on continue en évaluant la fonction f à des instants séparés par t_1 pas, où t_1 est suffisamment long pour que les variables aléatoires évaluées en ces instants puissent être considérées comme indépendantes (en général on choisit t_1 plus court que t_0). On observe donc en fait n valeurs extraites de la suite $(f(X_t))$:

$$\left(f(X_{t_0+kt_1})\right), \quad k = 0, \dots, n-1 .$$

On estimera $\mathbb{E}_p[f]$ par la moyenne de ces n valeurs, considérées comme des variables aléatoires indépendantes de moyenne $\mathbb{E}_p[f]$ et de variance $Var_p[f]$. Pour déterminer la précision de l'estimation, on applique la technique classique des intervalles de confiance. Bien que plusieurs heuristiques aient été proposées (voir le chapitre 6 de Robert [52]), peu de résultats rigoureux permettent une détermination claire de t_0 et t_1. Dans la section suivante, nous étudions la méthode consistant à exécuter en parallèle n copies indépendantes de la chaîne.

4.1.6 Convergence abrupte d'un échantillon

Ce qui suit est issu de [148, 149, 150], où figurent les démonstrations des résultats. Nous supposons toujours que l'objectif est d'obtenir un échantillon de taille n d'une loi de probabilité p, qui est réversible pour une matrice de transition P, irréductible et apériodique. L'idée ici est de simuler en parallèle n copies indépendantes d'une chaîne de Markov de matrice de transition P, partant toutes du même état $i \in E$. On simule alors une "chaîne-échantillon" $\{X^{(t)}\} = \{(X_1^{(t)}, \dots, X_n^{(t)})\}$ sur E^n, à coordonnées indépendantes, telle que :

$$(X_1^{(0)}, \dots, X_n^{(0)}) = (i, \dots, i) = \tilde{\imath} \in E^n .$$

La probabilité de transition de $(i_1, \dots, i_n)$ à $(j_1, \dots, j_n)$ est :

$$p_{i_1 j_1} \cdots p_{i_n j_n} .$$

Notons $\tilde{P}_{\tilde{\imath}}^{(t)}$ la loi de la chaîne-échantillon à l'instant t, $\tilde{p}$ sa mesure d'équilibre, et $||\tilde{P}_{\tilde{\imath}}^{(t)} - \tilde{p}||$ la distance en variation totale entre les deux.

$$||\tilde{P}_{\tilde{\imath}}^{(t)} - \tilde{p}|| = \max_{F \subset E^n} |\tilde{P}_{\tilde{\imath}}^{(t)}(F) - \tilde{p}(F)| .$$

Nous notons encore α la valeur absolue de la valeur propre de P la plus proche de 1, comme dans les propositions 4.6 et 4.7. Le résultat principal de [148] est le suivant.

Théorème 4.4. *Soit c une constante positive.*

1. Si :

$$t > \frac{\log n + c}{2\log 1/\alpha},$$

alors :

$$\|\tilde{P}_{i}^{(t)} - \tilde{p}\| < \frac{1}{2}\left(-1 + \exp\left(\frac{e^{-c}}{p_i}\right)\right)^{1/2}.$$

2. Supposons que $w(i) = \sum_{\ell:\,|\alpha_\ell|=\alpha} v_\ell^2(i) > 0$ *et qu'il existe* $n_0 > 0$ *tel que pour* $n > n_0$ *:*

$$t < \frac{\log n - c}{2\log(1/\alpha)},$$

alors :

$$\|\tilde{P}_{i}^{(t)} - \tilde{p}\| > 1 - 4\exp\left(\frac{-e^{c}w^2(i)}{8p_i(1-p_i)}\right).$$

En d'autres termes, la chaîne-échantillon converge d'une manière très abrupte. Peu avant l'instant $\frac{\log n}{2\log(1/\alpha)}$, elle est encore très loin de l'équilibre. Immédiatement après, elle s'en rapproche exponentiellement vite. Paradoxalement, on peut donc dire que l'équilibre est atteint non pas quand t tend vers l'infini, mais à l'instant (déterministe) $\frac{\log n}{2\log(1/\alpha)}$. Si le but est d'obtenir un échantillon de taille n de la loi p, c'est-à-dire une réalisation de $\tilde{p}$, on doit simuler la chaîne-échantillon jusqu'à l'instant de convergence, et il est essentiellement inutile de la simuler beaucoup plus longtemps. Cependant l'instant de convergence s'exprime à l'aide de la valeur α, qui dépend du spectre de P, et est donc inconnue en général. Il existe cependant plusieurs moyens de détecter cet instant de convergence, en utilisant les propriétés statistiques de l'échantillon que l'on est en train de simuler.

Soit f une fonction d'état, définie sur E à valeurs dans $\mathbb{R}$. Rappelons qu'en général, le but de la simulation est l'évaluation de l'espérance d'une telle fonction sous la mesure p. Considérons la moyenne empirique de f à l'instant t :

$$S_i^{(t)}(f) = \frac{1}{n}\sum_{m=1}^{n} f(X_m^{(t)}).$$

Quand n tend vers l'infini, et pour t supérieur à l'instant de convergence $\frac{\log n}{2\log(1/\alpha)}$, cette moyenne empirique converge vers $\langle f, p\rangle = \sum_{j\in E} f(j)p_j$. On espère que $S_i^{(t)}(f)$ ne sera proche de $\langle f, p\rangle$ qu'à l'instant de convergence, permettant ainsi de le détecter. Il existe plusieurs manières de formaliser cette intuition. Nous commençons par la plus simple, le *temps d'atteinte.*

Définition 4.3. *Supposons* $f(i) < \langle f, p\rangle$*. Le* temps d'atteinte *associé à i et f est la variable aléatoire* $T_i(f)$ *définie par :*

$$T_i(f) = \inf\{\, t \geq 0 \;:\; S_i^{(t)}(f) \geq \langle f, p\rangle \,\}.$$

Au vu du théorème 4.4, il est naturel de s'attendre à ce que $T_i(f)$ soit proche de l'instant de convergence. C'est le cas lorsque $\langle f, P_i^{(t)} \rangle$ est une fonction croissante du temps.

Proposition 4.8. *Supposons que i et f soient tels que :*

- $w_i(f) = \sum_{\ell:\,|\alpha_\ell|=\alpha} \sum_{j\in E} f(j) \frac{\sqrt{p_j}}{\sqrt{p_i}} v_\ell(i)\, v_\ell(j) \neq 0$,
- $\langle f, P_i^{(t)} \rangle$ *est une fonction croissante de t.*

Alors :

$$T_i(f) \left(\frac{\log(n)}{2\log(1/\alpha)} \right)^{-1} ,$$

tend vers 1 *en probabilité quand n tend vers l'infini.*

En d'autres termes, $\log(n)/(2T_i(f))$ est un estimateur consistant de $\log(1/\alpha)$. L'hypothèse cruciale de cette proposition est que l'espérance de f sous $P_i^{(t)}$ est une fonction croissante de t. Dans certains cas (processus de naissance et mort, systèmes de spin) des résultats de monotonie stochastique permettent de vérifier cette hypothèse a priori. Mais en pratique, on dispose de très peu de renseignements sur P et p, et les hypothèses de la proposition 4.8 ne peuvent pas être validées. Pire encore, l'espérance de f sous p ne peut pas être calculée, et c'est précisément le but de la simulation que de l'évaluer. Le temps de mélange, défini ci-dessous, est une réponse à ce problème.

Définition 4.4. *Soient i_1 et i_2 deux éléments de E tels que : $f(i_1) < \langle f, p \rangle < f(i_2)$. Soient $S_{i_1}^{(t)}(f)$ et $S_{i_2}^{(t)}(f)$ les moyennes empiriques de f calculées sur deux échantillons indépendants de tailles n_1 et n_2, partant avec toutes leurs coordonnées égales à i_1 et i_2 respectivement. Le* temps de mélange *associé à i_1, i_2 et f est la variable aléatoire $T_{i_1 i_2}(f)$ définie par :*

$$T_{i_1 i_2}(f) = \inf\{\, t \geq 0 \ : \ S_{i_1}^{(t)}(f) \geq S_{i_2}^{(t)}(f) \,\} .$$

L'avantage du temps de mélange est qu'il n'est pas nécessaire de connaître la valeur de $\langle f, p \rangle$ pour le définir. Il vérifie un résultat de convergence analogue au temps d'atteinte.

Proposition 4.9. *Supposons que i_1 i_2 et f soient tels que :*

- *Au moins une des deux quantités $w_{i_1}(f)$ et $w_{i_2}(f)$ est non nulle.*
- $\langle f, P_{i_1}^{(t)} \rangle$ *est une fonction croissante de t.*
- $\langle f, P_{i_2}^{(t)} \rangle$ *est une fonction décroissante de t.*

Alors :

$$T_{i_1 i_2}(f) \left(\frac{\log(n_1 + n_2)}{2\log(1/\alpha)} \right)^{-1} ,$$

tend vers 1 *en probabilité quand n_1 et n_2 tendent vers l'infini.*

La méthode proposée se résume donc ainsi. Il faut d'abord choisir une fonction d'état f. En pratique, ce choix s'impose souvent naturellement. Si la valeur cible $\langle f, p\rangle$ est connue, et que le problème est de simuler une réalisation de $\tilde{p}$, il suffit de choisir un état initial i tel que $S_i^{(t)}(f)$ soit monotone en moyenne, puis de simuler la chaîne échantillon jusqu'à ce que $S_i^{(t)}(f)$ atteigne la valeur cible. Dans la plupart des applications cependant, $\langle f, p\rangle$ est inconnu, et l'objectif est précisément d'en calculer une estimation. Il faut alors choisir deux états initiaux i_1 et i_2, et simuler deux chaînes-échantillons indépendantes, une partant de i_1, l'autre de i_2, jusqu'au premier instant où les deux moyennes empiriques $S_{i_1}^{(t)}(f)$ et $S_{i_2}^{(t)}(f)$ coïncident. Le théorème 4.4 montre que le nombre total de pas sera de l'ordre de $n \log n$, pour obtenir un échantillon de taille n.

La critique principale que l'on peut faire à la méthode proposée, est qu'elle repose sur des résultats asymptotiques, pour une taille d'échantillon tendant vers l'infini et un espace d'états fixé. Or en pratique la taille de l'échantillon, de l'ordre de quelques centaines, est bien inférieure à celle de l'espace d'états. L'expérience montre que la méthode peut quand même donner des résultats satisfaisants dans ce cas.

Pour l'illustrer, voici une application à des échantillons de taille 100 d'ensembles stables sur des graphes lignes. Le graphe $G = (S, B)$ a pour ensemble de sommets $S = \{1, \ldots, s\}$ et pour ensemble d'arêtes $B = \{\, \{w, w+1\}\,,\, w = 1, \ldots, s-1\,\}$. L'espace d'états E est l'ensemble des stables du graphe G, dont le cardinal est le s-ième terme d'une suite de Fibonacci (voir [108]). La mesure p est la loi uniforme sur E et la matrice de transition est celle de la marche aléatoire symétrique sur E définie par l'algorithme donné en exemple dans la section 4.1.3. Deux fonctions d'états sur E, f_1 et f_2, ont été considérées. La première est l'indicatrice des ensembles contenant le premier sommet.

$$f_1(R) = 1 \text{ si } 1 \in R\,,\ 0 \text{ sinon}\,.$$

La seconde est la taille d'un ensemble stable.

$$f_2(R) = |R|\,.$$

L'espérance de f_1 et f_2 sous la loi uniforme p se calculent explicitement. Le tableau 4.1 donne les valeurs exactes de $|E|$ et $\langle f_2, p\rangle$ pour s de 10 à 100. La valeur de $\langle f_1, p\rangle$ converge exponentiellement vite vers $(3-\sqrt{5})/2 = 0.381966$. Des échantillons de taille 100 ont été engendrés, en utilisant les temps de mélange comme test d'arrêt. Aucune assurance ne peut être donnée quant aux hypothèses de la proposition 4.9. Dans une première série d'expériences, le test d'arrêt était basé sur f_1. Les 50 premières coordonnées de l'échantillon étaient initialisées à l'ensemble vide, les 50 suivantes, à l'ensemble formé du seul point 1. Donc les valeurs initiales de $S_{i_1}^{(0)}(f_1)$ et $S_{i_2}^{(0)}(f_1)$ étaient 0 et 1 respectivement. La simulation a été arrêtée au temps de mélange $T_{i_1 i_2}(f_1)$. Pour valider l'échantillon obtenu, l'espérance de f_2 sous p a été estimée par la taille moyenne des 100 ensembles de l'échantillon à cet instant. L'expérience a été répété 100 fois pour chaque $s = 10, 20, \ldots, 100$, la moyenne et l'écart-type

s	$\|E\|$	$\langle f_2, p\rangle$
10	144	2.9167
20	17711	5.6807
30	2.1783 10^6	8.4446
40	2.6791 10^8	11.2085
50	3.2951 10^{10}	13.9724
60	4.0527 10^{12}	16.7364
70	4.9845 10^{14}	19.5003
80	6.1306 10^{16}	22.2642
90	7.5401 10^{18}	25.0282
100	9.2737 10^{20}	27.7921

Tableau 4.1 – Nombre de stables et taille moyenne d'un stable de loi uniforme pour le graphe ligne à s sommets.

étant calculés sur les 100 répétitions. Les résultats figurent dans le tableau 4.2. Bien que les temps de mélange aient été très courts, la taille moyenne est correctement estimée (comparer avec le tableau 4.1).

s	temps de mélange *(moyenne)*	temps de mélange *(écart-type)*	taille estimée *(moyenne)*	taille estimée *(écart-type)*
10	21.00	8.70	2.92	0.11
20	39.32	18.34	5.63	0.17
30	60.65	25.83	8.36	0.18
40	81.90	32.67	11.13	0.21
50	102.59	39.96	13.86	0.23
60	129.12	49.88	16.61	0.27
70	136.36	58.18	19.25	0.41
80	148.28	56.86	22.04	0.42
90	187.13	67.89	24.86	0.39
100	203.90	77.24	27.55	0.50

Tableau 4.2 – Résultats expérimentaux pour 100 échantillons de 100 stables sur le graphe ligne à s sommets. Temps de mélange et taille moyenne des stables.

Dans la série d'expériences suivante, les rôles de f_1 et f_2 étaient inversés. Le temps de mélange était basé sur f_2, et l'échantillon était utilisé pour estimer la probabilité de contenir le premier sommet : $\langle f_1, p\rangle$. La moitié de l'échantillon était initialisée à l'ensemble vide, l'autre moitié à l'ensemble $\{1, \ldots, s\}$ tout entier. L'expérience était répétée 100 fois, comme précédemment. Les résultats figurent dans le tableau 4.3. La probabilité de contenir le premier sommet (valeur théorique $\simeq 0.382$) est correctement estimée, avec un écart-type faible sur les 100 répétitions.

s	temps de mélange *(moyenne)*	temps de mélange *(écart-type)*	fréquence sommet 1 *(moyenne)*	fréquence sommet 1 *(écart-type)*
10	22.40	4.74	0.382	0.047
20	46.87	8.89	0.381	0.051
30	74.93	13.64	0.381	0.046
40	103.15	21.10	0.381	0.049
50	128.58	21.75	0.379	0.046
60	160.87	23.66	0.381	0.051
70	188.19	29.03	0.377	0.046
80	216.77	34.82	0.375	0.047
90	251.17	39.18	0.380	0.048
100	284.23	49.59	0.377	0.049

Tableau 4.3 – Résultats expérimentaux pour 100 échantillons de 100 stables sur le graphe ligne à s sommets. Temps de mélange et fréquence des stables contenant le premier sommet.

4.2 Recuit simulé

Les algorithmes de recuit simulé sont destinés à des problèmes de minimisation difficiles, au sens où une recherche systématique est rendue impossible par la taille de l'espace, et où la fonction à minimiser a un très grand nombre de minima locaux que l'on souhaite éviter pour trouver le minimum global. Ces algorithmes ont été testés sur tous les problèmes d'optimisation célèbres, et appliqués dans de nombreux contextes. Une importante littérature s'est développée autour de leurs performances et des résultats théoriques permettant de les justifier (voir par exemple les articles de Catoni [83, 84, 85]). Ce qui suit s'inspire de [70, 78, 98].

4.2.1 Mesures de Gibbs

Définition 4.5. *Soit E un ensemble fini et $p = (p_i)_{i\in E}$ une loi de probabilité strictement positive sur E. L'*entropie *de p est la quantité :*

$$H(p) \;=\; -\sum_{i\in E} p_i \log p_i \,.$$

L'entropie est une mesure de l'incertitude, du manque d'information lié à la loi p. En vertu d'un principe fondamental en physique, on choisit comme modèles des lois de probabilité d'entropie maximale. En l'absence de toute information, la loi qui maximise l'entropie est la loi uniforme sur E (incertitude maximale). L'entropie est minimale (et vaut 0) si l'un des p_i vaut 1 et les autres 0 (aucune incertitude).

De fait en physique, à chaque état i d'un système est associée une énergie $f(i)$. On suppose connue en fonction des conditions extérieures, par estimation ou mesure, l'énergie moyenne du système.

$$\mathbb{E}_p[f] = \sum_{i \in E} f(i) p_i \, .$$

A énergie moyenne constante, la loi qui maximise l'entropie est de la forme :

$$p_i = a \exp(bf(i)) \, , \quad \forall i \in E \, ,$$

où a et b sont deux constantes. (Ceci se démontre facilement par le théorème des multiplicateurs de Lagrange.) Cette relation entre probabilités et énergies s'appelle la *loi de Boltzmann*. Les physiciens donnent une signification aux constantes a et b.

Définition 4.6. *On appelle* mesure de Gibbs *associée à la fonction d'énergie f à température $T > 0$ la loi de probabilité $p^T = (p_i^T)_{i \in E}$ telle que :*

$$p_i^T = \frac{1}{Z(T)} \exp\left(-\frac{1}{T} f(i)\right) \, , \quad \forall i \in E \, ,$$

où la constante de normalisation est :

$$Z(T) = \sum_{i \in E} \exp\left(-\frac{1}{T} f(i)\right) \, .$$

Les mesures de Gibbs ont la particularité de se concentrer, à basse température, sur les états d'énergie minimale.

Proposition 4.10. *Soit f une fonction d'énergie de E dans $\mathbb{R}$ et p^T la mesure de Gibbs associée à f à température T. Soit $E_{min} = \{i \in E \, : \, f(i) \leq f(j) \; \forall j \in E\}$. Alors :*

$$\lim_{T \to 0^+} p_i^T = \frac{1}{|E_{min}|} \mathbb{1}_{E_{min}}(i) \, .$$

Au vu de la proposition ci-dessus, il est naturel, pour minimiser la fonction f, de chercher à simuler la loi p^T pour une température T suffisamment basse. Les valeurs de f sur les états obtenus par une telle simulation seront proches de la valeur minimale de f sur E.

La constante de normalisation $Z(T)$ de la définition 4.6 est en général impossible à calculer. Heureusement, il est inutile de la connaître pour simuler une mesure de Gibbs (proposition 4.3). Supposons, comme c'est en général le cas, que E soit muni d'une structure de graphe connexe non orienté. L'algorithme de Metropolis (cf. 4.1.3) est le suivant.

```
Initialiser X
n ⟵ 0
```

```
Répéter
    i ⟵ X
    choisir j au hasard parmi les voisins de i
    Si (f(j) ≤ f(i))
        alors X ⟵ j
        sinon
            Si (Random < exp((f(i) − f(j))/T)) alors X ⟵ j
            finSi
    finSi
    n ⟵ n+1
Jusqu'à (arrêt de la simulation)
```

On peut voir cet algorithme comme une sorte de recherche locale, ou de descente de gradient, dont les pas qui vont vers les basses valeurs de la fonction sont automatiquement effectués. S'il n'y avait que ceux-là, l'algorithme risquerait de rester piégé dans des minima locaux de la fonction f. (Un état i est un minimum local si $f(i) \leq f(j)$ pour tous les voisins j de i sur le graphe). Pour sortir de ces pièges, on autorise l'algorithme à effectuer des pas dans la mauvaise direction, avec une faible probabilité. Le problème est que à trop basse température, la probabilité des pas vers le haut est très faible, et l'algorithme peut rester piégé très longtemps autour de minima locaux un tant soit peu profonds.

4.2.2 Schémas de température

Le mot *recuit* (annealing) désigne une opération consistant à fondre, puis laisser refroidir lentement un métal pour améliorer ses qualités. L'idée physique est qu'un refroidissement trop brutal peut bloquer le métal dans un état peu favorable. C'est cette même idée qui est à la base du recuit simulé. Pour éviter que l'algorithme ne reste piégé dans des minima locaux, on fait en sorte que la température $T = T(n)$ décroisse lentement en fonction du pas d'itération. L'ensemble E est supposé muni, comme précédemment, d'une structure de graphe connexe $G = (E, A)$. On simule une chaîne de Markov non homogène (X_n) selon l'algorithme de Metropolis, en utilisant comme matrice de sélection celle de la marche aléatoire symétrique sur le graphe G et en changeant la température en fonction du pas d'itération.

```
n ⟵ 0
Initialiser X
Répéter
    T ⟵ T(n)
    i ⟵ X
    choisir j au hasard parmi les voisins de i
    Si (f(j) ≤ f(i))
        alors X ⟵ j
        sinon
```

```
            Si (Random < exp((f(i) - f(j))/T(n))) alors X ⟵ j
            finSi
      finSi
      n ⟵ n+1
   Jusqu'à (arrêt de la simulation)
```

La fonction $T(n)$ s'appelle le *schéma de température* (cooling schedule). Le problème est évidemment celui du choix de $T(n)$. Il s'agit d'assurer que l'algorithme converge effectivement vers l'ensemble E_{min} des minima globaux de la fonction f, mais aussi de contrôler le temps d'atteinte de E_{min}.

Définition 4.7. *Soit (X_n) la chaîne de Markov non homogène produite par l'algorithme ci-dessus. On dit que l'algorithme converge si :*

$$\lim_{n\to\infty} \mathbb{P}[X_n \in E_{min}] = 1 .$$

La convergence dépend de la profondeur des pièges éventuels.

Définition 4.8. *Soit $i \notin E_{min}$. On dit que i communique avec E_{min} à hauteur h, s'il existe un chemin dans le graphe, reliant i à E_{min} :*

$$j_0, j_1, \ldots, j_\ell \;:\; j_0 = i \;,\; j_\ell \in E_{min} \;, \quad \{j_m, j_{m+1}\} \in A \;,\; \forall m \;,$$

tel que :

$$\forall m = 0, \ldots, \ell \;, \quad f(j_m) \leq f(i) + h \;.$$

La hauteur de communication h^* de f est la plus petite hauteur à laquelle tout élément de $E - E_{min}$ communique avec E_{min}.

Le principal résultat théorique de convergence a été démontré par Hajek en 88.

Théorème 4.5. *L'algorithme de recuit simulé converge pour le schéma de température $T(n)$ si et seulement si :*

$$\lim_{n\to\infty} T(n) = 0 \qquad \textit{et} \qquad \sum_{n=1}^{\infty} \exp\left(-\frac{h^*}{T(n)}\right) = +\infty \;.$$

Les schémas de température qui semblent les plus naturels au vu du théorème ci-dessus ont une décroissance logarithmique. Ils sont du type :

$$T(n) \;=\; h/\log(n) \;.$$

La condition du théorème de Hajek est vérifiée pour $h > h^*$. Evidemment, l'algorithme sera d'autant plus rapide que h sera plus proche de h^*. Mais dans une vraie application, la valeur exacte de h^* n'est pas connue. D'autre part aucune indication n'est donnée sur le temps d'atteinte du minimum avec une précision donnée. De sorte que le réglage du schéma de température se fait par ajustements expérimentaux.

La fonction log est chère en temps de calcul et varie lentement. Recalculer $T(n)$ à chaque pas de temps serait singulièrement inefficace. Il est préférable de maintenir la température constante sur des paliers de longueur exponentiellement croissante.

$$\forall k \in \mathbb{N}^* \,,\ \forall n \in]\, e^{(k-1)h} \,,\, e^{kh} \,[\,,\quad T(n) \;=\; \frac{1}{k} \,. \tag{4.17}$$

Pour un tel schéma de température, la chaîne de Markov est homogène sur des intervalles de temps de plus en plus longs. Nous allons montrer que pour $h > h^*$, et k assez grand, chacun de ces intervalles de temps est suffisamment long pour que la chaîne atteigne son équilibre, à savoir la mesure de Gibbs pour la température T du palier. Comme ces mesures de Gibbs convergent vers la loi uniforme sur E_{min} (proposition 4.10), cela justifie le fait que l'algorithme converge, ce qu'affirme le théorème de Hajek pour le schéma particulier (4.17). Nous admettrons pour l'instant l'estimation suivante sur les valeurs propres de la matrice de transition de l'algorithme de Metropolis.

Proposition 4.11. *Soient $\lambda_1 = 1 > \lambda_2(T) \geq \cdots \geq \lambda_d(T) > -1$ les valeurs propres de la matrice de transition de la chaîne homogène produite par l'algorithme de Metropolis pour la mesure de Gibbs à température T. Il existe une constante K telle que pour tout $\ell = 2, \ldots, d$, et pour tout $T > 0$:*

$$\lambda_\ell^2(T) \;\leq\; 1 - K \exp\left(-\frac{h^*}{T}\right) .$$

Dans 4.2.3, nous décrirons le comportement asymptotique des fonctions $\lambda_\ell(T)$ quand T tend vers 0, justifiant ainsi la proposition 4.11.

Le temps de convergence peut être estimé à l'aide de la proposition 4.6. Nous notons p^T la mesure de Gibbs et $p_{ij}^{(m)}$ les probabilités de transition en m pas pour l'algorithme de Metropolis.

$$\sum_{j \in E} p_j^T \left(\frac{p_{ij}^{(m)}}{p_j^T} - 1 \right)^2 \;\leq\; \frac{1}{p_i^T} \left(1 - K \exp\left(-\frac{h^*}{T}\right)\right)^m . \tag{4.18}$$

Insérons dans la majoration ci-dessus la température $1/k$ et la durée du palier correspondant $m = e^{kh} - e^{(k-1)h}$ (cf. (4.17)). Le second membre devient :

$$\frac{Z(T)}{e^{-kf(i)}} \left(1 - Ke^{-kh^*}\right)^{(e^{kh} - e^{(k-1)h})} \;\leq\; |E|\, e^{kf(i)} \exp(-K' e^{k(h-h^*)}) .$$

Il tend donc vers 0 quand k tend vers l'infini, pour $h > h^*$.

4.2.3 Spectre à basse température

Les résultats de cette section sont issus d'un travail en collaboration avec Y. Colin de Verdière et Y. Pan [94]. Nous supposerons ici que les valeurs de la fonction f sont multiples d'une même quantité δf et que les différences d'énergies entre sommets voisins valent 0 ou $\pm\delta f$.

$$\forall i \in E\,,\ f(i) \in \delta f\, \mathbb{N},\ \forall\{i,j\} \in A\,,\ f(i) - f(j) \in \{-\delta f, 0, +\delta f\}\,. \qquad (4.19)$$

Cette hypothèse simplifie beaucoup l'écriture des résultats qui vont suivre sans restreindre vraiment la portée des arguments. Dans les cas pratiques où il est possible de discrétiser la fonction à minimiser de manière à se ramener à cette hypothèse, l'algorithme de recuit simulé s'en trouve considérablement allégé.

```
UnsurT ⟵ 0
Initialiser X
n ⟵ 0
Répéter
    UnsurT ⟵ UnsurT +1
    ε ⟵ exp(−δf * UnsurT)
    Palier ⟵ exp(UnsurT * h)
    Répéter
        i ⟵ X
        choisir j au hasard parmi les voisins de i
        Si (f(j) ≤ f(i))
            alors X ⟵ j
            sinon
                Si (Random < ε) alors X ⟵ j
                finSi
        finSi
        n ⟵ n+1
    Jusqu'à (n ≥ Palier)
Jusqu'à (arrêt de la simulation)
```

Dans ce qui suit, comme dans l'algorithme ci-dessus, on note :

$$\varepsilon = \exp\left(-\frac{\delta f}{T}\right)\,.$$

Du fait de l'hypothèse 4.19, la mesure de Gibbs et la matrice de transition de l'algorithme de Metropolis s'expriment en fonction de ε et seront notées respectivement (p_i^ε) et (p_{ij}^ε).

$$p_i^\varepsilon = \frac{1}{Z(\varepsilon)}\, \varepsilon^{f(i)/\delta f}\,,$$

et

$$\begin{aligned} p^{\varepsilon}_{ij} &= \frac{1}{r} \text{ si } \{i,j\} \in A\,, f(i) \geq f(j)\,, \\ &= \frac{\varepsilon}{r} \text{ si } \{i,j\} \in A\,, f(i) < f(j)\,, \\ &= 0 \text{ si } \{i,j\} \notin A\,, \end{aligned}$$

où r désigne le degré maximal d'un sommet du graphe G (les coefficients diagonaux sont tels que la somme des coefficients d'une même ligne vaut 1).

Notre but ici est de décrire le comportement asymptotique des valeurs propres de la matrice P^{ε} à basse température, c'est-à-dire quand ε tend vers 0.

Nous aurons besoin de quelques notations pour décrire le paysage d'énergie sur le graphe. La relation de voisinage est notée $\sim$.

$$i \sim j \iff \{i,j\} \in A\,.$$

On notera $\mathcal{R}$ la relation d'équivalence regroupant les sommets du graphe qui communiquent à énergie constante.

$$\forall i,j \in E\,,\quad i\mathcal{R}j \iff \exists k_1 = i \sim k_2 \sim \cdots \sim k_\ell = j \text{ et } f(k_1) = \cdots = f(k_\ell)\,.$$

Les classes de cette relation seront notées $\alpha, \beta, \ldots$ On notera encore $f(\alpha)$ la valeur commune de la fonction d'énergie sur la classe α. On dira que deux classes α et β *communiquent* s'il existe une arête du graphe qui les relie (la différence $|f(\alpha) - f(\beta)|$ ne peut valoir que δf dans ce cas). Une classe α est dite minimale pour la fonction d'énergie f si elle ne communique pas avec des classes de niveau d'énergie inférieur. Nous définissons par récurrence une suite de fonctions d'énergie déduites de f par remplissage successif des classes minimales.

Définition 4.9. *Notons $f_0 = f$. Soit E_0 l'ensemble des classes minimales de f_0. Pour h entier positif, supposons définie une fonction d'énergie f_h sur E. Soit E_h l'ensemble de ses classes minimales. La fonction f_{h+1} est définie sur E par :*

$$\begin{aligned} f_{h+1}(i) &= f_h(i) + \delta f \ \text{ si } \exists \alpha \in E_h\,,\ i \in \alpha\,, \\ &= f_h(i) \qquad \text{sinon}\,. \end{aligned}$$

La hauteur de communication h^* de f est le premier indice tel que $|E_h| = 1$.

La définition de h^* est bien la même qu'au paragraphe précédent. C'est la hauteur minimale qu'il faut franchir dans le paysage d'énergie pour pouvoir sortir de n'importe quel puits, sauf des minima globaux. Quand ε tend vers 0, parmi les valeurs propres de P^{ε}, un certain nombre tendent vers des limites strictement inférieures à 1, d'autres tendent vers 1. Ce sont celles-là qui contrôlent la vitesse d'accès à l'équilibre. Si $\lambda_\ell(\varepsilon)$ est une valeur propre de P^{ε}, on notera $\mu_\ell(\varepsilon) = 1 - \lambda_\ell(\varepsilon)$. La proposition suivante décrit les ordres de grandeur des $\mu_\ell(\varepsilon)$.

Proposition 4.12. *Quand ε tend vers 0, parmi les $\mu_\ell(\varepsilon)$*

- *$|E| - |E_0|$ valeurs convergent vers une limite strictement positive.*
- *Pour tout h entre 1 et h^*, $|E_{h-1}| - |E_h|$ valeurs sont équivalentes, à une constante près, à ε^h.*

On peut interpréter la proposition ci-dessus de la façon suivante. Déterminer les valeurs propres de P^ε ou de $I - P^\varepsilon$ (les $\mu_\ell(\varepsilon)$) à l'ordre ε, revient à changer l'échelle de temps, en se plaçant sur des intervalles d'observation de longueur suffisante pour que des transitions de probabilité ε/r (augmentations d'énergie) aient effectivement lieu. Ceci revient à augmenter de 1 exactement le niveau d'énergie de chacune des classes minimales, c'est-à-dire à remplacer f_0 par f_1. Le nombre de classes minimales ne peut que rester constant ou diminuer. S'il est resté constant, toutes les valeurs propres "petites" sont d'ordre ε^2 au moins. S'il a diminué, la différence entre $|E_0|$ et $|E_1|$ est le nombre de valeurs propres d'ordre ε exactement. Cette description se poursuit jusqu'à ce que toutes les classes minimales aient été fondues en une seule. Cela arrive pour la valeur h^*, la hauteur de communication de f. Toute valeur propre $\mu_\ell(\varepsilon)$ est donc d'ordre ε^h où $h \leq h^*$. Les plus petites d'entre elles sont d'ordre ε^{h^*} exactement, ce qui justifie la proposition 4.11. Cette description est classiquement déduite de la théorie de Freidlin et Wentzell [105], de portée beaucoup plus générale. Nous ne donnerons pas une démonstration complète de la proposition 4.12, mais simplement une idée de justification algébrique. En particulier, nous affirmons sans démonstration que les valeurs propres $\mu_\ell(\varepsilon)$ admettent un équivalent en 0 qui est une puissance entière de ε (on démontre en fait que ce sont des fonctions analytiques de ε).

Démonstration. Les $\mu_\ell(\varepsilon)$ sont valeurs propres de la matrice $I - P$ mais aussi de la matrice $I - DPD^{-1}$, introduite en 4.1.5. La forme quadratique associée à cette matrice (formule (4.5)) s'écrit ici de la façon suivante.

$$\mathcal{Q}(u,u) = \sum_{\substack{i\sim j \\ f(i)<f(j)}} \frac{1}{r}(\sqrt{\varepsilon}u_i - u_j)^2 + \sum_{\substack{i\sim j \\ f(i)=f(j)}} \frac{1}{r}(u_i - u_j)^2 . \tag{4.20}$$

Si $\mu_\ell(\varepsilon)$ est valeur propre de $I - P$, alors il existe un vecteur u de norme 1 tel que $\mathcal{Q}(u,u) = \mu_\ell(\varepsilon)$. Supposons que $\mu_\ell(\varepsilon)$ soit d'ordre $O(\varepsilon)$. Il est facile de voir sur (4.20) que le vecteur u correspondant est tel que ses coordonnées sont d'ordre $\sqrt{\varepsilon}$ en dehors des classes minimales, et constantes à $\sqrt{\varepsilon}$ près sur les classes minimales. L'espace vectoriel des vecteurs constants sur les classes minimales a pour dimension le nombre de classes minimales $|E_0|$. Une base est constituée par les vecteurs $\mathbb{1}_\alpha$, $\alpha \in E_0$. A chacun de ces vecteurs correspond une valeur propre $\mu_\ell(\varepsilon)$ d'ordre ε. Nous utilisons ici la continuité de la décomposition spectrale quand ε tend vers 0. On itère ensuite le raisonnement en cherchant lesquelles parmi les $|E_0|$ valeurs propres petites ainsi trouvées sont d'ordre ε^h.

La proposition 4.12 ne fournit qu'une indication assez grossière sur le comportement des différentes valeurs propres. Pour évaluer plus précisément la vitesse de convergence de l'algorithme de Metropolis, il faudrait disposer d'équivalents exacts de ces valeurs propres, ainsi que des vecteurs propres associés (utilisation de la formule (4.14)). C'est possible en théorie, mais les calculs sont pour l'instant de complexité supérieure à la recherche systématique du minimum de f, donc sans intérêt pratique.

4.2.4 Implémentation

L'algorithme de recuit simulé utilisant le schéma de température (4.17) est le suivant.

```
UnsurT ⟵ 0
Initialiser X
n ⟵ 0
Répéter
    UnsurT ⟵ UnsurT +1
    Palier ⟵ exp(UnsurT * h)
    Répéter
        i ⟵ X
        choisir j au hasard parmi les voisins de i
        Si (f(j) ≤ f(i))
            alors X ⟵ j
            sinon
                Si (Random < exp((f(i) − f(j)) * UnsurT))
                    alors X ⟵ j
                finSi
        finSi
        n ⟵ n+1
    Jusqu'à (n ≥ Palier)
Jusqu'à (arrêt de la simulation)
```

Par rapport à la théorie, le point essentiel est que la hauteur de communication h^* n'est pas connue. Il faut voir le paramètre h comme un des "boutons de réglage" de l'algorithme. Il devra être ajusté expérimentalement. Un autre bouton de réglage est la structure de graphe choisie sur l'espace. En général plusieurs choix sont possibles et on pourra opter pour une structure de voisinage qui permette une exploration plus rapide de l'espace si cela n'alourdit pas trop l'algorithme. A titre d'exemple, nous traitons ci-dessous un des problèmes les plus célèbres de l'optimisation combinatoire.

Exemple : Le problème du voyageur de commerce [117, 131].

Les éléments de $\{1, \ldots, d\}$ sont des villes dont les distances sont données.

$$\delta(a, b) \geq 0\ , \quad \forall a, b \in \{1, \ldots, d\}\ .$$

On note f l'application qui à une permutation cyclique σ de $\{1,\ldots,d\}$ associe :

$$f(\sigma) = \sum_{i=1}^{d-1} \delta(\sigma^i(1), \sigma^{i+1}(1)) .$$

La quantité $f(\sigma)$ représente la longueur totale du trajet qui visite les d villes dans l'ordre spécifié par σ. Le problème est de trouver une permutation σ qui minimise $f(\sigma)$. Nous supposerons que les d villes sont rangées dans un tableau d'entiers de longueur d : ordre. Les distances $\delta(a,b)$ sont rangées dans un tableau distance. La fonction f pour un ordre donné est calculée comme suit.

```
Fonction f(ordre)
    f ⟵ distance[ordre[1],ordre[d]]
    Pour i de 1 à d − 1
        f ⟵ f+ distance[ordre[i],ordre[i + 1]]
    finPour
    Retourner f
finFonction
```

Nous avons besoin également d'une fonction d'exploration de l'espace d'états, qui choisisse au hasard entre un certain nombre d'ordres "voisins" de l'ordre courant. Le plus simple consiste à échanger deux villes consécutives :

```
Fonction permuter(ordre)
    σ ⟵ ordre
    i ⟵ Random({1,... ,d})
    j ⟵ i + 1 modulo d
    Echanger σ[i] et σ[j]
    Retourner σ
finFonction
```

On obtiendra une exploration plus efficace en permutant plusieurs villes consécutives à la fois (voir 6.3.2 pour une implémentation en Scilab).

L'algorithme principal est le suivant.

```
UnsurT ⟵ 0
Pour i de 1 à d
    ordre[i] ⟵ i
finPour
f1 ⟵ f(ordre)
n ⟵ 0
Répéter
    UnsurT ⟵ UnsurT +1
    Palier ⟵ exp(UnsurT * h)
    Répéter
        ordre2 ⟵ permuter(ordre)
```

```
        f2 ⟵ f(ordre2)
        Si (f2 ≤ f1)
            alors
                ordre⟵ordre2
                f1 ⟵ f2
            sinon
                proba ⟵ exp((f1 − f2) * UnsurT)
                Si (Random < proba)
                    alors ordre ⟵ ordre2
                    f1 ⟵ f2
                finSi
        finSi
        n ⟵ n+1
    Jusqu'à (n ≥ Palier)
Jusqu'à (arrêt de la simulation)
```

Le problème principal est celui du test d'arrêt. En pratique le temps de calcul est limité. Seule compte donc la qualité du résultat obtenu pour un temps de calcul donné. Le point de vue théorique sur l'utilisation du recuit simulé à horizon fini est développé par Catoni (voir [86] pour une discussion de l'implémentation sur des problèmes d'assignation de tâches sous contrainte).

4.3 Algorithmes génétiques

Les algorithmes génétiques sont apparus environ dix ans avant les algorithmes de recuit simulé, à partir d'une autre analogie naturelle. L'idée de base est la même. Il s'agit de coupler une recherche systématique de l'optimum avec une exploration aléatoire de l'espace d'états, que l'on peut qualifier de *générateur de diversité*. Celui-ci doit être suffisamment puissant pour sortir l'algorithme des pièges que constituent les optima locaux de la fonction. Dans le cas des algorithmes génétiques, le générateur de diversité est calqué sur celui de la sélection naturelle qui utilise le croisement et la mutation pour produire de nouveaux chromosomes. L'analogie avec la théorie de l'évolution constitue un attrait psychologique important de ces algorithmes, sur lesquels une littérature extrêmement étendue s'est développée en peu de temps (voir [4, 111, 106, 43, 44]). Les résultats mathématiques rigoureux sont encore rares. C'est R. Cerf [88, 89, 90] qui dans sa thèse a le premier développé une théorie asymptotique fondée sur la théorie des perturbations de Freidlin et Wentzell [105]. Nous suivons sa présentation sans rentrer dans les détails mathématiques, qui sont très techniques.

4.3.1 Version classique

Les algorithmes génétiques s'inspirent des mécanismes de la sélection naturelle, comme le recuit simulé s'inspire de principes physiques. La fonction à optimiser est ici l'*adaptation* et c'est son maximum que l'on recherche. Nous présentons d'abord la version originale, qui est la plus proche de l'analogie naturelle.

La fonction f à maximiser est définie sur $E = \{0,1\}^d$, à valeurs dans $\mathbb{R}^+$. L'idée consiste à faire évoluer un ensemble de taille fixe m d'éléments de E, comme s'il s'agissait d'une population naturelle de chromosomes, la fonction f mesurant l'adaptation d'un chromosome à l'environnement. On définit une chaîne de Markov (X_n), à valeurs dans E^m. La variable X_n est donc un m-uplet $(X_n^1, \ldots, X_n^m)$ d'éléments de E, à savoir un m-uplet de mots binaires de longueur d : les chromosomes. L'algorithme décrivant le passage de X_n à X_{n+1} se décompose en trois étapes.

$$X_n \overset{\text{mutation}}{\longrightarrow} Y_n \overset{\text{croisement}}{\longrightarrow} Z_n \overset{\text{sélection}}{\longrightarrow} X_{n+1} .$$

Ces trois étapes sont les suivantes.

- $X_n \longrightarrow Y_n$: *mutation*. La probabilité de mutation $p \in]0,1[$ est fixée au départ. La mutation consiste à décider pour chaque lettre de chaque chromosome de la modifier avec probabilité p, les md choix étant indépendants. La nouvelle population de chromosomes est Y_n.
- $Y_n \longrightarrow Z_n$: *croisement*. La probabilité de croisement q est également fixée. A partir de la population Y_n, $m/2$ couples sont formés (par exemple en appariant les individus consécutifs : m est supposé pair). Pour chacun des couples, on décide indépendamment avec probabilité q si le croisement a lieu. Si c'est le cas, un site de coupure est tiré au hasard uniformément entre 1 et $d-1$, et les segments finaux des deux chromosomes sont échangés. Par exemple :

$$\begin{array}{l|l} 000\ldots00011 & 01101\ldots001 \\ 100\ldots01110 & 00110\ldots111 \end{array} \quad \text{devient} \quad \begin{array}{l|l} 000\ldots00011 & 00110\ldots111 \\ 100\ldots01110 & 01101\ldots001 \end{array} .$$

  Un nouveau couple d'individus est ainsi formé. La population Z_n est constituée des couples d'individus, dont certains ont été croisés (avec probabilité q), d'autres sont restés inchangés (avec probabilité $1-q$).
- $Z_n \longrightarrow X_{n+1}$: *sélection*. Les individus de la population X_{n+1} sont choisis aléatoirement et indépendamment parmi les individus de la population Z_n. La loi de probabilité favorise les individus les mieux adaptés. Le choix classique consiste à prendre des probabilités proportionnelles aux valeurs de la fonction d'adaptation. Supposons que la population Z_n soit constituée des chromosomes $\eta_1, \ldots, \eta_m$. La probabilité de choisir le chromosome η_ℓ est alors :

$$\frac{f(\eta_\ell)}{f(\eta_1) + \cdots + f(\eta_m)} .$$

  Mais on peut aussi composer f avec n'importe quelle fonction croissante positive. Le choix le plus cohérent avec le recuit simulé consiste à définir la probabilité de choix de η_ℓ comme :

$$\frac{\exp(kf(\eta_\ell))}{\exp(kf(\eta_1)) + \cdots + \exp(kf(\eta_m))} ,$$

où le paramètre k joue le rôle de l'inverse de la température.

Des trois étapes de l'algorithme seule la dernière fait intervenir la fonction f. Les deux autres sont des étapes d'exploration de l'espace d'états. C'est le générateur de diversité. Sans elles, l'étape de sélection convergerait au bout d'un nombre fini de pas vers une population pour laquelle la fonction f serait constante, et en général non optimale.

On définit ainsi une chaîne de Markov sur l'espace d'états E^m, dont on peut vérifier qu'elle est irréductible (tous les états peuvent être atteints) et apériodique. Elle n'admet pas de mesure réversible en général, et les résultats de 4.1.5 ne s'appliquent pas directement. Elle admet cependant une mesure stationnaire unique vers laquelle la suite converge en loi. Il est impossible d'expliciter cette mesure stationnaire. On espère qu'elle se concentre sur les populations de chromosomes à adaptations élevées, voire maximales, donnant ainsi une valeur approchée du maximum de f. Cet espoir est fondé sur l'intuition, l'expérimentation, une solide croyance en l'harmonie de la nature, mais pas sur un résultat mathématique.

L'algorithme génétique qui vient d'être décrit présente un autre inconvénient lié au codage. Si la fonction à traiter n'est pas définie sur $\{0,1\}^d$, il faudra s'y ramener, ce qui ne pose pas a priori de problème pour un ordinateur. Mais les deux premières étapes d'exploration sont très liées à la représentation des chromosomes. Mise à part l'analogie biologique, on conçoit difficilement pourquoi changer une ou plusieurs coordonnées (mutation), ou bien échanger des segments (croisement) serait particulièrement adéquat, si la fonction f ne dépend pas de façon régulière de la représentation binaire des états.

R. Cerf a proposé une vision des algorithmes génétiques à la fois plus générale, plus raisonnable algorithmiquement, et surtout rigoureusement fondée sur le plan mathématique. C'est cette version que nous décrivons dans la section suivante.

4.3.2 Théorie asymptotique

L'ensemble fini E est maintenant quelconque, et f est une fonction de E dans $\mathbb{R}$. On note E_{max} l'ensemble des maxima globaux de f.

$$E_{max} = \{i \in E \;:\; f(i) \geq f(j) \;,\; \forall j \in E\} .$$

On souhaite définir une chaîne de Markov (X_n) à valeurs dans l'ensemble E^m des populations de taille m d'éléments de E (les individus). L'objectif est que la loi de X_n se concentre quand n tend vers l'infini sur les populations de E^m_{max}. La logique de la définition est proche de celle du recuit simulé. Nous allons définir tout d'abord une famille de chaînes de Markov homogènes

(X_n^T), dépendant d'un paramètre T destiné à tendre vers 0. Nous examinerons d'abord la convergence des mesures stationnaires des chaînes (X_n^T) quand T tend vers 0, vers une mesure concentrée sur les populations optimales. Ensuite nous définirons un schéma de température $T(n)$ comme dans 4.2.2 et nous examinerons les conditions sous lesquelles la chaîne non homogène $(X_n^{T(n)})$ converge en loi vers une loi ne chargeant que les populations optimales.

Commençons par définir les chaînes homogènes (X_n^T). Le paramètre $T > 0$ (température) est fixé. L'algorithme de définition de (X_n^T) est décomposé en trois étapes, mutation, croisement et sélection, comme précédemment.

- $X_n^T \longrightarrow Y_n^T$: *mutation.*
  Une matrice de transition $P = (p_{ij})$ sur E et un paramètre $a > 0$ sont fixés. On examine indépendamment chacun des m individus de la population X_n^T. Si i est un de ces individus, on décide :
  – de le changer en l'individu j avec probabilité $e^{-a/T}p_{ij}$,
  – ou de ne pas le changer avec probabilité $1 - e^{-a/T}$.
  Une fois les m décisions prises, la nouvelle population est Y_n^T.
- $Y_n^T \longrightarrow Z_n^T$: *croisement.*
  Une matrice de transition $Q = (q((i_1, i_2), (j_1, j_2)))$ sur $E \times E$ et un paramètre $b > 0$ sont fixés. On examine indépendamment les $m/2$ couples formés d'éléments consécutifs de la population Y_n^T. Si (i_1, i_2) est l'un de ces couples, on décide :
  – de le changer en le couple (j_1, j_2) avec probabilité :
  $$e^{-b/T}q((i_1, i_2), (j_1, j_2)) \; ,$$
  – ou de ne pas le changer avec probabilité $1 - e^{-b/T}$.
  Une fois les $m/2$ décisions prises, la nouvelle population est Z_n^T.
- $Z_n^T \longrightarrow X_{n+1}^T$: *sélection.*
  Un paramètre $c > 0$ est fixé. Les individus de la population X_{n+1}^T sont choisis aléatoirement et indépendamment parmi les individus de la population Z_n^T. Supposons que la population Z_n soit constituée des individus $i_1, \ldots, i_m$, la probabilité de choisir l'individu i_ℓ est :
  $$\frac{\exp((c/T)f(i_\ell))}{\exp((c/T)f(i_1)) + \cdots + \exp((c/T)f(i_m))} \; .$$

Lorsque $T = 0$, la mutation et le croisement n'interviennent pas. Seule compte la sélection. Elle consiste alors à tirer au hasard parmi les seuls individus de la population Z_n^T dont l'adaptation est maximale (à comparer avec la proposition 4.10). Au bout d'un seul pas d'itération, l'adaptation de tous les individus est donc la même (sous-optimale en général) et au bout d'un nombre fini de pas tous les individus sont identiques. Ceci est à rapprocher d'un algorithme de recuit simulé pour lequel on fixerait la température à 0 dès le départ : il resterait bloqué dans le premier optimum local rencontré.

La définition de la chaîne (X_n^T) pour $T > 0$ doit être comprise comme une perturbation de ce cas extrême. Cette perturbation est introduite non seulement dans la mutation et le croisement, mais aussi dans la sélection où chaque individu même sous-optimal, a une probabilité non nulle de survivre dans la population suivante. Il est important que les ordres de grandeur des trois perturbations soient les mêmes si on souhaite que les trois aient un effet. C'est la raison d'être des termes en $e^{-a/T}$, $e^{-b/T}$ et $e^{c/T}$ dans les expressions ci-dessus.

Tel qu'il vient d'être défini, l'algorithme comporte un très grand nombre de paramètres qu'il convient d'examiner séparément.

Tout d'abord les matrices de transition P et Q, ou plutôt les algorithmes markoviens sur E et $E \times E$ auxquels elles correspondent. Dans le cas $E = \{0,1\}^d$, nous avons vu dans le paragraphe précédent des exemples de mutations et de croisements. Bien d'autres mécanismes sont envisageables. Il ne semble pas avantageux de compliquer encore une situation qui est déjà assez lourde algorithmiquement. Un mécanisme de mutation le plus simple possible est conseillé. En ce qui concerne le croisement, un moyen très simple de le définir pourrait être le suivant.

$$\forall i_1, i_2, j_1, j_2 \in E\,, \quad q((i_1,i_2),(j_1,j_2)) \;=\; p_{i_1 j_1}\, p_{i_2 j_2}\;.$$

Cela revient à examiner chacun des deux éléments du couple indépendamment et à le changer selon la matrice P. Mais ce ne serait rien d'autre qu'un nouveau passage par l'étape de mutation. En fait, le croisement n'est pas indispensable au bon fonctionnement d'un algorithme génétique, contrairement à ce que croyaient la plupart des praticiens.

Une fois les matrices P et Q choisies, les autres paramètres, en dehors de T, sont la taille de la population m et les intensités de perturbations a, b et c. Ce sont en quelque sorte les boutons de réglage de l'algorithme.

La chaîne de Markov (X_n^T) est irréductible et apériodique. Elle converge donc en loi vers une mesure stationnaire unique p^T. On souhaite vérifier que lorsque T tend vers 0, cette mesure stationnaire se concentre sur les populations optimales. Contrairement au cas du recuit simulé, ce n'est pas toujours vrai.

Théorème 4.6. *Il existe une taille de population critique m^*, dépendant des autres paramètres de l'algorithme ainsi que de la fonction f, telle que pour $m > m^*$,*

$$\lim_{T \to 0^+} p^T(E^m_{max}) \;=\; 1\,.$$

La démonstration est assez technique et il nous est impossible d'en donner un aperçu significatif : voir [88] p. 27 et p. 72. La valeur critique m^* y est décrite en fonction de a, b, c, et f de manière relativement précise, mais malheureusement elle n'est pas calculable en pratique. Une idée importante est à retenir du théorème 4.6, que l'on peut schématiser en disant que c'est parce que la population contient beaucoup d'individus que l'algorithme fonctionne. Quand des choix algorithmiques devront être faits, il vaudra mieux trancher en faveur d'une taille de population plus élevée, quitte à gagner du temps en supprimant le croisement et en simplifiant les mutations. Pour comprendre le rôle crucial de la taille m de la population, il faut imaginer le comportement de la chaîne (X_n^T) à basse température et à l'équilibre.

L'étape de sélection tend à former des populations homogènes d'individus, en général sous-optimaux. La chaîne doit visiter de manière répétée des ensembles de populations proches de tous les ensembles homogènes possibles. Comment procède-t-elle pour aller de l'un à l'autre ? Dans une population homogène apparaissent, par mutation ou croisement, des individus différents, à adaptation peut-être inférieure à celle du reste de la population. Si les intensités de perturbations et la taille de la population sont suffisamment grands, ces individus pionniers seront suffisamment fréquents et nombreux pour survivre à la sélection, évoluer encore et finalement atteindre de meilleures valeurs de la fonction d'adaptation. Une fois qu'une telle valeur est atteinte par un individu parti en éclaireur, la sélection ramène à lui l'ensemble de la population.

A partir des chaînes de Markov (X_n^T), l'idée de l'algorithme est la même que pour le recuit simulé. Nous allons définir un schéma de température $T(n)$ et simuler la chaîne de Markov non homogène $(X_n^{T(n)})$.

Définition 4.10. *On dit que l'algorithme converge si :*

$$\lim_{n\to\infty} \mathbb{P}[X_n^{T(n)} \in E_{max}^m] = 1 \, .$$

Le théorème de convergence le plus général démontré par Cerf ([88] p. 87-88) est le suivant. Il donne une condition nécessaire et une condition suffisante de convergence.

Théorème 4.7. *Il existe 4 constantes h_1, h_2, h_1^*, h_2^* dépendant des paramètres de l'algorithme et de la fonction f telles que les conditions* (4.21) *et* (4.22) *ci-dessous soient respectivement nécessaire et suffisante pour que l'algorithme converge.*

$$\sum_{n=1}^{\infty} \exp\left(-\frac{h_1}{T(n)}\right) = +\infty \quad \textit{et} \quad \sum_{n=1}^{\infty} \exp\left(-\frac{h_2}{T(n)}\right) < +\infty \, , \tag{4.21}$$

$$\sum_{n=1}^{\infty} \exp\left(-\frac{h_1^*}{T(n)}\right) = +\infty \quad \textit{et} \quad \sum_{n=1}^{\infty} \exp\left(-\frac{h_2^*}{T(n)}\right) < +\infty \, . \tag{4.22}$$

L'algorithme peut donc converger si $h_1^* < h_2^*$, ce qui n'est vérifié que quand la taille de la population est assez grande. Les constantes critiques h_1, h_2, h_1^*, h_2^* jouent un rôle comparable à la constante h du théorème 4.5. Elles s'expriment à l'aide de la fonction f et des paramètres de l'algorithme, mais ne sont pas calculables en pratique.

Pour les raisons mathématiques et algorithmiques qui ont déjà été discutées en 4.2.2, le schéma de température sera choisi constant sur des paliers de longueurs exponentiellement croissantes.

$$\forall k \in I\!N^* \,,\ \forall n \in]\, e^{(k-1)h} \,,\, e^{kh} \,[\,, \quad T(n) \;=\; \frac{1}{k} \,. \tag{4.23}$$

La question à résoudre est celle du choix de h, pour assurer que sur le k-ième palier (k assez grand), la chaîne atteigne effectivement sa mesure stationnaire. Au vu du théorème 4.7, on devrait choisir h entre h_1^* et h_2^*. Ces deux quantités sont inconnues mais l'intervalle $[h_1^*, h_2^*]$ est d'autant plus large que m est grand. D'où l'intérêt, encore une fois, de choisir une taille de population assez élevée. Le résultat suivant est un cas particulier qui nous semble correspondre à une implémentation efficace. Il est très proche du théorème 4.5.

Théorème 4.8. *Sous les hypothèses suivantes :*

- *la matrice P est symétrique et irréductible,*
- *il n'y a pas de croisement ($Q = I$ ou bien $b = \infty$),*
- *la taille m de la population est supérieure à la taille critique m^*,*

il existe une hauteur critique h^*, qui est une fonction bornée de m telle que l'algorithme converge si et seulement si :

$$\lim_{n\to\infty} T(n) = 0 \qquad et \qquad \sum_{n=1}^{\infty} \exp\left(-\frac{h^*}{T(n)}\right) = +\infty \,.$$

Pour le schéma de température (4.23), il est donc nécessaire et suffisant de choisir $h > h^*$.

4.3.3 Implémentation

Voici résumés quelques conseils algorithmiques que l'on peut tirer de la théorie de Cerf pour implémenter simplement un algorithme génétique sur un problème réel.

1. Choisir sur E une structure de graphe naturelle G de sorte que la marche aléatoire symétrique sur G soit facile à simuler. Ce sont des pas de cette marche aléatoire qui seront simulés dans l'étape de mutation : chaque individu est remplacé s'il y a lieu par un de ses voisins sur le graphe, tiré au hasard.
2. Supprimer l'étape de croisement ($b = \infty$).
3. Choisir le schéma de température (4.23), de sorte que le paramètre T reste constant sur des intervalles dont la longueur croît exponentiellement.

Il reste alors quatre paramètres à régler. Ces paramètres sont :

- *La taille m de la population.* Choisir la valeur la plus élevée possible, compatible avec une vitesse d'exécution raisonnable.
- *Les intensités a et c des perturbations.* A choisir de sorte qu'au début de l'exécution (T grand) la chaîne sorte rapidement du voisinage d'une population homogène.
- *La vitesse de décroissance h du schéma de température* (4.23). Il faut l'ajuster de manière que la durée des paliers ne soit pas trop longue, tout en maintenant une variation suffisante dans les premiers paliers.

Exemple : Le problème du voyageur de commerce.

Considérons l'exemple du voyageur de commerce décrit dans 4.2.4. Nous reprenons les mêmes notations pour la fonction f (c'est $-f$ que l'on maximise) et pour la fonction permuter qui choisit un ordre "voisin" de l'ordre courant. L'objet de base est une population de taille m d'ordres (tableau $d \times m$ d'entiers que nous noterons ordres : pour tout i entre 1 et m, ordres[i] contient une permutation des d villes, qui constitue le i-ième élément de la population. Les images par f des éléments de la population seront rangées dans un tableau noté F : $F[i] = f(\text{ordre}[i])$. Afin de limiter le nombre de calculs d'exponentielles, nous utiliserons un tableau EF de même taille qui contient les valeurs de $\exp(-cF[i]/T)$, ainsi qu'une variable somme_EF qui en contient la somme. Pour l'étape de sélection, nous utiliserons des variables auxiliaires correspondant à ordres, F et EF. Elles seront désignées par ordres$_2$, F_2 et EF_2 L'algorithme principal est le suivant.

```
UnsurT ⟵ 0
Pour i de 1 à m
    ordres[i] ⟵ permutation aléatoire de {1,... ,d}
    F[i] ⟵ f(ordre[i])
    EF[i] ⟵ 1
finPour
somme_EF ⟵ m
n ⟵ 0
Répéter
    UnsurT ⟵ UnsurT +1
    Palier ⟵ exp(UnsurT * h)
    Répéter
(Mutations)
        proba_mutation⟵ exp(−a*UnsurT)
        Pour i de 1 à m
            Si (Random < proba_mutation)
                alors
                    ordres[i]⟵ permuter(ordres[i])
                    somme_EF ⟵ somme_EF − EF[i]
                    F[i] ⟵ f(ordre[i])
                    EF[i] ⟵ exp(−c * F[i]*UnsurT)
                    somme_EF ⟵ somme_EF + EF[i]
            finSi
        finPour
(Sélections)
        Pour i de 1 à m
            proba_sélection[i]⟵ EF[i]/somme_EF)
        finPour
        Pour i de 1 à m
```

```
            choisir j avec probabilité proba_sélection[j]
            ordres2[i] ←— ordres[j]
            F2[i] ←— F[j]
            EF2[i] ←— EF[j]
        finPour
        somme_EF ←— 0
        Pour i de 1 à m
            ordres[i] ←— ordres2[i]
            F[i] ←— F2[i]
            EF[i] ←— EF2[j]
            somme_EF ←— somme_EF + EF[i]
        finPour
        n ←— n+1
    Jusqu'à (n ≥ Palier)
Jusqu'à (arrêt de la simulation)
```

4.4 Algorithme MOSES

4.4.1 Définition et convergence

Les algorithmes de recuit simulé et les algorithmes génétiques tels qu'ils ont été présentés jusqu'ici, présentent un inconvénient majeur : il est impossible en pratique d'utiliser le résultat de convergence théorique pour régler l'algorithme. On est conduit à des réglages expérimentaux des paramètres, qui sont trop nombreux pour qu'on puisse garantir un réglage optimal. Le principe général des algorithmes d'optimisation stochastique est simple (coupler une recherche de l'optimum avec une exploration aléatoire de l'espace d'états) et autorise de multiples variantes. Parmi toutes celles qui ont été proposées, l'algorithme MOSES (Mutation-Or-Selection Evolutionary Strategy), de François [104], présente de nombreux avantages. On peut le voir comme une variante d'un algorithme génétique sans croisement, mais il est beaucoup plus simple, à la fois sur le plan mathématique et sur le plan pratique. Sa caractéristique principale est que les conditions théoriques de convergence ne dépendent pas du paysage d'énergie, et peuvent donc être vérifiées.

Comme pour un algorithme génétique, il s'agit de travailler sur une population d'individus, parmi lesquels on recherche le maximum d'une fonction f tout en opérant des mutations aléatoires. La fonction f à maximiser est toujours définie sur un ensemble d'états E fini, mais potentiellement très grand. Comme pour les algorithmes précédents, le choix d'une structure de graphe connexe sur E est crucial. Les conditions de convergence des théorèmes 4.9 et 4.10 s'expriment de manière très simple en termes de la distance sur ce graphe. Si x et y sont deux éléments de E, un chemin de longueur n de x à

y est une suite $x_0 = x, x_1, \ldots, x_n = y$ de points de E tels que deux points consécutifs sont voisins. La distance de x à y est la plus petite longueur d'un chemin entre x et y. Le *diamètre* du graphe est la plus grande distance entre deux points de E. Nous le noterons D.

Les mutations seront des pas de la marche aléatoire symétrique sur ce graphe. On considère une population de m individus de E. L'algorithme définit donc une chaîne de Markov sur E^m. Une transition consiste à faire muter un certain nombre aléatoire d'individus, tandis que les autres sont affectés à l'optimum de la population précédente. Le nombre de mutants est tiré au hasard selon une loi binomiale $\mathcal{B}(m,p)$, dont le paramètre p est destiné à tendre vers 0. Pour conserver l'homogénéité de notation avec les algorithmes précédents, on posera $p = p_T = \exp(-1/T)$, le paramètre T jouant le rôle de la température.

Pour T fixé, on définit donc la chaîne de Markov (X_n^T) à valeurs dans E comme la suite des valeurs successives de la population X dans l'algorithme suivant.

```
Initialiser X = X[1,...,m]
n ⟵ 0
Répéter
    Déterminer le meilleur élément x* dans la population X
    Tirer un entier M selon la loi B(m, e^{-1/T})
    Si (M > 0) alors
        Pour i de 1 à M
            choisir y au hasard parmi les voisins de X[i]
            X[i] ⟵ y
        finPour
    finSi
    Si (M < m) alors
        Pour i de M + 1 à m
            X[i] ⟵ x*
        finPour
    finSi
    n ⟵ n + 1
Jusqu'à (arrêt de la simulation)
```

Comme pour les algorithmes précédents, deux résultats de convergence sont disponibles. Le premier porte sur la mesure stationnaire de la chaîne de Markov homogène (X_n^T), qui doit se concentrer sur les populations optimales. Le second porte sur la convergence de la chaîne non homogène $(X_n^{T(n)})$, pour un schéma de température $T(n)$ fixé. Rappelons la définition de E_{max} :

$$E_{max} = \{i \in E \ : \ f(i) \geq f(j) \ , \ \forall j \in E\} \, .$$

La chaîne de Markov (X_n^T) est irréductible et apériodique. Elle converge donc en loi vers une mesure stationnaire unique p^T.

Théorème 4.9. *Si la taille m de la population est supérieure au diamètre D du graphe, alors :*

$$\lim_{T\to 0^+} p^T(E^m_{max}) = 1 .$$

La condition de convergence pour la chaîne non homogène $(X_n^{T(n)})$ est elle aussi très simple.

Théorème 4.10. *Soit D le diamètre du graphe. Si $m > D$ et si $T(n)$ vérifie :*

$$\sum_{n=1}^{\infty} \exp\left(-\frac{D}{T(n)}\right) = +\infty ,$$

alors :

$$\lim_{n\to\infty} \mathbb{P}[X_n^{T(n)} \in E^m_{max}] = 1 .$$

La comparaison de ce résultat avec les théorèmes 4.5 et 4.8 montre bien l'avantage de l'algorithme MOSES, pour lequel les conditions de convergence ne dépendent que de la géométrie du graphe, et pas des variations de la fonction f, qui sont inconnues.

4.4.2 Implémentation

L'implémentation de l'algorithme MOSES est elle aussi très simple. Contrairement aux algorithmes génétiques, elle ne nécessite pas d'évaluer la fonction sur tous les éléments de la population à chaque étape, mais seulement sur ceux qui ont été modifiés. De même, il n'est pas nécessaire de conserver en mémoire la population complète des m individus, mais seulement ceux qui ont été modifiés par le tirage binomial. Dans la mesure où la probabilité de modification p_T tend vers 0, cela entraîne un gain important en place mémoire. Comme précédemment, on est amené à choisir un schéma de température $T(n)$ qui décroît par paliers.

$$\forall k \in \mathbb{N}^* \,,\; \forall n \in]\, e^{(k-1)D} \,,\, e^{kD} [\,, \quad T(n) = \frac{1}{k} . \tag{4.24}$$

La différence est que le paramètre de réglage de la longueur des paliers, qui est le diamètre du graphe, est déterminé par la structure de graphe que l'on a choisie. Nous illustrons l'implémentation sur le même problème que précédemment.

Exemple : Le problème du voyageur de commerce

Les notations sont celles de la section 4.2.4. La fonction permuter choisit un ordre "voisin" de l'ordre courant. Elle détermine donc la structure de graphe et la valeur du diamètre D. Pour le cas particulier où la fonction échange deux villes consécutives, on peut vérifier qu'il faut $D = d-2$ appels au maximum pour passer d'un ordre quelconque à un autre. Ce n'est évidemment pas un choix optimal. Permuter circulairement 3 ou 4 villes, conduira à une diminution de la valeur de D et à un temps d'exécution beaucoup plus faible. L'algorithme utilise une fonction de simulation binomiale qui retourne une variable aléatoire suivant la loi $\mathcal{B}(m,p)$. La probabilité p étant faible sur la plus grande partie du temps d'exécution, on aura intérêt à la programmer suivant la méthode d'inversion (section 2.2.2). Cette fonction détermine la taille de la population des mutants, qui sont seuls concernés par la fonction permuter. La population courante est stockée dans le tableau de taille m ordres dont les premiers éléments sont des mutants, les autres étant tous égaux à l'optimum de la population précédente (Meilleur). Quand le nombre de mutants est faible, une grande partie de la population est composée d'éléments identiques. L'utilisation d'un tableau de taille fixe entraîne donc une perte de place mémoire et beaucoup d'opérations inutiles. Une liste, ou une chaîne de pointeurs serait une structure de données mieux adaptée qu'un tableau.

```
(Initialisations)
Fmeilleur ←— d * max{δ(a,b)}
Pour i de 1 à m
   ordres[i] ←— permutation aléatoire de {1,... ,d}
   F ←— f(ordres[i])
   Si (F < Fmeilleur) alors
      Fmeilleur ←— F
      Meilleur ←— ordres[i]
   finSi
finPour
UnsurT ←— 0
n ←— 0
(Boucle principale)
Répéter
   UnsurT ←— UnsurT +1
   p ←— exp(−UnsurT)
   Palier ←— exp(UnsurT * D)
   Répéter
      Répéter
         n ←— n+1
         Nombre_Mutants ←— binomiale(m,p)
      Jusqu'à (Nombre_Mutants > 0)
      Si (Nombre_Mutants < m) alors
         Pour i de Nombre_Mutants+1 à m
            ordres[i] ←— Meilleur
         finPour
      finSi
      Pour i de 1 à Nombre_Mutants
         ordres[i] ←— permuter(ordres[i])
         F ←— f(ordres[i])
```

```
          Si (F< Fmeilleur) alors
              Fmeilleur ⟵ F
              Meilleur ⟵ ordres[i]
          finSi
      finPour
   Jusqu'à (n ≥ Palier)
Jusqu'à (arrêt de la simulation)
```

4.5 Exercices

Exercice 27. Ecrire un algorithme de simulation approchée par chaîne de Markov pour la loi uniforme sur :

1. L'ensemble des vecteurs $(k_1, \ldots, k_d)$, à coefficients entiers positifs ou nuls, tels que $k_1 + \cdots + k_d = n$ (les entiers d et n sont fixés).
2. La sphère unité de $\mathbb{R}^d$.
3. L'ensemble des sous ensembles à n éléments d'un ensemble à d éléments.
4. L'ensemble des tables de contingence de taille d, de marges fixées. Une table de contingence A est une matrice $d \times d$ à coefficients entiers positifs ou nuls, où $L = A\mathbb{1}$ (sommes par lignes) et $C = {}^tA\mathbb{1}$ (sommes par colonnes) sont des vecteurs fixés (tels que ${}^t\mathbb{1}L = {}^t\mathbb{1}C$).
5. L'ensemble des arbres à d sommets.
6. L'ensemble des graphes connexes à d sommets.

Exercice 28. Ecrire un algorithme de Metropolis pour la simulation approchée des lois de probabilité suivantes.

1. La loi sur l'ensemble des vecteurs d'entiers $(k_1, \ldots, k_d)$ de somme n qui est telle que la probabilité d'un vecteur soit proportionnelle à sa première coordonnée.
2. La loi sur la sphère unité de $\mathbb{R}^d$ dont la densité est proportionnelle au carré de la première coordonnée.
3. La loi sur l'ensemble des sous-ensembles à n éléments de $\{1, \ldots, d\}$, telle que la probabilité d'un sous-ensemble soit proportionnelle à la somme de ses éléments.
4. La loi sur l'ensemble des tables de contingence de taille d, de marges fixées, telle que la probabilité d'une table de contingence soit proportionnelle à la somme des éléments de sa diagonale principale.
5. La loi sur l'ensemble des arbres à d sommets, telle que la probabilité d'un arbre soit proportionnelle à son diamètre (nombre maximum d'arêtes dans un chemin minimal joignant deux sommets).
6. La loi sur l'ensemble des graphes connexes à d sommets, telle que la probabilité d'un graphe connexe soit proportionnelle à son nombre d'arêtes.

Exercice 29. Le but de l'exercice est d'étudier la vitesse de convergence de marches aléatoires sur l'hypercube $E = \{0,1\}^d$. C'est un des rares cas où l'on sache diagonaliser explicitement la matrice de transition, et donc évaluer précisément la vitesse de convergence. Les éléments de E seront notés $\eta, \zeta, \xi \ldots$

$$\eta = (\eta(i)) \,, \quad \eta(i) \in \{0,1\} \quad \forall i = 1, \ldots, d \,.$$

L'ensemble E est naturellement muni d'une structure de graphe $G = (E, A)$, pour laquelle deux sommets η et ζ sont voisins si et seulement si ils diffèrent en une coordonnée et une seule.

$$\{\eta,\zeta\} \in A \iff \sum_{i=1}^{d} |\eta(i) - \zeta(i)| = 1 .$$

Soit $\beta \in [0,1]$ un réel fixé. On définit la matrice de transition $P = (p_{\eta\zeta})$ par :

$$\begin{aligned} p_{\eta\zeta} &= \beta/d \quad \text{si } \eta \text{ et } \zeta \text{ sont voisins ,} \\ &= 1-\beta \text{ si } \eta = \zeta \text{ ,} \\ &= 0 \qquad \text{dans tous les autres cas .} \end{aligned}$$

Pour $\beta = 0$, la matrice P est la matrice identité, et la chaîne correspondante est constante. Pour $\beta = 1$ la matrice P est celle de la marche aléatoire symétrique sur l'hypercube G, qui à chaque pas modifie une coordonnée choisie au hasard. Cette marche aléatoire est périodique de période 2. La probabilité de revenir à l'état de départ au bout de m pas, $p_{\eta\eta}^{(m)}$, est nulle si m est impair. Pour éviter ces deux cas particuliers, nous supposerons que $0 < \beta < 1$.

1. Soit ξ un élément quelconque de E. Le *caractère* χ_ξ est la fonction de E dans $\{-1,1\}$ qui à η associe :
$$\chi_\xi(\eta) = (-1)^{{}^t\xi\eta} .$$
Montrer que la famille $(\chi_\xi)_{\xi\in E}$ est une base orthogonale. Quelle est la norme de χ_ξ ?
2. Montrer que le caractère χ_ξ est associé à la valeur propre :
$$\lambda_\xi = 1 - \frac{2\beta}{d}\sum_{i=1}^{d} \xi(i) .$$
3. En déduire que les valeurs propres de P sont :
$$1\,,\,1-\frac{2\beta}{d}\,,\,1-\frac{4\beta}{d}\,,\ldots,\,1-2\beta\,,$$
la valeur propre $1-\frac{2k\beta}{d}$ étant de multiplicité $\binom{d}{k}$.
4. Déterminer, en fonction de β, la valeur de :
$$\alpha = \max\{|\lambda_\xi|\,,\ \xi \in E\,,\ \lambda_\xi \neq 1\} .$$

Nous supposerons désormais $\beta \le d/(1+d)$. Comme base orthonormée de vecteurs propres, on choisira $(\phi_\xi)_{\xi\in E}$, où :
$$\phi_\xi(\eta) = 2^{-d/2}\chi_\xi(\eta) .$$
Notre but est d'évaluer le nombre de pas nécessaires pour qu'une chaîne de Markov de matrice de transition P atteigne l'équilibre avec une précision fixée.

5. En utilisant la relation (4.13), montrer l'estimation suivante :

$$\sum_{\zeta \in E} 2^{-d} \left(\frac{p_{\eta\zeta}^{(m)}}{2^{-d}} - 1 \right)^2 < \varepsilon \quad \text{si} \quad m > d^2 \frac{\log(2)}{4\beta} - d\frac{1}{4\beta} \log(\varepsilon) .$$

6. En utilisant la relation (4.9), montrer l'estimation suivante :

$$\sum_{\zeta \in E} 2^{-d} \left(\frac{p_{\eta\zeta}^{(m)}}{2^{-d}} - 1 \right)^2 < \varepsilon \quad \text{si} \quad m > \frac{d \log(d)}{4\beta} - \frac{d}{4\beta} \log(\log(1+\varepsilon)) .$$

   Donc l'équilibre est atteint pour un nombre de pas de l'ordre de $d\log(d)/(4\beta)$, c'est-à-dire très inférieur à la taille de l'espace (2^d).

7. On souhaite illustrer par la simulation les résultats des questions précédentes. Considérons deux copies indépendantes de la chaîne de matrice de transition P. L'une, $\{X_n^0\,;\ n \in \mathbb{N}\}$, part de la configuration constante où toutes les coordonnées sont à 0, l'autre, $\{X_n^1\,;\ n \in \mathbb{N}\}$ part de celle où toutes les coordonnées sont à 1. On note T la variable aléatoire égale à l'instant où les deux chaînes ont pour la première fois le même nombre de coordonnées à 1. On définit le "temps de mélange" :

$$T = \inf \left\{ n \in \mathbb{N}\,;\ \sum_{i=1}^{d} X_n^0(i) \ = \ \sum_{i=1}^{d} X_n^1(i) \right\} .$$

   Implémenter un algorithme de simulation qui permette de calculer un intervalle de confiance pour l'espérance de T. A l'aide de cet algorithme, on étudiera expérimentalement les variations de $\mathbb{E}[T]$ en fonction de d et β.

8. On considère la chaîne de Markov sur $E = \{0,1\}^d$ dont l'algorithme de simulation est le suivant.

```
Initialiser η
t ⟵ 0
Répéter
    choisir i, de loi uniforme sur {1,...,d}
    η(i) ⟵ 1 − η(i)
    Si (Random < 0.5) alors
        choisir j, de loi uniforme sur {1,...,d}
        η(j) ⟵ 1 − η(j)
    finSi
    t ⟵ t + 1
Jusqu'à (arrêt de la simulation)
```

Utiliser les résultats des questions précédentes pour calculer les valeurs propres de la matrice de transition, puis évaluer la vitesse de convergence de cette chaîne de Markov. Reprendre l'étude expérimentale de la question 7.

Exercice 30. Pour chacun des problèmes d'optimisation suivants, écrire un algorithme de recuit simulé, un algorithme génétique et un algorithme MOSES.

1. *Affectation de postes.* Une matrice de coûts indicée par $\{1,\dots,d\}$ est donnée.
$$\delta(i,j) \geq 0\,, \quad \forall i,j \in \{1,\dots,d\}\,.$$
Le réel $\delta(i,j)$ est le coût de formation de l'ouvrier i au poste de travail j. On note f l'application qui à une permutation σ de $\{1,\dots,d\}$ associe :
$$f(\sigma) = \sum_{i=1}^{d} \delta(i,\sigma(i))\,.$$
La quantité $f(\sigma)$ représente le coût total de formation des d ouvriers pour l'affectation σ. Le problème est de trouver une permutation σ qui minimise $f(\sigma)$.
2. *Partitionnement d'un graphe.* Un graphe $G = (S, A)$ est donné. A une partition $\{S_1, S_2\}$ de S en deux sous-ensembles, on associe la quantité :
$$f(S_1,S_2) = |A_{12}| + \lambda \Big|\, |S_1| - |S_2| \,\Big|\,,$$
où $|A_{12}|$ est le nombre total d'arêtes entre S_1 et S_2 et $\lambda > 0$ est un facteur donné de pondération. Le problème consiste à trouver une partition $\{S_1, S_2\}$ qui minimise $f(S_1, S_2)$.
3. *Coloration d'un graphe.* Un graphe $G = (S, A)$ est donné. Une coloration du graphe G est une application c de S dans $\{1,\dots,|S|\}$ telle que :
$$\forall i,j \in S\,, \quad \{i,j\} \in A \Longrightarrow c(i) \neq c(j)\,.$$
Le nombre de couleurs est :
$$f(c) = |c(S)|\,.$$
Le problème consiste à trouver une coloration utilisant le plus petit nombre de couleurs possible.
4. *Modèle de Ising.* Un graphe $G = (S, A)$ est donné. On considère l'ensemble $E = \{0,1\}^S$, et l'application f qui à une configuration $\eta \in E$ associe le nombre d'arêtes du graphe joignant des sommets d'états opposés.
$$f(\eta) = \frac{1}{2}\left(|A| - \sum_{\{i,j\}\in A} (-1)^{\eta(i)+\eta(j)}\right)\,.$$
Le problème consiste à trouver une configuration η qui minimise $f(\eta)$.

Exercice 31. Dans cet exercice, d désigne un entier positif, S et B deux ensembles de cardinal d. Les éléments $x, y, \ldots$ de S sont appelés les *objets*, les éléments $b, c, \ldots$ de B sont les *boîtes*. On considère l'ensemble $E = B^S$ des applications de S dans B. Les éléments de E, appelés *remplissages* seront notés sous forme vectorielle :

$$\forall \eta \in E \, , \quad \eta = (\eta(x))_{x \in S} \; ; \quad \eta(x) \in B \, , \, \forall x \in S \, .$$

Si x est un objet, $\eta(x)$ est la boîte qui contient l'objet x. A tout remplissage η, on associe la partition $\pi(\eta)$ de l'ensemble des objets correspondant à la relation d'équivalence $\mathcal{R}_\eta$ définie par :

$$\forall x, y \in S \, , \quad x \mathcal{R}_\eta y \iff \eta(x) = \eta(y) \, .$$

Les classes de la partition $\pi(\eta)$ sont formées par les objets placés dans la même boîte. On note $f(\eta)$ le nombre de classes de la partition $\pi(\eta)$. C'est le *nombre de boîtes* du remplissage.

Dans l'algorithme $\mathcal{A}$ suivant, Y désigne un remplissage. L'algorithme définit une chaîne de Markov homogène $(Y_t), t \in \mathbb{N}$ sur l'ensemble E.

```
Initialiser Y = (Y(x))_{x∈S}
t ←— 0
Répéter
    choisir x ∈ S avec probabilité 1/d
    choisir b ∈ B avec probabilité 1/d
    Y(x) ←— b
    t ←— t+1
Jusqu'à (arrêt de la simulation)
```

1. Expliciter les probabilités de transition de la chaîne de Markov $(Y_t), t \in \mathbb{N}$ définie par l'algorithme $\mathcal{A}$. Montrer que cette chaîne de Markov est irréductible et apériodique, et qu'elle admet la loi uniforme sur E comme mesure réversible.
2. Déduire de l'algorithme $\mathcal{A}$ un algorithme qui simule une chaîne de Markov admettant pour mesure réversible la loi de probabilité sur E telle que la probabilité de tout remplissage $\eta \in E$ soit proportionnelle à son nombre de boîtes $f(\eta)$.

   Problème du remplissage de boîte (bin packing).
   A chaque objet $x \in S$ est associée une *hauteur* $h(x) \in]0, 1[$ fixée. Chaque boîte a pour hauteur 1. Un remplissage $\eta \in E$ est dit *admissible* si aucune boîte ne déborde. L'ensemble des remplissages admissibles est noté R.

$$\eta \in R \iff \forall b \in B \, , \sum_{\substack{x \in S \\ \eta(x) = b}} h(x) \leq 1 \, .$$

   Le *problème du remplissage de boîtes* consiste à minimiser le nombre de boîtes d'un remplissage admissible.

$$\min\{f(\eta)\,;\ \eta \in R\}\,.$$

3. Déduire de l'algorithme $\mathcal{A}$ un algorithme qui simule une chaîne de Markov admettant pour mesure réversible la loi de probabilité uniforme sur R.
4. Ecrire un algorithme de recuit simulé, un algorithme génétique et un agorithme MOSES qui donne une solution approchée au problème du remplissage des boîtes.

Exercice 32. Soit F (les filles) et G (les garçons) deux ensembles finis non vides. On appelle "noce" un ensemble $N \subset F \times G$ de couples tel que :

$$\forall f \in F\,,\ |\{g \in G\,;\ (f,g) \in N\}| \leq 1 \text{ et } \forall g \in G\,,\ |\{f \in F\,;\ (f,g) \in N\}| \leq 1\,.$$

(Chaque individu a au plus un conjoint, mais peut rester célibataire.) On note E l'ensemble des noces. On note π_F et π_G les projections canoniques, de sorte que $\pi_F(N)$ est l'ensemble des filles mariées, et $\pi_G(N)$ l'ensemble des garçons mariés de la noce N.

1. L'algorithme $\mathcal{A}$ suivant simule une chaîne de Markov sur E.

```
N = ∅ ; n ←— 0
Répéter
    choisir f ∈ F avec probabilité 1/|F|
    choisir g ∈ G avec probabilité 1/|G|
    Selon ((f,g))
        cas ((f,g) ∈ N)                    (ils sont mariés ensemble)
            alors N ←— N \ {(f,g)}         (divorce)
        cas (f ∉ π_F(N) et g ∉ π_G(N))     (ils sont célibataires)
            alors N ←— N ∪ {(f,g)}         (mariage)
    finSelon
    n ←— n+1
Jusqu'à (arrêt de la simulation)
```

   a) Expliciter les probabilités de transition de cette chaîne. Montrer qu'elle est irréductible et apériodique. Montrer qu'elle admet la loi uniforme sur E comme mesure réversible.
   b) Dans le cas $|F| = |G| = 2$, l'ensemble E a 7 éléments. Représenter le diagramme de transitions de la chaîne entre ces 7 éléments.
   c) L'algorithme $\mathcal{A}$ définit sur E une structure de graphe pour laquelle deux noces distinctes sont voisines si on peut passer de l'une à l'autre par un pas d'itération. Quel est le diamètre de ce graphe, dans le cas $|F| = |G| = d$?

2. L'algorithme $\mathcal{B}$ suivant simule une autre chaîne de Markov sur E.

```
N = ∅ ; n ←— 0
Répéter
    choisir f ∈ F avec probabilité 1/|F|
```

```
choisir g ∈ G avec probabilité 1/|G|
Selon ((f,g))
   cas ((f,g) ∈ N)                          (ils sont mariés ensemble)
      alors N ⟵ N \ {(f,g)}
   cas (f ∉ π_F(N) et g ∉ π_G(N))           (ils sont célibataires)
      alors N ⟵ N ⋃{(f,g)}
   cas ((f,g') ∈ N et (f',g) ∈ N)           (ils sont mariés ailleurs)
      alors N ⟵ (N \ {(f,g'),(f',g)}) ⋃{(f,g),(f',g')}
   cas (f ∉ π_F(N) et (f',g) ∈ N)           (elle est libre, pas lui)
      alors N ⟵ (N \ {(f',g)}) ⋃{(f,g)}
   cas (g ∉ π_G(N) et (f,g') ∈ N)           (il est libre, pas elle)
      alors N ⟵ (N \ {(f,g')}) ⋃{(f,g)}
finSelon
n ⟵ n+1
Jusqu'à (arrêt de la simulation)
```

Reprendre a), b) et c) de la question précédente pour ce nouvel algorithme.

3. Ecrire un algorithme qui simule une chaîne de Markov admettant pour mesure réversible la loi de probabilité sur E telle que la probabilité d'une noce N soit proportionnelle à $\lambda^{|N|}$, où λ est un réel supérieur à 1 fixé.

4. Chaque individu a ses préférences, qui sont des réels strictement positifs : $p_f(g)$ est la préférence de la fille f pour le garçon g, c_f est sa préférence pour le célibat. De même $q_g(f)$ est la préférence du garçon g pour la fille f, et d_g sa préférence pour le célibat. (Il peut malheureusement arriver que $c_f > p_f(g) \, \forall g$, alors que $\forall g$, $q_g(f) > d_g$).
On définit l'"harmonie" comme la fonction h qui à une noce N associe :

$$h(N) = \sum_{(f,g)\in N} (p_f(g) + q_g(f)) + \sum_{f \notin \pi_F(N)} c_f + \sum_{g \notin \pi_G(N)} d_g \, .$$

Le but du jeu est évidemment de trouver une noce dans :

$$E_{max} = \{ N \in E \ t.q. \ h(N) \geq h(N') \, , \ \forall N' \in E \} \, .$$

Ecrire un algorithme de recuit simulé, un algorithme génétique et un algorithme MOSES pour ce problème.

5 Processus markoviens de saut

Les chaînes de Markov à temps continu, ou processus markoviens de saut, sont traitées dans de nombreux manuels (voir [6, 10, 12, 15, 22, 29, 30]). La présentation que nous proposons ici n'est pas classique. Elle est axée sur la simulation, et fait appel aux différentes manières de représenter un processus de saut comme une chaîne de Markov temporisée.

5.1 Algorithmes temporisés

5.1.1 Lois exponentielles et lois géométriques

La loi exponentielle et la loi géométrique modélisent des temps d'attente d'événements "imprévisibles". Nous rassemblons ici quelques propriétés de base.

Soit X une variable aléatoire suivant la loi exponentielle $\mathcal{E}(\lambda)$. Sa densité est :

$$f_X(x) = \lambda e^{-\lambda x} \mathbb{1}_{\mathbb{R}^+}(x) .$$

La fonction de répartition correspondante est :

$$F_X(x) = Prob[X \leq x] = (1 - e^{-\lambda x}) \mathbb{1}_{\mathbb{R}^+}(x) .$$

L'espérance et la variance valent respectivement :

$$\mathbb{E}[X] = \frac{1}{\lambda} \quad \text{et} \quad Var[X] = \frac{1}{\lambda^2} .$$

De nombreux algorithmes ont été proposés pour la simulation des lois exponentielles (voir [17]). Nous retiendrons le plus simple, qui est l'algorithme d'inversion (cf. 2.2.1) :

$$X \longleftarrow -\log(\mathsf{Random})/\lambda .$$

Si X suit la loi $\mathcal{E}(1)$ alors X/λ suit la loi $\mathcal{E}(\lambda)$. En pratique, X représente une durée, typiquement le temps d'attente d'un événement ou une durée de vie. La propriété importante des lois exponentielles est d'être *"sans mémoire"*. C'est une propriété caractéristique.

Proposition 5.1. *Une variable aléatoire X à valeurs dans $\mathbb{R}^+$, de fonction de répartition continue suit une loi exponentielle si et seulement si pour tout $t, h \geq 0$,*

$$Prob[X > t + h \mid X > t] = Prob[X > h] .$$

Démonstration. Si X suit la loi $\mathcal{E}(\lambda)$ alors :

$$Prob[X > t + h \mid X > t] = \frac{1 - F_X(t+h)}{1 - F_X(t)} = e^{-\lambda h} = Prob[X > h] .$$

Réciproquement si F_X est la fonction de répartition de X, elle est solution de l'équation fonctionnelle :

$$1 - F_X(t+h) = (1 - F_X(t))\,(1 - F_X(h)) .$$

Toute solution continue de cette équation est de la forme :

$$1 - F_X(t) = e^{at} ,$$

et a est nécessairement négatif car $F_X(t)$ tend vers 1 quand t tend vers $+\infty$.
□

Si X est une durée, la probabilité que cette durée s'achève dans un intervalle de temps de longueur h ne dépend pas du fait que la durée ait déjà été longue ou non. La propriété suivante est la version infinitésimale de la propriété d'absence de mémoire.

Proposition 5.2. *Une variable aléatoire X à valeurs dans $\mathbb{R}^+$ suit la loi $\mathcal{E}(\lambda)$ si et seulement si pour tout $t > 0$:*

$$Prob[X \leq t + h \mid X > t] = \lambda h + o(h) .$$

Démonstration. Si X suit la loi $\mathcal{E}(\lambda)$ alors :

$$Prob[X \leq t + h \mid X > t] = 1 - e^{-\lambda h} = \lambda h + o(h) .$$

Réciproquement si :

$$Prob[X \leq t + h \mid X > t] = \frac{F_X(t+h) - F_X(t)}{1 - F_X(t)} = \lambda h + o(h) ,$$

alors :

$$\frac{F_X(t+h) - F_X(t)}{h} = \lambda\,(1 - F_X(t)) + \frac{o(h)}{h} .$$

On en déduit la continuité, la dérivabilité à droite, puis la dérivabilité à gauche (relation analogue entre $t - h$ et t). Donc $1 - F_X(t)$ est dérivable et :

$$\frac{d}{dt}(1 - F_X(t)) = -\lambda(1 - F_X(t)) .$$

La solution de cette équation différentielle est :

$$1 - F_X(t) = e^{-\lambda t} .$$

La propriété de stabilité suivante est souvent invoquée dans la modélisation par des chaînes de Markov à temps continu.

Proposition 5.3. *Considérons n variables aléatoires indépendantes* $X_1, \ldots, X_n$*, de lois respectives* $\mathcal{E}(\lambda_1), \ldots, \mathcal{E}(\lambda_n)$*. Posons :*

$$Y = \min\{X_1, \ldots, X_n\}.$$

Alors Y *suit la loi* $\mathcal{E}(\lambda_1 + \cdots + \lambda_n)$ *et pour tout* $i = 1, \ldots, n$ *:*

$$Prob[Y = X_i] = \frac{\lambda_i}{\lambda_1 + \cdots + \lambda_n}.$$

Démonstration. Pour tout $t \geq 0$:

$$\begin{aligned} Prob[Y > t] &= Prob[X_1 > t \text{ et } \ldots \text{ et } X_n > t] \\ &= e^{-\lambda_1 t} \ldots e^{-\lambda_n t} = e^{-(\lambda_1 + \cdots + \lambda_n)t}. \end{aligned}$$

De plus :

$$\begin{aligned} Prob[Y = X_i] &= \int_{\{(x_1,\ldots,x_n)\,;\,0<x_i<x_j \forall j\}} \lambda_1 e^{-\lambda_1 x_1} \ldots \lambda_n e^{-\lambda_n x_n}\, dx_1 \ldots dx_n \\ &= \int_{x_i=0}^{\infty} \lambda_i e^{-\lambda_1 x_i} \ldots e^{-\lambda_n x_i}\, dx_i \\ &= \frac{\lambda_i}{\lambda_1 + \cdots + \lambda_n}. \end{aligned}$$

Les deux propositions suivantes précisent le rapport entre les lois exponentielles et géométriques.

Proposition 5.4. *Si* X *suit la loi* $\mathcal{E}(\lambda)$ *alors pour tout* $h > 0$ *la variable aléatoire* $K = Int[X/h] + 1$ *suit la loi géométrique de paramètre* $1 - \exp(-\lambda h)$*. (*$Int[\cdot]$ *désigne la partie entière d'un réel).*

Démonstration. Pour tout $k \geq 1$,

$$\begin{aligned} Prob[K = k] &= Prob[X \in [(k-1)h, kh[\,] \\ &= \exp(-(k-1)\lambda h) - \exp(-k\lambda h) \\ &= (1 - \exp(-\lambda h))(\exp(-\lambda h))^{k-1}. \end{aligned}$$

Proposition 5.5. *Soit* λ *un réel positif fixé. Soient* $(p_\ell)_{\ell \in \mathbb{N}}$ *et* $(h_\ell)_{\ell \in \mathbb{N}}$ *deux suites de réels strictement positifs telles que :*

$$\lim_{\ell \to \infty} p_\ell = 0 \quad , \quad \lim_{\ell \to \infty} h_\ell = 0 \quad , \quad \lim_{\ell \to \infty} \frac{p_\ell}{h_\ell} = \lambda.$$

Soit $(K_\ell)_{\ell \in \mathbb{N}}$ *une suite de variables aléatoires telles que pour tout* ℓ*,* K_ℓ *suit la loi géométrique de paramètre* p_ℓ*. Alors la suite* $(h_\ell K_\ell)_{\ell \in \mathbb{N}}$ *converge en loi vers la loi exponentielle de paramètre* λ*.*

Démonstration. On peut le vérifier par exemple en utilisant les fonctions de répartition. Pour tout $t > 0$:

$$Prob[h_\ell K_\ell \leq t] = 1 - (1 - p_\ell)^{k+1} ,$$

où $k = Int[t/h_\ell]$. Soit :

$$Prob[h_\ell K_\ell \leq t] = 1 - \exp\Big((Int[t/h_\ell] + 1)\log(1 - p_\ell)\Big) ,$$

qui converge vers $1 - \exp(-\lambda t)$ quand ℓ tend vers l'infini.

Dans les deux propositions pécédentes, il faut comprendre h ou h_ℓ comme des pas de discrétisation de l'échelle de temps. Le temps étant toujours discret pour un ordinateur, il n'y a pas de différence essentielle entre la modélisation d'une durée par une loi géométrique ou par une loi exponentielle. Nous retrouverons cette idée sous d'autres formes dans les paragraphes suivants.

5.1.2 Le processus de Poisson

Le processus de Poisson est un outil fondamental dans le passage du temps discret au temps continu. Comme nous le verrons en 5.1.5, beaucoup de processus à temps continu s'écrivent comme des chaînes de Markov dont on a remplacé l'échelle de temps $\mathbb{N}$ par une échelle dont les pas sont des variables aléatoires, i.i.d. de loi exponentielle, c'est-à-dire par un processus de Poisson. Nous ne reprendrons ici que quelques uns des aspects mathématiques de ces processus qui sont présentés dans la plupart des manuels, par exemple [10, 12, 15, 22].

Définition 5.1. *Soit (X_n) une suite de variables aléatoires indépendantes et de même loi, exponentielle $\mathcal{E}(\lambda)$. Posons $S_0 = 0$, et pour tout $n \geq 1$:*

$$S_n = X_1 + \cdots + X_n .$$

Pour tout $t \geq 0$, définissons la variable aléatoire N_t, à valeurs dans $\mathbb{N}$, par :

$$N_t = n \iff S_n \leq t < S_{n+1} .$$

On appelle processus de Poisson *d'intensité λ l'ensemble de variables aléatoires :*

$$\{ N_t \,;\, t \geq 0 \} .$$

Le processus de Poisson est un modèle de comptage d'événements aléatoires isolés dans le temps, comme des "tops" d'horloge, séparés par des durées aléatoires. Dans ce modèle :

- X_n est la durée séparant le $(n-1)$-ième top du n-ième.
- S_n est la date à laquelle survient le n-ième top.
- N_t est le nombre de tops comptés entre l'instant 0 et l'instant t.

On dit que N_t est un ***processus de comptage***, à savoir une fonction du hasard et du temps, à valeurs entières, qui est croissante dans le temps. C'est un processus ***à accroissements indépendants***.

Définition 5.2. *Un* processus à accroissements indépendants *est un ensemble de variables aléatoires* $\{N_t\,;\, t \geq 0\}$ *telles que pour tout entier k et toute suite d'instants* $t_0 < t_1 < \cdots < t_k$*, les variables aléatoires* $N_{t_1} - N_{t_0}, \ldots, N_{t_k} - N_{t_{k-1}}$ *sont indépendantes.*

C'est le cas pour le mouvement brownien. S'agissant du processus de Poisson, cette propriété est liée à la propriété d'absence de mémoire de la loi exponentielle (proposition 5.1).

Le processus de Poisson est nommé ainsi car ses accroissements suivent des lois de Poisson. Précisément, si $0 < s < t$, la variable aléatoire $N_t - N_s$ suit la loi de Poisson $\mathcal{P}(\lambda(t-s))$:

$$\mathbb{P}[N_t - N_s = n] = e^{-\lambda(t-s)} \frac{(\lambda(t-s))^n}{n!} .$$

En particulier,

$$\mathbb{E}[N_t - N_s] = \lambda(t-s) .$$

Le nombre moyen de tops comptés dans un intervalle de temps est proportionnel à l'amplitude de cet intervalle. Le coefficient de proportionnalité λ, appelé intensité du processus est le nombre moyen de tops comptés par unité de temps. Rappelons que les tops sont séparés par des durées exponentielles d'espérance $1/\lambda$. Si la durée moyenne entre deux tops est $1/\lambda$, il est normal de compter λ tops par unité de temps en moyenne.

Le fait que les accroissements suivent des lois de Poisson se traduit en une version infinitésimale, analogue à la proposition 5.2. Pour tout $t \geq 0$ on a :

1. $\mathbb{P}[N_{t+h} - N_t \geq 2] = o(h)$,
2. $\mathbb{P}[N_{t+h} - N_t = 1] = \lambda h + o(h)$.

La première des deux égalités dit que la probabilité de compter plus d'un top dans un petit intervalle de temps est négligeable. On traduit ceci en disant que le processus de Poisson est un processus ***d'événements rares***. La seconde affirme que la probabilité de compter un top dans un petit intervalle est proportionnelle à la longueur de l'intervalle, et ne dépend pas de son début, en d'autres termes que le processus est ***homogène en temps***. La propriété suivante a aussi des conséquences importantes pour les applications.

Proposition 5.6. *La loi conditionnelle de* $(S_1, \ldots, S_n)$ *sachant "*$N_t = n$*" est la loi des statistiques d'ordre d'un n-uplet de variables aléatoires indépendantes, de loi uniforme sur* $[0, t]$.

En d'autres termes, si on a compté n tops jusqu'à l'instant t, leurs dates sont réparties comme si elles avaient été tirées au hasard entre 0 et t.

Voici maintenant la version discrétisée d'un processus de Poisson. Notons h un pas de discrétisation de l'échelle de temps, à savoir l'amplitude d'un petit intervalle de temps (le centième de seconde pour fixer les idées). Le décompte des tops d'horloge se fera selon la discrétisation. Nous notons I_k la fonction indicatrice de l'événement "un top a été compté dans l'intervalle $[(k-1)h, kh[$". Ces événements sont supposés indépendants. En notant p la probabilité qu'un top soit compté dans un intervalle d'amplitude h, I_k suit la loi de Bernoulli de paramètre p. Si le nombre moyen de tops dans un intervalle d'amplitude 1 reste λ, on doit choisir $p = \lambda h$. Comme p est strictement positif, les I_k prendront presque sûrement la valeur 1 une infinité de fois. Définissons les suites de variables aléatoires (Z_n) et (Y_n) de la façon suivante :

- Z_n est le n-ième indice k tel que I_k prend la valeur 1,
- $Y_n = Z_n - Z_{n-1}$ est le nombre d'intervalles entre le $(n-1)$-ième et le n-ième top.

Les variables aléatoires Y_n sont indépendantes et de même loi $\mathcal{G}(p)$. Quand h tend vers 0, le rapport $p/h = \lambda$ restant constant, la loi de hY_n converge vers la loi exponentielle $\mathcal{E}(\lambda)$ (proposition 5.5).

Considérons maintenant deux instants s et t, multiples entiers de h. Notons N_t^h le nombre de tops comptés entre 0 et t. L'accroissement $N_t^h - N_s^h$ est le nombre de tops comptés entre s et t. Les tops survenant indépendamment avec probabilité p, $N_t^h - N_s^h$ suit la loi binomiale de paramètres $(t-s)/h$ et $p = \lambda h$. Quand h tend vers 0, cette loi converge vers la loi de Poisson $\mathcal{P}(\lambda(t-s))$. De plus, par construction, $N_t^h - N_s^h$ est indépendant de N_s^h (accroissements indépendants). Il est donc raisonnable d'affirmer que quand h tend vers 0, le processus $\{N_t^h\,;\, t \geq 0\}$ converge en loi vers le processus de Poisson d'intensité λ. Transformer les arguments qui précèdent en une démonstration rigoureuse nécessite la mise au point de quelques détails techniques sur lesquels nous passerons. Il est bon de garder en mémoire les deux versions, continue et discrète, au moment des applications pratiques. L'algorithme suivant simule la version discrète et constitue une illustration sonore du processus de Poisson. Ce n'est évidemment pas le meilleur algorithme de simulation.

```
Répéter
    Répéter
    Jusqu'à (Random < p)      (choisir une valeur de p très faible)
    Emettre un Bip sonore     (très court)
Jusqu'à (lassitude de l'auditoire)
```

De nombreuses situations sont modélisées par les processus de Poisson : arrivées de clients dans une file d'attente, appels à un central téléphonique, désintégration de particules radioactives (compteur Geiger), pannes de composants électroniques... Pour se faire une idée concrète de ce qu'est un processus de Poisson, rien ne vaut la simulation. On peut bien sûr programmer en suivant la définition, ce qui implique des tirages successifs de variables exponentielles. On peut aussi appliquer la proposition 5.6. Pour simuler des événements poissonniens sur l'intervalle de temps $[0,t]$, on commence par choisir la valeur n prise par N_t suivant la loi $\mathcal{P}(\lambda t)$, puis on simule les dates d'arrivées des n événements, en les tirant au hasard suivant la loi uniforme sur $[0,t]$. La figure 5.1 représente une trajectoire simulée d'un processus de Poisson d'intensité 2 sur l'intervalle $[0,10]$. On constate que d'assez longues périodes sans aucun comptage alternent avec des rafales de comptages rapprochés. Il n'y a pas d'autre explication à la fameuse "loi des séries" chère aux journalistes. Si des événements (comme par exemple des accidents d'avion) arrivent rarement, de manière imprévisible et indépendante, on ne peut pas imaginer qu'ils surviennent à des intervalles de temps réguliers. Il faut plutôt s'attendre à les voir survenir parfois de manière rapprochée, par "séries".

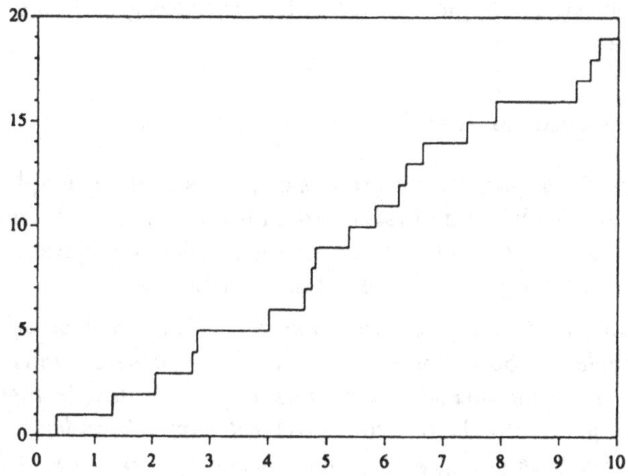

Figure 5.1 – Trajectoire d'un processus de Poisson d'intensité 2.

Il est important de comprendre quelles hypothèses de modélisation l'utilisation d'un processus de Poisson sous-entend. Dire que des événements surviennent selon un processus de Poisson, c'est supposer qu'à chaque instant l'arrivée du prochain événement est parfaitement imprévisible, c'est-à-dire indépendante de ce qui a précédé. On suppose de plus que l'intensité (nombre moyen d'événements par unité de temps) reste constante. C'est dans la version discrétisée que les conséquences de ces hypothèses sont les plus tangibles. Supposons que l'on souhaite modéliser des arrivées de clients dans un magasin. Les questions sont les suivantes.

- Les clients arrivent-ils un par un (événements rares) ?

- Dans une seconde fixée, les chances de voir arriver un client sont-elles constantes (homogénéité en temps) ?
- Le temps qui s'est écoulé depuis l'arrivée du dernier client est-il sans incidence sur les chances d'en voir arriver un autre bientôt (accroissements indépendants) ?

La réponse à ces questions est généralement négative, mais un modèle poissonnien peut néanmoins être valable en première approximation si l'observation a lieu sur un intervalle de temps limité. Quand il conduit à des résultats faux, on a recours à des modèles plus sophistiqués, qui sont des généralisations du processus de Poisson. Par exemple les *processus de renouvellement* sont des processus de comptage d'événements séparés par des durées indépendantes, mais de loi autre qu'exponentielle. Les *processus de Poisson non homogènes* sont des processus de comptage, à accroissements indépendants, d'événements rares, mais la loi de $N_{t+h} - N_t$ dépend de t. Les *processus de Poisson composés* permettent de cumuler des sommes aléatoires autres que binaires : au lieu d'ajouter 1 à chaque top, on ajoute une variable aléatoire. Ceci permet en particulier de tenir compte d'arrivées groupées dans les modèles d'attente.

5.1.3 Chaînes temporisées

Le passage du temps discret au temps continu se fait en remplaçant le pas de temps fixe d'une chaîne de Markov (définition 3.1), par des intervalles de temps aléatoires indépendants de lois exponentielles. Les paramètres de ces exponentielles peuvent dépendre de l'état de la chaîne.

Définition 5.3. *Soit $(X_n)_{n\in\mathbb{N}}$ une chaîne de Markov à valeurs dans un espace mesurable E. Soit λ une application bornée de E dans $\mathbb{R}^{+*}$. Soit $(V_n)_{n\in\mathbb{N}}$ une suite de variables aléatoires indépendantes de même loi, exponentielle de paramètre 1. La suite (V_n) est supposée indépendante de la chaîne (X_n). On note $(T_n)_{n\in\mathbb{N}}$ la suite croissante d'instants de $\mathbb{R}^+$ définie par $T_0 = 0$ et pour tout $n \geq 1$:*

$$T_n = \frac{V_0}{\lambda(X_0)} + \cdots + \frac{V_{n-1}}{\lambda(X_{n-1})} .$$

Pour tout $t \geq 0$, on note Z_t la variable aléatoire définie par :

$$\forall t \in [T_n, T_{n+1}[\,, \quad Z_t = X_n .$$

Le processus $\{Z_t \,;\, t \geq 0\}$ est un processus markovien de saut, *ou* version temporisée *de la chaîne (X_n).*

Dans la définition 5.3 nous n'avons rien fait d'autre que remplacer l'échelle de temps $\mathbb{N}$ de la chaîne par une échelle de temps aléatoire. L'incrémentation du temps est la seule chose qui soit modifiée dans l'algorithme de simulation de la chaîne.

```
t ⟵ 0
Initialiser X
Répéter
    x ⟵ X          (état présent)
    choisir l'état suivant y
    X ⟵ y          (état suivant)
    t ⟵ t − log(Random)/λ(x)
Jusqu'à (arrêt de la simulation)
```

Le coefficient $\lambda(x)$ doit être compris comme le ***taux de saut*** à partir de l'état x. Son inverse $1/\lambda(x)$ est le temps moyen avant le prochain saut quand le processus est dans l'état x. Il n'est pas exclu que ce prochain saut conduise encore la chaîne dans l'état x (saut fictif). Le temps de séjour réel du processus dans l'état x en sera prolongé d'autant. Nous reviendrons en détail sur cette question des sauts fictifs et des temps de séjour dans les paragraphes suivants. Les $\lambda(x)$ étant supposés bornés, la suite T_n des instants de saut du processus tend presque sûrement vers l'infini. Dans le cas particulier où la fonction λ est constante, cette suite forme un processus de Poisson homogène d'intensité λ. Un taux $\lambda(x)$ nul correspondrait à une durée de séjour infinie dans l'état x, qui serait alors qualifié d'***état absorbant***.

Comme pour la définition algorithmique des chaînes de Markov 3.1, il est légitime de se demander quel est le degré de généralité de la définition 5.3. Il existe de nombreuses variétés de processus de Markov. Pour ne citer que le plus célèbre, le mouvement brownien ne relève clairement pas de la définition 5.3. Dans les applications aux réseaux de files d'attente, d'automates stochastiques ou de Petri, on peut la plupart du temps se ramener au cas où l'espace d'états est fini. Tout processus de Markov sur un espace fini peut être construit comme indiqué dans la définition 5.3. C'est à ce cas là que nous nous limiterons désormais. Selon les algorithmes de simulation, il pourra apparaître que l'espace d'états naturel est infini dénombrable (par exemple $\mathbb{N}$ pour une file d'attente). Sur un espace d'états dénombrable, la plupart des processus de Markov d'intérêt pratique peuvent s'écrire comme des versions temporisées de chaînes de Markov (voir 5.1.5 et Çinlar [15]).

5.1.4 Taux de transition et générateur

Nous supposons désormais que l'espace d'états $E = \{i, j, \dots\}$ est fini. Notre but est d'établir la relation entre la définition 5.3 et la présentation classique des processus de Markov sur un ensemble fini, à partir des taux de transition et du générateur correspondant. Nous nous plaçons dans le cas homogène. La loi de la chaîne de Markov (X_n) que l'on temporise est caractérisée par la loi de X_0 et la matrice de transition $P = (p_{ij})_{i,j \in E}$. La temporisation rajoute en plus les taux de saut $(\lambda(i))_{i \in E}$. L'algorithme (théorique) est le suivant.

```
t ←— 0
Initialiser X
Répéter
    i ←— X          (état présent)
    choisir j avec probabilité p_ij
    X ←— j          (état suivant)
    t ←— t - log(Random)/λ(i)
Jusqu'à (arrêt de la simulation)
```

On suppose désormais que la chaîne n'a pas d'état absorbant :

$$\forall i \in E\,, \quad p_{ii} < 1\,.$$

Soit i un état tel que $p_{ii} > 0$. Dans l'algorithme ci-dessus il est possible que plusieurs étapes consécutives maintiennent le processus dans l'état i. Nous commençons par définir la *chaîne incluse* associée à une chaîne de Markov (X_n) comme la suite des états visités par (X_n), en excluant les visites redoublées dans un même état lors de pas consécutifs.

Définition 5.4. *Soit $(X_n)_{n\in\mathbb{N}}$ une chaîne de Markov de matrice de transition P, ne possédant aucun état absorbant. Posons :*

$$X'_0 = X_0 \quad et \quad N_0 = \inf\{n > 0\,;\ X_n \neq X_0\}\,.$$

L'entier N_0 est la durée de séjour (discrète) dans l'état initial. Nous définissons par récurrence la suite des visites distinctes (X'_m) et la suite des durées de séjour discrètes (N_m) de la façon suivante.

$$\forall m \geq 0\,,\ X'_{m+1} = X_{N_0+\cdots+N_m} \text{ et } N_{m+1} = \inf\{n > 0\,;\ X_{N_m+n} \neq X'_{m+1}\}\,.$$

L'absence d'état absorbant entraîne que toutes les durées de séjour sont finies, ce qui assure la cohérence de la définition ci-dessus.

Proposition 5.7. *La suite des visites (X'_m) est une chaîne de Markov homogène dont les probabilités de transition sont :*

$$\begin{aligned} p'_{ij} &= \frac{p_{ij}}{1-p_{ii}} \quad si\ i \neq j\,,\\ &= 0 \qquad\quad si\ i = j\,. \end{aligned}$$

Sachant que la suite des m+1 premières visites est $i_0,\ldots,i_m$, les m+1 durées de séjour correspondantes $N_0,\ldots,N_m$ sont distribuées comme un $(m+1)$-uplet de variables aléatoires indépendantes de lois géométriques, les paramètres respectifs étant $1-p_{i_0i_0},\ldots,1-p_{i_mi_m}$.

Démonstration. La suite des visites successives est produite par l'algorithme suivant.

```
m ←— 0
Initialiser X'
```

```
Répéter
    i ⟵ X'          (état présent)
    Répéter
        choisir j avec probabilité p_ij
    Jusqu'à (j ≠ i)
    X' ⟵ j          (état suivant)
    m ⟵ m + 1
Jusqu'à (arrêt de la simulation)
```

C'est donc une chaîne de Markov (définition 3.1). La durée de séjour discrète dans l'état i est le nombre de parcours de la boucle :

```
Répéter
    choisir j avec probabilité p_ij
Jusqu'à (j ≠ i)
```

La loi est donc géométrique (proposition 2.2) et son paramètre est la probabilité de l'événement par lequel on conditionne, soit :

$$\sum_{j \neq i} p_{ij} = 1 - p_{ii} .$$

La probabilité p'_{ij} d'atteindre l'état j à partir de l'état i est la probabilité conditionnelle sachant l'événement $j \neq i$. □

Voici maintenant les notions correspondantes pour la version temporisée.

Définition 5.5. *Soit* $\{Z_t\,;\, t \geq 0\}$ *une version temporisée de la chaîne* (X_n) *(définition 5.3). On suppose encore que la chaîne* (X_n) *n'a pas d'état absorbant. On note :*

$$X'_0 = Z_0 \quad et \quad D_0 = \inf\{t > 0\,;\; Z_t \neq X'_0\} .$$

Nous définissons par récurrence la suite des visites distinctes (X'_m) *et la suite des durées de séjour continues* (D_m) *de la façon suivante.*

$$\forall m \geq 0\,,\; X'_{m+1} = Z_{D_0 + \cdots + D_m} \text{ et } D_{m+1} = \inf\{t > 0\,;\; Z_{D_m + t} \neq X'_{m+1}\} .$$

Bien entendu, la suite des visites définie ci-dessus et la suite des visites de la définition 5.4 sont identiques. C'est une chaîne de Markov, que nous appellerons la *chaîne incluse* du processus.

Proposition 5.8. *Sachant que la suite des* $m+1$ *premières visites est* $i_0, \ldots, i_m$*, les* $m+1$ *durées de séjour continues* $D_0, \ldots, D_m$ *sont distribuées comme un* $(m+1)$*-uplet de variables aléatoires indépendantes de lois exponentielles, les paramètres respectifs étant* $\lambda(i_0)(1 - p_{i_0 i_0}), \ldots, \lambda(i_m)(1 - p_{i_m i_m})$.

Le produit $\lambda(i)(1 - p_{ii})$ apparaît donc comme le *taux de sortie* de l'état i, son inverse étant le temps moyen de séjour dans cet état.

Démonstration. La durée totale de séjour dans l'état i est calculée par la boucle suivante :

```
D ←— 0
Répéter
    choisir j avec probabilité p_ij
    D ←— D - log(Random)/λ(i)
Jusqu'à (j ≠ i)
```

Soit N la durée de séjour discrète. Conditionnellement à "$N = n$", la loi de la durée de séjour est celle de la somme de n variables exponentielles de paramètre $\lambda(i)$ indépendantes. C'est la loi Gamma $\mathcal{G}(n, \lambda(i))$, de densité :

$$f_D^{N=n}(x) = \frac{\lambda^n(i)x^{n-1}}{(n-1)!}e^{-\lambda(i)x}\mathbb{1}_{\mathbb{R}^{+*}}(x) .$$

La densité de D est donc :

$$\begin{aligned}
f_D(x) &= \sum_{n=1}^{\infty} f_D^{N=n}(x)\, Prob[N = n] \\
&= \sum_{n=1}^{\infty} \frac{\lambda^n(i)x^{n-1}}{(n-1)!}e^{-\lambda(i)x}\mathbb{1}_{\mathbb{R}^{+*}}(x)\,(1-p_{ii})p_{ii}^{n-1} \\
&= (1-p_{ii})\lambda(i)e^{-\lambda(i)x}\mathbb{1}_{\mathbb{R}^{+*}}(x)\sum_{n=1}^{\infty}\frac{(\lambda(i)p_{ii}x)^{n-1}}{(n-1)!} \\
&= \lambda(i)(1-p_{ii})e^{-\lambda(i)(1-p_{ii})x}\mathbb{1}_{\mathbb{R}^{+*}}(x) .
\end{aligned}$$

D'où le résultat.

La correspondance entre les temps de séjour discrets (géométriques) et les temps de séjour continus (exponentiels) n'est pas surprenante au vu des propositions 5.4 et 5.5.

Les propositions 5.7 et 5.8 montrent que si on remplace dans la définition 5.3 la chaîne (X_n) par la chaîne incluse (X'_n) et les taux de saut $\lambda(i)$ par les taux de sortie $\lambda(i)(1-p_{ii})$, on obtient le même processus $\{Z_t\,;\, t \geq 0\}$. Considérons deux chaînes de Markov, de matrices de transition P et Q, et deux vecteurs de taux de sauts $(\lambda(i))$ et $(\mu(i))$. Les versions temporisées correspondantes auront la même loi si :

$$\forall i \neq j\,, \quad \frac{p_{ij}}{1-p_{ii}} = \frac{q_{ij}}{1-q_{ii}}\,,$$

(même chaîne incluse) et :

$$\forall i\,, \quad \lambda(i)(1-p_{ii}) = \mu(i)(1-q_{ii})\,,$$

(mêmes taux de sortie). Ceci équivaut à :

$$\forall i \neq j\,, \quad \lambda(i)p_{ij} = \mu(i)q_{ij}\,.$$

Les quantités $\lambda(i)p_{ij}$, pour $i \neq j$ sont donc intrinsèquement liées au processus et non à sa représentation comme chaîne de Markov temporisée. Ce sont les *taux de transition*, que l'on note habituellement λ_{ij}.

$$\lambda_{ij} = \lambda(i)p_{ij} , \quad \forall i \neq j .$$

En termes matriciels, la condition nécessaire et suffisante pour que les deux chaînes de Markov temporisées conduisent au même processus s'écrit :

$$Diag((\lambda(i))\,(P - I) = Diag((\mu(i))\,(Q - I) .$$

La valeur commune de ces matrices est le *générateur* du processus, noté Λ. C'est une matrice carrée indicée par E. Ses coefficients hors de la diagonale sont les taux de transition. Le coefficient d'ordre i de la diagonale est habituellement noté $-\lambda_{i\bullet}$.

$$\lambda_{i\bullet} = \sum_{j \neq i} \lambda_{ij} .$$

La somme des éléments d'une même ligne vaut 0 :

$$\Lambda \mathbb{1} = 0 .$$

5.1.5 Chaîne incluse et chaîne harmonisée

Dans les applications, un modèle markovien continu est défini par ses taux de transition λ_{ij}, qui ont en général une signification concrète (nombres moyens de clients, de pannes, de services ou de réparations par unité de temps par exemple). La représentation d'un processus sous forme de chaîne de Markov temporisée autorise une certaine latitude dans le choix d'un algorithme de simulation.

Considérons par exemple un automate binaire ($E = \{0, 1\}$) dont les taux de transition de 0 à 1 et de 1 à 0 sont respectivement :

$$\lambda_{01} = 5 \quad \text{et} \quad \lambda_{10} = 4 .$$

Pour simuler ce processus, il faut choisir une matrice de transition P sur $\{0, 1\}$ et deux taux de saut $\lambda(0)$ et $\lambda(1)$ tels que :

$$\lambda(0)p_{01} = 5 \quad \text{et} \quad \lambda(1)p_{10} = 4 .$$

Deux des 4 paramètres peuvent être choisis arbitrairement. Un choix possible est celui correspondant à la chaîne incluse :

$$p_{01} = 1 \quad \text{et} \quad p_{10} = 1 .$$

Mais on pourrait prendre aussi :

$$p_{01} = \frac{1}{2} \quad \text{et} \quad p_{10} = \frac{1}{3}\,.$$

Un choix naturel est :

$$p_{01} = 1 \quad \text{et} \quad p_{10} = \frac{4}{5}\,.$$

Alors :

$$\lambda(0) = \lambda(1) = 5\,.$$

C'est la *version harmonisée* du processus.

Proposition 5.9. *Soit Λ un générateur markovien sur un ensemble fini E. Posons*

$$\lambda = \max_i \lambda_{i\bullet} = \max_i \sum_{j\neq i} \lambda_{ij}\,.$$

Définissons la matrice de transition P par :

$$P = I + \frac{1}{\lambda}\Lambda\,.$$

Soit (X_n) une chaîne de Markov de matrice de transition P. Alors la version temporisée de (X_n) par le vecteur constant $\lambda\mathbb{1}$ a pour générateur Λ.

Démonstration. c'est une conséquence immédiate des résultats du paragraphe précédent.

Définition 5.6. *Soit Λ un générateur de Markov sur E. On appelle* chaîne harmonisée *associée à Λ une chaîne de Markov de matrice de transition :*

$$P = I + \frac{1}{\lambda}\Lambda\,,$$

où

$$\lambda = \max_i \lambda_{i\bullet} = \max_i \sum_{j\neq i} \lambda_{ij}\,.$$

La définition de la chaîne harmonisée s'étend de manière évidente à des processus de Markov sur des ensembles infinis dénombrables, pourvu que :

$$\sup_i \sum_{j\neq i} \lambda_{ij} < \infty\,.$$

On parle alors de *processus harmonisable*, ou *uniformisable* (voir [15, 31]).

On peut voir la simulation de la chaîne harmonisée comme une extension de la méthode de rejet. Dans la version temporisée, la suite des instants de saut forme un processus de Poisson homogène d'intensité λ. Il faut comprendre λ comme une unité par laquelle on peut quantifier la vitesse de fonctionnement du processus de générateur Λ. Nous l'appellerons l'*horloge interne* du processus. Désignons par (X_n) une chaîne de Markov de matrice de transition P et par $\{N_t\,;\, t \geq 0\}$ un processus de Poisson d'intensité λ, indépendant de la chaîne (X_n). Pour tout $t \geq 0$, posons :

$$Z_t = X_{N_t}\,.$$

Le processus $\{Z_t\,;\, t \geq 0\}$ est un processus markovien de saut, de générateur $\Lambda = \lambda(P - I)$. Cette écriture permet de ramener l'étude théorique des processus markoviens harmonisables à celle des chaînes de Markov. Nous l'utiliserons en 5.1.7.

La chaîne harmonisée présente l'avantage théorique d'avoir le même comportement asymptotique que le processus à temps continu. En particulier si la chaîne admet la loi de probabilité p comme mesure stationnaire (ou réversible), alors il en est de même pour le processus. La vitesse d'accès à l'équilibre du processus est celle de la chaîne harmonisée, au facteur λ près (voir 4.1.5).

Sur le plan algorithmique, il pourrait sembler plus efficace de simuler la chaîne incluse, qui évite les sauts fictifs d'un état vers lui-même. Nous donnerons une implémentation des deux méthodes en 6.3.3. En pratique c'est très souvent la chaîne harmonisée qui s'avère la meilleure. Les pertes de temps que sont les sauts fictifs sont largement compensées par une économie importante sur le nombre de tests, et surtout dans la gestion de l'échelle de temps. Nous étudions ceci dans le paragraphe suivant.

5.1.6 Pratique de la simulation

Rappelons l'algorithme théorique de simulation d'une chaîne de Markov temporisée.

```
t ⟵ 0
Initialiser X
Répéter
    i ⟵ X            (état présent)
    choisir j avec probabilité p_ij
    X ⟵ j            (état suivant)
    t ⟵ t - log(Random)/λ(i)
Jusqu'à (arrêt de la simulation)
```

Les tirages aléatoires correspondant aux incrémentations de l'échelle de temps sont indépendants entre eux et indépendants des choix de sauts de la chaîne. Ils alourdissent l'algorithme, et sont en fait inutiles dans la plupart des applications. En général on n'écrit pas un algorithme de simulation pour observer seulement quelques dizaines de sauts du processus. La boucle de simulation sera exécutée des milliers, voire des millions de fois. Dans ces conditions, le suivi pas à pas de l'échelle de temps est superflu. On peut ne l'observer que tous les K pas (disons $K = 1000$ pour fixer les idées). Sur K itérations, l'échelle de temps aura été incrémentée de la somme de K variables exponentielles indépendantes. Bien que ces variables ne soient pas de même loi, le théorème central limite s'applique dans ce cas (voir Feller [22] p. 262). On pourra donc remplacer l'incrémentation totale sur les K pas de temps par une variable aléatoire suivant une loi normale de même moyenne et de même variance. L'algorithme devient alors le suivant.

```
t ⟵ 0
Initialiser X
Répéter
    moyenne ⟵ 0
    variance ⟵ 0
    Répéter K fois
        i ⟵ X          (état présent)
        choisir j avec probabilité p_ij
        X ⟵ j          (état suivant)
        moyenne ⟵ moyenne+1/λ(i)
        variance ⟵ variance+(1/λ(i))^2
    finRépéter
    t ⟵ t + moyenne + Normale(0,1) *√variance
Jusqu'à (arrêt de la simulation)
```

(Rappelons que l'espérance de la loi exponentielle de paramètre λ est $1/\lambda$ et que sa variance est $1/\lambda^2$). Il faut remarquer de plus qu'au bout des K itérations, si K est assez grand, l'écart-type sera petit devant la moyenne. De sorte qu'on ne commettra pas une grosse erreur en incrémentant l'échelle de temps seulement par les durées moyennes.

```
t ⟵ 0
Initialiser X
Répéter
    i ⟵ X          (état présent)
    choisir j avec probabilité p_ij
    X ⟵ j          (état suivant)
    t ⟵ t + 1/λ(i)
Jusqu'à (arrêt de la simulation)
```

Le cas de la simulation par la chaîne temporisée est particulier. Si tous les $\lambda(i)$ sont égaux à λ, l'échelle de temps discrète et l'échelle de temps continue sont proportionnelles en moyenne. Il suffit donc de compter les sauts de la chaîne, c'est-à-dire d'incrémenter l'échelle de temps par pas de 1. En d'autres termes, il n'y a pratiquement aucune différence algorithmique entre la simulation d'un processus et la simulation de sa chaîne harmonisée. C'est un des avantages de la chaîne harmonisée par rapport à la chaîne incluse pour ce qui est de la simulation.

Exemple 1 : Automate binaire.

Considérons le processus markovien sur $E = \{0, 1\}$ dont le générateur est :

$$\Lambda = \begin{pmatrix} -\lambda & \lambda \\ \mu & -\mu \end{pmatrix} .$$

La matrice de transition de la chaîne incluse est :

$$P = \begin{pmatrix} 0 & 1 \\ 1 & 0 \end{pmatrix} .$$

L'algorithme de simulation correspondant est le suivant.

```
t ←— 0
Initialiser X
Répéter
    Si (X = 0)
        alors
            X ←— 1
            t ←— t + 1/λ
        sinon
            X ←— 0
            t ←— t + 1/μ
    finSi
Jusqu'à (arrêt de la simulation)
```

Supposons $\lambda < \mu$. La matrice de transition de la chaîne harmonisée est :

$$P = \begin{pmatrix} 1 - \frac{\lambda}{\mu} & \frac{\lambda}{\mu} \\ 1 & 0 \end{pmatrix} .$$

Les taux de saut sont constants, $\lambda(0) = \lambda(1) = \mu$. L'algorithme de simulation est le suivant.

```
t ←— 0
Initialiser X
Répéter
    Si (X = 0)
        alors
            Si (Random < λ/μ)
                X ←— 1
            finSi
        sinon
            X ←— 0
    finSi
    t ←— t + 1
Jusqu'à (arrêt de la simulation)
t ←— t/μ
```

Bien entendu, la constante λ/μ devra être précalculée en dehors de la boucle principale. Selon les valeurs de λ et μ, les "sauts fictifs" en 0 pourront être compensés par la simplification dans la gestion de l'échelle de temps.

Exemple 2 : File M/M/1.

La file M/M/1 (voir par exemple [6, 30, 60, 61, 132]) est le processus de naissance et de mort sur $\mathbb{N}$ dont les taux de transition sont :

$$\begin{aligned}\lambda_{ij} &= \lambda \text{ si } i \geq 0 \,,\ j = i+1 \,,\\ &= \mu \text{ si } i > 0 \,,\ j = i-1 \,,\\ &= 0 \text{ dans tous les autres cas} \,.\end{aligned}$$

Pour la simulation par la chaîne incluse, on aura :

$$\begin{aligned}p_{ij} &= 1 && \text{si } i = 0 \,,\ j = 1 \,,\\ &= \lambda/(\lambda+\mu) && \text{si } i > 0 \,,\ j = i+1 \,,\\ &= \mu/(\lambda+\mu) && \text{si } i > 0 \,,\ j = i-1 \,,\\ &= 0 && \text{dans tous les autres cas} \,.\end{aligned}$$

Les taux de sortie sont :

$$\begin{aligned}\lambda(i) &= \lambda && \text{si } i = 0 \,,\\ &= \lambda+\mu && \text{si } i > 0 \,.\end{aligned}$$

L'algorithme de simulation correspondant est le suivant.

```
t ←— 0
Initialiser X
Répéter
    Si (X = 0)
        alors
            X ←— 1
            t ←— t + 1/λ
        sinon
            Si (Random < λ/(λ + μ))
                alors
                    X ←— X + 1
                sinon
                    X ←— X − 1
            finSi
            t ←— t + 1/(λ + μ)
    finSi
Jusqu'à (arrêt de la simulation)
```

Bien évidemment les constantes $1/\lambda$, $1/(\lambda+\mu)$ et $\lambda/(\lambda+\mu)$ seront précalculées en dehors de la boucle principale.

Pour la chaîne harmonisée, les probabilités de transition sont :

$$\begin{aligned}p_{00} &= \mu/(\lambda+\mu) \,,\\ p_{01} &= \lambda/(\lambda+\mu) \,,\\ p_{ij} &= \lambda/(\lambda+\mu) && \text{si } i > 0 \,,\ j = i+1 \,,\\ &= \mu/(\lambda+\mu) && \text{si } i > 0 \,,\ j = i-1 \,,\\ &= 0 && \text{dans tous les autres cas} \,.\end{aligned}$$

Les taux de saut sont constants :

$$\lambda(i) = \lambda + \mu \quad \forall i \geq 0 .$$

L'algorithme de simulation correspondant est le suivant.

```
t ⟵ 0
Initialiser X
Répéter
   Si (Random < λ/(λ + μ))
      alors
         X ⟵ X + 1
      sinon
         Si (X > 0) alors X ⟵ X − 1
         finSi
   finSi
   t ⟵ t + 1
Jusqu'à (arrêt de la simulation)
t ⟵ t/(λ + μ)
```

Si λ est suffisamment grand par rapport à μ, les "sauts fictifs" en 0 seront compensés par la simplification dans la gestion de l'échelle de temps et l'économie en nombre de tests, et la simulation par la chaîne harmonisée sera plus rapide à l'exécution que la simulation par la chaîne incluse.

La simulation de la chaîne harmonisée n'est pas toujours possible.

Exemple 3 : File M/M/∞.

La file M/M/∞ (voir [6, 132]) est le processus de naissance et de mort sur $\mathbb{N}$ dont les taux de transition sont :

$$\begin{aligned}
\lambda_{ij} &= \lambda \quad \text{si } i \geq 0 \,,\ j = i+1 \,, \\
&= i\,\mu \ \text{si } i > 0 \,,\ j = i-1 \,, \\
&= 0 \quad \text{dans tous les autres cas} \,.
\end{aligned}$$

Le taux de sortie de l'état i est donc $\lambda_{i\bullet} = \lambda + i\mu$, et on ne peut pas définir la chaîne harmonisée. Pour la simulation par la chaîne incluse, on aura :

$$\begin{aligned}
p_{ij} &= 1 & &\text{si } i = 0 \,,\ j = 1 \,, \\
&= \lambda/(\lambda + i\mu) & &\text{si } i > 0 \,,\ j = i+1 \,, \\
&= i\mu/(\lambda + i\mu) & &\text{si } i > 0 \,,\ j = i-1 \,, \\
&= 0 & &\text{dans tous les autres cas} \,.
\end{aligned}$$

L'algorithme de simulation est le suivant.

```
t ⟵ 0
Initialiser X
Répéter
```

```
Si (X = 0)
   alors
      X ←— 1
      t ←— t + 1/λ
   sinon
      t ←— t + 1/(λ + X * μ)
      Si (Random < λ/(λ + X * μ))
         alors
            X ←— X + 1
         sinon
            X ←— X − 1
      finSi
finSi
Jusqu'à (arrêt de la simulation)
```

Même dans le cas où on peut définir la version harmonisée, ce ne sera pas forcément le meilleur choix.

Exemple 4 : File M/M/s.

La file M/M/s est le processus de naissance et de mort sur $\mathbb{N}$ dont les taux de transition sont :

$$\begin{aligned}\lambda_{ij} &= \lambda \quad \text{si } i \geq 0\,,\ j = i+1\,,\\ &= i\,\mu \text{ si } 0 < i < s\,,\ j = i-1\,,\\ &= s\,\mu \text{ si } i \geq s\,,\ j = i-1\,,\\ &= 0 \quad \text{dans tous les autres cas}\,.\end{aligned}$$

L'horloge interne est donc :

$$\max_i \lambda_{i\bullet} = \lambda + s\mu\,.$$

Les probabilités de transition de la chaîne harmonisée sont les suivantes.

$$\begin{aligned}p_{ij} &= \lambda/(\lambda+s\mu) && \text{si } i \geq 0\,,\ j = i+1\,,\\ &= i\mu/(\lambda+s\mu) && \text{si } 0 < i < s\,,\ j = i-1\,,\\ &= s\mu/(\lambda+s\mu) && \text{si } i \geq s\,,\ j = i-1\,,\\ &= 0 && \text{dans tous les autres cas}\,,\end{aligned}$$

$$\begin{aligned}p_{ii} &= 1 - ((\lambda+i\mu)/(\lambda+s\mu)) && \text{si } 0 \leq i < s\,,\\ &= 0 && \text{dans tous les autres cas}\,.\end{aligned}$$

Voici l'algorithme de simulation correspondant.

```
t ←— 0
Initialiser X
Répéter
   choix←— Random
   Si (choix < λ/(λ + sμ))
```

```
    alors
        X ←— X + 1
    sinon
        Si (X < s)
            alors
                Si (choix< (λ + X * μ)/(λ + s * μ))
                    alors
                        X ←— X − 1
                finSi
            sinon
                X ←— X − 1
        finSi
    finSi
    t ←— t + 1
Jusqu'à (arrêt de la simulation)
t ←— t/(λ + s * μ)
```

Prenons par exemple $s = 10$, $\lambda = 0.1$ et $\mu = 1$. L'algorithme ci-dessus effectuera en moyenne de l'ordre de 10 sauts fictifs pour un saut réel. Il sera moins rapide que la simulation de la chaîne incluse.

5.1.7 Probabilités de transitions

L'écriture d'un processus de saut comme une chaîne de Markov harmonisée n'est pas seulement utile pour la simulation. Elle permet aussi de ramener l'étude mathématique du processus à celle de la chaîne. Nous en donnons un exemple ici avec le calcul des probabilités de transition. Pour tout $t \geq 0$, et pour tout $i, j \in E$, nous noterons $r_{ij}(t)$ la probabilité de transition :

$$r_{ij}(t) = \mathbb{P}[Z_t = j \mid Z_0 = i] .$$

On démontre que la donnée des $r_{ij}(t)$ et de la loi de Z_0 suffit à caractériser la loi du processus. Pour tout $t \geq 0$, notons $R(t) = (r_{ij}(t))$ la matrice des probabilités de transition sur un intervalle de longueur t. Elle s'exprime simplement à l'aide du générateur.

Théorème 5.1. *Pour tout $t \geq 0$, on a :*

$$R(t) = \exp(t\Lambda) .$$

Démonstration. Nous commençons par rappeler la définition et les principales propriétés de l'exponentielle de matrice. Soit $A = (a_{ij})$ une matrice indicée par E, fini ou dénombrable. Définissons sa norme par :

$$\|A\| = \sup_{i \in E} \sum_{j \in E} |a_{ij}| .$$

L'ensemble des matrices A telles que $||A||$ est finie est un espace vectoriel normé complet, isomorphe à $L_c(\ell_\infty, \ell_\infty)$, qui est l'espace des applications linéaires continues de l'ensemble des suites bornées indicées par E dans lui-même. De plus $|| \cdot ||$ est une norme d'algèbre, au sens où $||AB|| \leq ||A|| ||B||$. Pour toute matrice A de norme finie, la série :

$$\exp(A) = I + A + \cdots + \frac{1}{n!}A^n + \cdots$$

est normalement convergente, donc convergente. L'exponentielle de matrice a des propriétés analogues à l'exponentielle réelle. En particulier, si A et B sont deux matrices qui commutent, alors $\exp(A + B) = \exp(A)\exp(B)$. Aussi,

$$\frac{d}{dt}\exp(At) = A\exp(tA) .$$

Dans le cas d'un générateur Λ,

$$||\Lambda|| = 2 \sup_{i \in E} \lambda_{i\bullet} .$$

L'hypothèse $\lambda_{i\bullet} \leq \lambda$, qui permet de définir le processus comme une chaîne temporisée par un processus de Poisson, assure aussi que $||\Lambda||$ est finie. Reprenons l'écriture du processus à l'aide d'une chaîne de Markov et d'un processus de Poisson donnée au paragraphe 5.1.5 :

$$Z_t = X_{N_t} .$$

Pour calculer $r_{ij}(t) = \mathbb{P}[Z_t = j \mid Z_0 = i]$, on commence par conditionner sur la valeur de N_t :

$$\begin{aligned}
\mathbb{P}[Z_t = j \mid Z_0 = i] &= \sum_{n \in \mathbb{N}} \mathbb{P}[Z_t = j \mid Z_0 = i \text{ et } N_t = n] \, \mathbb{P}[N_t = n \mid Z_0 = i] \\
&= \sum_{n \in \mathbb{N}} \mathbb{P}[X_n = j \mid X_0 = i] \, \mathbb{P}[N_t = n] \\
&= \sum_{n \in \mathbb{N}} p_{ij}^{(n)} \, e^{-\lambda t} \frac{(\lambda t)^n}{n!} ,
\end{aligned}$$

en notant $p_{ij}^{(n)}$ les probabilités de transition en n pas de la chaîne (X_n). Leur matrice est P^n. On peut donc écrire :

$$R(t) = \sum_{n \in \mathbb{N}} P^n \, e^{-\lambda t} \frac{(\lambda t)^n}{n!} .$$

Or la matrice de transition de la chaîne harmonisée et le générateur du processus sont liés par $P = I + \frac{1}{\lambda}\Lambda$. On a donc :

$$
\begin{aligned}
R(t) &= e^{-\lambda t} \sum_{n \in \mathbb{N}} \frac{t^n}{n!} (\lambda I + \Lambda)^n \\
&= e^{-\lambda t} \exp(t(\lambda I + \Lambda)) \\
&= \exp(t\Lambda) ,
\end{aligned}
$$

en utilisant la définition et les propriétés de l'exponentielle. □

Exemple : Automate binaire.

Reprenons le générateur sur $\{0, 1\}$:

$$
\Lambda = \begin{pmatrix} -\lambda & \lambda \\ \mu & -\mu \end{pmatrix} .
$$

En diagonalisant Λ, on obtient l'expression suivante :

$$
R(t) = \frac{1}{\lambda + \mu} \begin{pmatrix} \mu & \lambda \\ \mu & \lambda \end{pmatrix} + \frac{e^{-(\lambda+\mu)t}}{\lambda + \mu} \begin{pmatrix} \lambda & -\lambda \\ -\mu & \mu \end{pmatrix} .
$$

Très satisfaisante sur le plan théorique, l'expression des probabilités de transition en fonction du générateur n'a que peu d'utilité pratique. Dans les applications, ce sont les taux de transition, et donc le générateur qui sont donnés. Calculer l'exponentielle d'une matrice quand le nombre d'états dépasse quelques dizaines n'est pas possible, même avec un ordinateur. De plus c'est souvent inutile, dans la mesure où on ne souhaite pas disposer de toutes les probabilités de transition, mais seulement de la loi de Z_t, pour une initialisation (loi de Z_0) donnée. Pour calculer la loi de Z_t, on l'exprime comme solution d'un système différentiel linéaire, le *système de Chapmann-Kolmogorov.*

Théorème 5.2. *Soit $\{Z_t\,;\, t \geq 0\}$ un processus markovien de générateur Λ sur E. Notons $p(t) = (p_i(t))_{i \in E}$ la loi de Z_t. Le vecteur $p(t)$ est solution du système suivant d'équations différentielles, dit* système de Chapmann-Kolmogorov.

$$
\frac{d}{dt} p(t) = {}^t\!\Lambda\, p(t) . \tag{5.1}
$$

Démonstration. Il suffit d'exprimer $p(t)$ à l'aide de la matrice $R(t)$ des probabilités de transition :

$$
p(t) = {}^t\!R(t) p(0) = \exp({}^t\!\Lambda t) p(0) .
$$

La dérivée de $\exp({}^t\!\Lambda t)$ est ${}^t\!\Lambda \exp({}^t\!\Lambda t)$, d'où le résultat. □

Dans le système (5.1), l'équation relative à l'état i est :

$$
p_i'(t) = - \sum_{j \neq i} \lambda_{ij}\, p_i(t) + \sum_{j \neq i} \lambda_{ji}\, p_j(t)
$$

Intuitivement, le taux de variation pour la probabilité de trouver le processus dans l'état i à l'instant t est un bilan entre les transitions qui le font sortir (signe $-$) de l'état i s'il s'y trouve, et les transitions qui le ramènent (signe $+$) à l'état i s'il était ailleurs.

5.2 Simulation de réseaux

5.2.1 Automates indépendants

La simulation de processus de Markov indépendants n'est pas à proprement parler un cas que l'on rencontre fréquemment dans les applications. Etudier en détail cet exemple nous permettra de mettre en place un schéma algorithmique général qui reste valable pour de nombreux réseaux de processus synchronisés, qu'ils soient interprétés comme des réseaux de files d'attente, des réseaux de Petri ou des systèmes de particules interactives.

On se donne une collection de N espaces d'états finis, $E_1, \ldots, E_N$. Pour tout $n = 1, \ldots, N$ les états de E_n seront notés $i_n, j_n, \ldots$ Sur chacun de ces espaces est défini un générateur de Markov. Le taux de transition de l'état i_n à l'état j_n dans E_n est noté $\lambda^{(n)}_{i_n j_n}$. Le générateur correspondant est noté Λ_n.

Définition 5.7. *On appelle* somme de Kronecker *des générateurs Λ_n, le générateur de Markov sur $E = E_1 \times \cdots \times E_N$ défini de la façon suivante.*

- *Si deux N-uplets $(i_1, \ldots, i_N)$ et $(j_1, \ldots, j_N)$ diffèrent en deux coordonnées au moins, alors le taux de transition de l'un à l'autre est nul.*
- *Le taux de transition de :*

$$(i_1, \ldots, i_{n-1}, i_n, i_{n+1}, \ldots, i_N) \quad \text{à} \quad (i_1, \ldots, i_{n-1}, j_n, i_{n+1}, \ldots, i_N)$$

est $\lambda^{(n)}_{i_n j_n}$.

Proposition 5.10. *Pour tout $n = 1, \ldots, N$ soit $\{Z^{(n)}_t \,;\, t \geq 0\}$ un processus markovien de saut de générateur Λ_n sur E_n. Ces N processus sont supposés indépendants entre eux. Considérons le processus $\{Z_t \,;\, t \geq 0\}$ défini sur $E = E_1 \times \cdots \times E_N$ par :*

$$Z_t = (Z^{(1)}_t, \ldots, Z^{(N)}_t) .$$

Alors $\{Z_t \,;\, t \geq 0\}$ est un processus markovien de saut, dont le générateur est la somme de Kronecker des générateurs Λ_n, $n = 1, \ldots, N$.

Démonstration. Pour tout $n = 1, \ldots, N$ notons $\lambda^{(n)}$ l'horloge interne du n-ième processus.

$$\lambda^{(n)} = \max_{i_n} \sum_{j_n} \lambda^{(n)}_{i_n j_n} .$$

Considérons, pour chacun des générateurs Λ_n la matrice de transition de la chaîne harmonisée correspondante.

$$P_n = I + \frac{1}{\lambda^{(n)}} \Lambda_n \,.$$

Dans la version harmonisée, l'échelle de temps du processus d'indice n est un processus de Poisson d'intensité $\lambda^{(n)}$. Ces N échelles de temps sont indépendantes. La superposition de N échelles de temps indépendantes est encore un processus de Poisson homogène, d'intensité $\lambda^{(1)} + \cdots + \lambda^{(N)}$ (voir [29] p. 226). Cette intensité est l'horloge interne du processus $\{Z_t \,;\, t \geq 0\}$. Quand le processus $\{Z_t\}$ entre dans l'état $(i_1, \ldots, i_N)$, le temps avant le prochain saut est donc exponentiel de paramètre $\lambda^{(1)} + \cdots + \lambda^{(N)}$. Le prochain saut sera celui de la coordonnée n avec probabilité $\lambda^{(n)}/(\lambda^{(1)} + \cdots + \lambda^{(N)})$, d'après la proposition 5.3. Ce saut se fera de l'état i_n vers l'état j_n avec probabilité $\lambda^{(n)}_{i_n j_n}/\lambda^{(n)}$. Les deux choix successifs sont indépendants. La probabilité de transition de l'état $(i_1, \ldots, i_{n-1}, i_n, i_{n+1}, \ldots, i_N)$ vers l'état $(i_1, \ldots, i_{n-1}, j_n, i_{n+1}, \ldots, i_N)$ est donc :

$$\frac{\lambda^{(n)}}{\lambda^{(1)} + \cdots + \lambda^{(N)}} \frac{\lambda^{(n)}_{i_n j_n}}{\lambda^{(n)}} = \frac{\lambda^{(n)}_{i_n j_n}}{\lambda^{(1)} + \cdots + \lambda^{(N)}} \,.$$

Ceci justifie l'expression annoncée pour les taux de transition du processus $\{Z_t \,;\, t \geq 0\}$ (définition 5.7). En suivant ce raisonnement, on obtient l'algorithme de simulation ci-dessous.

```
t ← 0
Initialiser (X^(1), ..., X^(N))
Répéter
    choisir n avec probabilité λ^(n)/(λ^(1) + ··· + λ^(N))
    i_n ← X^(n)
    choisir j_n avec probabilité λ^(n)_{i_n j_n}/λ^(n)
    X^(n) ← j_n
    t ← t + 1
Jusqu'à (arrêt de la simulation)
t ← t/(λ^(1) + ··· + λ^(N))
```

C'est bien l'algorithme de simulation d'un processus markovien de saut sous sa forme harmonisée.

Dans la démonstration ci-dessus, notre but était d'écrire un algorithme théorique faisant apparaître le processus $\{Z_t \,;\, t \geq 0\}$ comme une chaîne de Markov temporisée. Il se trouve que cet algorithme est aussi celui qu'il est conseillé d'implémenter en pratique. Dans le paragraphe 5.1.5 nous avons décrit deux algorithmes de simulation d'un processus, par la chaîne incluse et par la chaîne harmonisée. Si N est grand la simulation de la chaîne incluse est inapplicable. En effet le nombre d'états dans E croît exponentiellement avec N. On ne pourra donc pas précalculer la matrice de transition de la chaîne incluse. Or chaque ligne de cette matrice de transition contient au moins de l'ordre de N termes non nuls, qu'il faudrait calculer dans la boucle principale avant d'effectuer le choix aléatoire correspondant. Ceci rend prohibitif le coût de simulation de la chaîne incluse.

Pour ce qui est de la chaîne harmonisée, d'après la définition 5.6, la probabilité de transition de l'état :

$$(i_1, \ldots, i_{n-1}, i_n, i_{n+1}, \ldots, i_N) \quad \text{vers l'état} \quad (i_1, \ldots, i_{n-1}, j_n, i_{n+1}, \ldots, i_N)$$

est $\lambda^{(n)}_{i_n j_n}/(\lambda^{(1)} + \cdots + \lambda^{(N)})$. Dans l'algorithme de la démonstration ci-dessus cette transition est simulée en deux étapes :

choisir n avec probabilité $\lambda^{(n)}/(\lambda^{(1)} + \cdots + \lambda^{(N)})$
choisir j_n avec probabilité $\lambda^{(n)}_{i_n j_n}/\lambda^{(n)}$

Ceci est un cas particulier de la méthode de décomposition pour les lois discrètes (cf. 2.4.3).

Exemple : Files M/M/1 indépendantes.

Considérons N copies indépendantes de la file M/M/1, de taux d'arrivée λ, taux de service μ (voir 5.1.6). L'algorithme de simulation sera le suivant.

```
t ⟵ 0
Initialiser (X^(1), ..., X^(N))
Répéter
    choisir n ∈ {1, ..., N} avec probabilité 1/N
    Si (Random < λ/(λ + μ))
        alors
            X^(n) ⟵ X^(n) + 1
        sinon
            Si (X^(n) > 0) alors X^(n) ⟵ X^(n) − 1
            finSi
    finSi
    t ⟵ t + 1
Jusqu'à (arrêt de la simulation)
t ⟵ t/(N(λ + μ))
```

Dans ses grandes lignes, la méthode de simulation qui vient d'être décrite reste valable pour de nombreux modèles markoviens de type "réseaux". Nous en verrons des exemples dans les paragraphes suivants. Les caractéristiques communes de ces modèles sont les suivantes.

1. Un espace d'états de type produit : $E = \mathbb{N}^N$ ou $\{0, \ldots, K\}^N$ pour les réseaux de files d'attente ou réseaux de Petri, $E = \{0, 1\}^N$ en fiabilité des systèmes ou dans les systèmes de particules interactives. L'entier N est couramment de l'ordre de quelques centaines pour les réseaux de files d'attente ou les réseaux de Petri, quelques milliers en fiabilité, des centaines de milliers voire des millions pour les systèmes de particules. La taille de l'espace d'états interdit donc son énumeration : il ne s'est écoulé que $4.3\,10^{26}$ nanosecondes depuis le début de l'univers et l'ensemble $\{0, 1\}^{1000}$ a 10^{332} éléments.

2. Une dynamique où peu de coordonnées du vecteur d'état seront modifiées simultanément : une seule dans un produit de processus indépendants ou un système de spin, une ou deux dans un réseau de files d'attente, quelques unités dans un réseau de Petri.

La méthode générale de simulation consistera toujours à simuler la chaîne harmonisée associée au processus. La simulation des sauts de la chaîne harmonisée sera décomposée en deux étapes successives au moins.

5.2.2 Réseaux de Jackson

Les réseaux de Jackson sont les réseaux de files d'attente les plus simples. Leur solution stationnaire s'exprime sous forme produit, et peut donc être calculée explicitement ou numériquement (voir [26, 32, 61, 132, 133, 134]). Il ne s'agit donc pas dans ce cas de préconiser la simulation comme alternative à l'étude mathématique ou numérique. L'exemple des réseaux de Jackson nous servira à illustrer le type de choix algorithmiques que l'on peut être amené à faire en fonction des taux de transition du processus à simuler. Nous nous limiterons au cas des réseaux ouverts. La simulation des réseaux fermés ne présente pas plus de difficultés.

Un réseau de Jackson ouvert est un ensemble de N files d'attente entre lesquelles s'échangent des clients. Nous supposerons ici que les taux d'arrivée et de service sont constants. Le taux d'arrivée dans la file n est λ_n, le taux de service est μ_n. Un client sortant du service de la file n peut décider soit de se diriger vers la file m avec probabilité p_{nm}, soit de quitter le système avec probabilité p_{nN+1} ($\sum_1^{N+1} p_{nm} = 1$). Les variables suivantes forment un ensemble de variables aléatoires indépendantes :

- temps d'interarrivées,
- temps de service,
- choix aléatoires des clients en sortie d'un service.

Nous ne retiendrons de ce modèle que l'évolution des nombres de clients dans les N files, qui est un processus markovien de saut.

L'espace d'états est $\mathbb{N}^N$. La n-ième coordonnée i_n du N-uplet $(i_1, \ldots, i_N)$ représente le nombre de clients dans la file numéro n. A partir de l'état $(i_1, \ldots, i_N)$, les transitions de taux non nuls vont vers l'un des états suivants.

- $(i_1, \ldots, i_n + 1, \ldots, i_N)$ avec taux λ_n
  (arrivée d'un client dans la file n).
- $(i_1, \ldots, i_n - 1, \ldots, i_N)$ avec taux $\mu_n p_{nN+1}$
  (départ d'un client de la file n vers l'extérieur).
- $(i_1, \ldots, i_n - 1, \ldots, i_m + 1, \ldots, i_N)$ avec taux $\mu_n p_{nm}$
  (transfert d'un client de la file n vers la file m).

L'horloge interne du processus sera notée ν.

$$\nu = \sum_{n=1}^{N} \lambda_n + \mu_n .$$

A partir d'un état donné, il peut y avoir jusqu'à N^2+2N transitions possibles. Si N est grand, la simulation de la chaîne incluse sera en général impossible. Reste la chaîne harmonisée. Pour la simuler, il faudra choisir l'un des états voisins de l'état courant avec une probabilité qui est le rapport du taux de transition à l'horloge interne. Pour des raisons de précision numérique autant que de rapidité d'exécution, ce choix se fera en utilisant la méthode de décomposition, de manière hiérarchisée. Mais la manière de décomposer peut dépendre des taux de transition. Voici une décomposition en trois étapes qui est naturelle, compte tenu de la description du modèle.

```
t ⟵ 0
Initialiser (X^(1), ... , X^(N))
Répéter
    choisir n ∈ {1, ... , N} avec probabilité (λ_n + μ_n)/ν
    Si (Random < λ_n/(λ_n + μ_n))
        alors
            X^(n) ⟵ X^(n) + 1
        sinon
            Si (X^(n) > 0) alors
                X^(n) ⟵ X^(n) - 1
                Choisir m ∈ {1, ... , N+1} avec probabilité p_nm
                Si (m ≤ N) alors X^(m) ⟵ X^(m) + 1
                finSi
            finSi
    finSi
    t ⟵ t + 1
Jusqu'à (arrêt de la simulation)
t ⟵ t/ν
```

Mais on pourrait aussi commencer par décider de quel type sera le prochain mouvement, arrivée ou départ, et choisir ensuite la file sur laquelle se produira la modification. Notons $\lambda = \lambda_1 + \cdots + \lambda_N$ et $\mu = \mu_1 + \cdots + \mu_N$.

```
t ⟵ 0
Initialiser (X^(1), ... , X^(N))
Répéter
    Si(Random < λ/ν)
        alors
            choisir n ∈ {1, ... , N} avec probabilité λ_n/λ
            X^(n) ⟵ X^(n) + 1
        sinon
            choisir n ∈ {1, ... , N} avec probabilité μ_n/μ
            Si (X^(n) > 0) alors
                X^(n) ⟵ X^(n) - 1
                Choisir m ∈ {1, ... , N+1} avec probabilité p_nm
                Si (m ≤ N) alors X^(m) ⟵ X^(m) + 1
```

```
                finSi
            finSi
        finSi
        t ⟵ t + 1
    Jusqu'à (arrêt de la simulation)
    t ⟵ t/ν
```

D'autres algorithmes encore sont envisageables. Comment décider entre les différentes options ? Le choix dépend de la rapidité de simulation des lois discrètes dans chacun des cas. Dans la pratique, si on rencontre fréquemment de très grands réseaux, le nombre de paramètres différents reste souvent petit. Cela signifie que de nombreux taux seront identiques et qu'on pourra se ramener à la simulation de lois uniformes en choisissant de décomposer en fonction des classes de taux distincts. Nous illustrons ceci sur l'exemple suivant.

Exemple : Files M/M/1 en tandem.

Considérons N files M/M/1 consécutives. Les clients arrivent dans la première file. Après leur premier service ils passent dans la seconde, puis dans la troisième, jusqu'à la N-ième, à la sortie de laquelle ils quittent le système. Nous supposerons que le taux d'arrivée est λ, le taux de service des $N-1$ premières files est μ, le taux de service de la dernière file (taux de sortie du système) est μ_N, différent de μ. L'horloge interne du processus est $\nu = \lambda + (N-1)\mu + \mu_N$. Pour la chaîne harmonisée la probabilité que le prochain événement soit une arrivée de l'extérieur est $p_a = \lambda/\nu$. la probabilité que ce soit un transfert à l'intérieur du système est $p_t = (N-1)\mu/\nu$. La probabilité que ce soit un départ vers l'extérieur est $p_d = \mu_N/\nu$. L'algorithme consistera à choisir d'abord entre ces trois événements. Si c'est un transfert qui a été décidé, on tirera ensuite au hasard la file à partir de laquelle il a lieu.

```
t ⟵ 0
Initialiser (X^(1), ..., X^(N))
Répéter
    type ⟵ a, t ou d avec probabilités p_a, p_t, p_d
    Selon type
        type = a faire            (arrivée)
            X^(1) ⟵ X^(1) + 1
        type = t faire            (transfert)
            n ⟵ Random({1, ..., N−1})
            Si (X^(n) > 0) alors
                X^(n) ⟵ X^(n) − 1
                X^(n+1) ⟵ X^(n+1) + 1
            finSi
        type = d faire            (départ)
            Si (X^(N) > 0) alors
```

$X^{(N)} \longleftarrow X^{(N)} - 1$
finSi
finSelon
$t \longleftarrow t + 1$
Jusqu'à (arrêt de la simulation)
$t \longleftarrow t/\nu$

Cet algorithme sera très efficace dans la situation où l'intérieur du réseau sature ($\lambda \geq \mu$). Il le sera beaucoup moins si μ est très supérieur à λ. Dans ce cas en effet les $N-1$ premières files sont vides pendant une forte proportion du temps et la plupart des passages dans la boucle seront des sauts fictifs. Mais si on peut prévoir en fonction des taux que peu de coordonnées seront non nulles simultanément pendant une forte proportion du temps, alors la simulation de la chaîne incluse redevient compétitive.

5.2.3 Réseaux de Petri

Les réseaux de Petri markoviens peuvent être vus comme le modèle markovien le plus général pour des files d'attente synchronisées (voir [72, 81]). Un réseau de Petri se compose d'un nombre fini de N *places* (ou sites) et d'un ensemble fini de T *transitions*. Chaque place n peut contenir un nombre entier i_n de *marques* (aussi appelées jetons ou charges). Le *marquage* du réseau est le vecteur à composantes entières :

$$i = (i_1, \ldots, i_N) .$$

L'évolution de ce marquage est déterminée par le *déclenchement* des transitions. Lorsque la transition τ déclenche elle apporte des marques à certaines places et en enlève à d'autres. Nous notons $c_{n\tau}$ le nombre (positif, nul ou négatif) de marques ajoutées (ou retranchées) à la place n par le déclenchement de la transition τ. La matrice $C = (c_{n\tau})$, $n = 1, \ldots, N$, $\tau = 1, \ldots, T$ est dite *matrice d'incidence* du réseau. Nous notons C_τ sa τ-ième colonne, qui décrit l'effet de la transition τ sur l'ensemble des places.

Un réseau de Petri est *temporisé* dès que l'on précise le processus de déclenchement des transitions. Notons Z_t le vecteur donnant le marquage à l'instant t. Nous nous plaçons dans le cadre des réseaux de Petri markoviens. Le processus $\{Z_t \,;\, t \geq 0\}$ sera donc un processus markovien de sauts à valeurs dans $\mathbb{N}^N$. Les sauts de ce processus correspondent au déclenchement des transitions du réseau de Petri. Si c'est la transition τ qui déclenche, le marquage courant passe de i à $i + C_\tau$. Le taux de ce saut, noté $\lambda_\tau(i)$ dépend de l'ensemble du marquage i (et pas seulement des places concernées par la transition). C'est par l'intermédiaire de ces taux de transition que l'on traduit les synchronisations. Dans la pratique on peut souvent se limiter au cas où les fonctions $\lambda_\tau(i)$ ne prennent que deux valeurs, 0 et $\lambda_\tau > 0$. L'ensemble des marquages i pour lesquels la transition τ est possible ($\lambda_\tau(i) = \lambda_\tau$) est noté E_τ. L'ensemble des valeurs possibles du vecteur $(\lambda_\tau(i))$ des taux de transition est alors fini et le processus est harmonisable. Nous noterons ν son horloge interne.

$$\nu = \sum_{\tau} \lambda_{\tau} .$$

L'algorithme général de simulation par la chaîne harmonisée est le suivant.

```
t ⟵ 0
Initialiser (X^(1),... ,X^(N))
Répéter
    choisir τ ∈ {1,... ,T} avec probabilité λ_τ/ν
    Si (X ∈ E_τ) alors X ⟵ X + C_τ
    finSi
    t ⟵ t + 1
Jusqu'à (arrêt de la simulation)
t ⟵ t/ν
```

Selon les cas, on sera amené à simuler le choix d'une transition par décomposition, eventuellement en plusieurs étapes.

Exemple : Files M/M/1 à sorties synchronisées.

Une représentation graphique standardisée des réseaux de Petri s'est imposée. Elle consiste à représenter les places par des cercles, les transitions par des barres, et à les relier par des flèches symbolisant l'effet des transitions. Dans l'exemple que nous traitons ici (voir figure 5.2), il y a 6 places et 7 transitions. Les 4 premières transitions amènent des marques une par une dans les 4 premières places. Les deux premières places ont des sorties synchronisées. Lorsque la transition β_1 déclenche, une marque disparaît de chacune des places 1 et 2, et deux marques apparaissent dans la place 5. Les sorties des places 3 et 4, puis 5 et 6 sont synchronisées de façon analogue. La matrice d'incidence du réseau est la suivante.

	α_1	α_2	α_3	α_4	β_1	β_2	γ
1	1	0	0	0	−1	0	0
2	0	1	0	0	−1	0	0
3	0	0	1	0	0	−1	0
4	0	0	0	1	0	−1	0
5	0	0	0	0	2	0	−1
6	0	0	0	0	0	2	−1

Nous supposerons que les taux des 4 premières transitions sont constants, et égaux à $\lambda_\alpha > 0$. Les taux des transitions β_1 et β_2 valent $\lambda_\beta > 0$ si les places en amont de ces transitions ont des marquages strictement positifs, 0 sinon. Le taux de la transition γ est $\lambda_\gamma > 0$ si les places 5 et 6 ont des marquages strictement positifs, 0 sinon. L'horloge interne vaut $\nu = 4\lambda_\alpha + 2\lambda_\beta + \lambda_\gamma$. Il n'est pas indispensable sur cet exemple simple de hiérarchiser les choix aléatoires. Nous le faisons néanmoins, pour illustrer à nouveau l'idée générale.

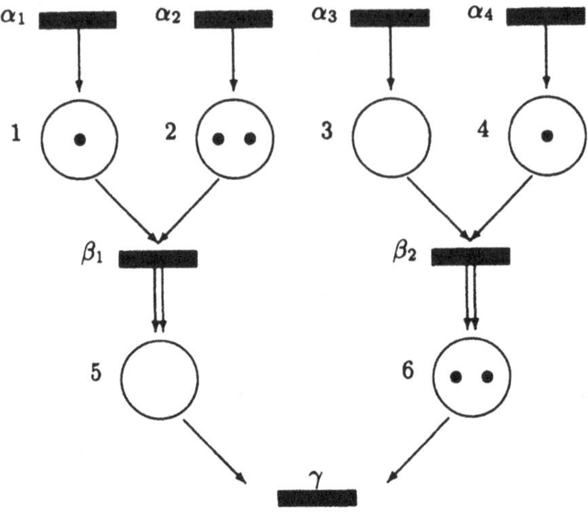

Figure 5.2 – *Exemple de réseau de Pétri : files M/M/1 synchronisées.*

```
t ⟵ 0
Initialiser (X^(1), ... , X^(6))
Répéter
   type ⟵ α, β ou γ avec probabilités 4λ_α/ν, 2λ_β/ν, λ_γ/ν
   Selon type
      type = α faire
         k ⟵ Random({1,2,3,4})
         X^(k) ⟵ X^(k) + 1
      type = β faire
         k ⟵ Random({1,2})
         Selon k
            k = 1 faire
               Si (X^(1) > 0 et X^(2) > 0) alors
                  X^(1) ⟵ X^(1) - 1
                  X^(2) ⟵ X^(2) - 1
                  X^(5) ⟵ X^(5) + 2
               finSi
            k = 2 faire
               Si (X^(3) > 0 et X^(4) > 0) alors
                  X^(3) ⟵ X^(3) - 1
                  X^(4) ⟵ X^(4) - 1
                  X^(6) ⟵ X^(6) + 2
               finSi
         finSelon
```

```
        type = γ faire
            Si (X^(5) > 0 et X^(6) > 0) alors
                X^(5) ←— X^(5) − 1
                X^(6) ←— X^(6) − 1
            finSi
    finSelon
    t ←— t + 1
Jusqu'à (arrêt de la simulation)
t ←— t/ν
```

5.2.4 Systèmes de particules interactives

Nos deux références générales sur les systèmes de particules interactives sont Liggett [118] et Durrett [100]. Il n'y a pas de différence mathématique entre un réseau de Petri markovien et un système de particules sur un ensemble fini de sites. Ce sont deux points de vue de modélisation assez différents, et les deux théories se sont développées de manière largement indépendante. Nous nous limiterons pour l'instant au cas des systèmes de spin à valeurs dans $\{0,1\}$. La méthode générale de simulation s'étend de manière immédiate aux systèmes à valeurs dans un ensemble fini quelconque, que nous aborderons en 5.3.2.

Soit S un ensemble fini de cardinal N, dont les éléments sont appelés *sites*. L'ensemble S est supposé muni d'une structure de graphe non orienté, l'ensemble d'arêtes étant A. La relation de voisinage est notée $\sim$.

$$\forall x, y \in S\,, \quad x \sim y \iff \{x,y\} \in A\,.$$

Dans de nombreux cas, l'ensemble de sites est un sous-ensemble de $\mathbb{Z}^d$ et la structure de graphe est déterminée par les boules d'une certaine norme.

$$\forall x, y \in \mathbb{Z}^d\,, \quad x \sim y \iff \|x - y\| \leq r\,.$$

Un système de spin est un processus markovien de saut à valeurs dans $E = \{0,1\}^S$. Les éléments de E sont appelés *configurations*. Ce sont des applications de S dans $\{0,1\}$.

$$\forall x \in S\,, \quad \eta(x) \in \{0,1\}\,.$$

L'hypothèse essentielle est que le taux de transition d'une configuration η à une configuration ζ qui diffère de η en plus d'un site est nul : une configuration donnée ne peut changer qu'en un site à la fois. Nous noterons η_x la configuration η changée au site x.

$$\eta_x(y) = \eta(y) \qquad \text{si } y \neq x\,,$$

$$\eta_x(x) = 1 - \eta(x)\,.$$

On note $c(x,\eta)$ le taux de transition de η vers η_x (taux avec lequel la configuration change au point x). Ce taux de transition peut dépendre a priori de l'ensemble de la configuration. Dans la plupart des modèles courants, il ne dépend en fait que des valeurs de la configuration η sur x et ses voisins. Nous commençons par quelques exemples de base.

Processus de contact

Le processus de contact (cf. [118, 119]) est un modèle de propagation d'épidémie. Si η est une configuration, $\eta(x) = 1$ signifie que le site x est infecté, $\eta(x) = 0$ signifie qu'il est sain. Les taux de changement $c(x,\eta)$ sont définis comme suit.

- Si $\eta(x) = 1$ alors $c(x,\eta) = 1$
  (les sites guérissent avec un taux constant).
- Si $\eta(x) = 0$ alors $c(x,\eta) = \lambda \sum_{y \sim x} \eta(y)$
  (les sites s'infectent avec un taux proportionnel au nombre de voisins infectés).

Modèle d'élection

Dans ce modèle (cf. [118, 119]) les sites sont interprétés comme des électeurs, 0 et 1 sont les deux opinions possibles. Les arêtes du graphe traduisent les influences entre électeurs. Les taux de changement $c(x,\eta)$ sont définis par :

- Si $\eta(x) = 1$ alors $c(x,\eta) = \sum_{y \sim x} 1 - \eta(y)$.
- Si $\eta(x) = 0$ alors $c(x,\eta) = \sum_{y \sim x} \eta(y)$.

Le taux avec lequel chaque électeur change d'opinion est égal au nombre de ses voisins qui pensent différemment.

Processus des philosophes

Le processus des philosophes (cf. [147]) est un modèle de partage de ressources. Les sites sont des philosophes qui ne savent faire que deux choses : penser ($\eta(x) = 0$) ou manger ($\eta(x) = 1$). Mais pour manger, ils ont besoin de ressources (les couverts) qu'ils partagent avec leurs voisins sur le graphe. De sorte qu'un philosophe ne peut se mettre à manger que si tous ses voisins sont en train de penser. Les taux de changement $c(x,\eta)$ sont les suivants.

- Si $\eta(x) = 1$ alors $c(x,\eta) = 1$
  (les philosophes se mettent à penser avec un taux constant).
- Si $\eta(x) = 0$ alors $c(x,\eta) = \lambda$ si $\forall y \sim x$, $\eta(y) = 0$, $c(x,\eta) = 0$ sinon.

Processus de Ising

Nous supposons qu'une fonction d'énergie f est définie sur l'ensemble des configurations. La mesure de Gibbs associée à f à température T (définition 4.6) est la suivante.

$$p_\eta^T = \frac{1}{Z(T)} \exp\left(-\frac{1}{T} f(\eta)\right), \quad \forall \eta \in E.$$

On appelle processus de Ising relatif à la fonction d'énergie f tout système de spin qui admet la mesure de Gibbs comme mesure réversible. Les taux de changement $c(x,\eta)$ doivent vérifier la condition de réversibilité suivante (comparer avec 4.1.3, équation (4.2)).

$$c(x,\eta) \exp\left(-\frac{1}{T} f(\eta)\right) = c(x,\eta_x) \exp\left(-\frac{1}{T} f(\eta_x)\right).$$

Cette équation laisse beaucoup de latitude quant au choix des taux. Voici trois exemples.

1. Dynamique symétrique

$$c(x,\eta) = \exp\left(-\frac{1}{2T}(f(\eta_x) - f(\eta))\right).$$

2. Dynamique de Glauber

$$c(x,\eta) = \frac{\exp\left(-\frac{1}{T} f(\eta_x)\right)}{\exp\left(-\frac{1}{T} f(\eta)\right) + \exp\left(-\frac{1}{T} f(\eta_x)\right)}.$$

3. Dynamique de Metropolis

$$\begin{aligned} c(x,\eta) &= 1 && \text{si } f(\eta_x) \leq f(\eta), \\ &= \exp\left(-\tfrac{1}{T}(f(\eta_x) - f(\eta))\right) && \text{sinon.} \end{aligned}$$

La dynamique de Metropolis correspond à l'algorithme de 4.2.1 pour la simulation de la mesure de Gibbs. Ici l'espace d'états est l'ensemble E des configurations. Le fait de ne changer qu'une coordonnée de la configuration courante à la fois revient à choisir comme matrice de sélection pour l'algorithme de Metropolis celle de la marche aléatoire sur E, muni de sa structure naturelle d'hypercube (voir 4.1.3).

La simulation d'un système de particules, comme celle d'un réseau de Petri se fait par la méthode de la chaîne harmonisée. Le nombre de valeurs possibles pour les taux de changement $c(x,\eta)$ est fini. Notons ν le taux maximal de changement d'une configuration en un point.

$$\nu = \max\{c(x,\eta) \,;\, x \in S,\ \eta \in E\}.$$

L'horloge interne du processus est $N\nu$. Pour la simulation de la chaîne harmonisée, on doit décider de modifier la configuration courante η au site x avec probabilité $c(x,\eta)/(N\nu)$. Cette décision sera naturellement décomposée en deux étapes.

```
t ⟵ 0
Initialiser η
Répéter
    choisir x ∈ S avec probabilité 1/N
    Si (Random < c(x,η)/ν) alors η(x) ⟵ 1 − η(x)
    finSi
    t ⟵ t + 1
Jusqu'à (arrêt de la simulation)
t ⟵ t/(Nν)
```

Pour optimiser l'algorithme, on pourra coder la configuration courante comme un tableau de booléens, et les différentes valeurs des probabilités $c(x,\eta)/\nu$ seront précalculées en dehors de la boucle principale (voir 6.3.3 pour une implémentation en Scilab). Dans la section 4.1.3 nous avions donné, à titre d'application de l'algorithme de Metropolis, l'exemple d'une loi de probabilité sur l'ensemble des stables d'un graphe. On pourra vérifier, en se reportant à cet exemple que nous avions en fait écrit l'algorithme de simulation de la chaîne harmonisée du processus des philosophes. De même, l'algorithme de recuit simulé pour la minimisation d'une fonction d'énergie f sur E (voir 4.2.4) simule la chaîne harmonisée associée à la dynamique de Metropolis. Comme autre exemple, nous traitons ci-après le processus de contact.

Exemple : Processus de contact.

Notons r le degré maximal d'un sommet du graphe (S,A). Le taux maximal de changement d'une configuration en un site est $\nu = \max\{1, r\lambda\}$. L'algorithme est le suivant.

```
t ⟵ 0
Initialiser η
Répéter
    choisir x ∈ S avec probabilité 1/N
    Si (η(x) = 1)
        alors
            Si (Random < 1/ν) alors η(x) ⟵ 0
            finSi
        sinon
            k ⟵ Σ_{y∼x} η(y)
            Si (Random < (kλ)/ν) alors η(x) ⟵ 1
            finSi
    finSi
    t ⟵ t + 1
Jusqu'à (arrêt de la simulation)
t ⟵ t/(Nν)
```

5.3 Convergence des systèmes de particules

Après les problèmes différentiels linéaires et les méthodes particulaires des paragraphes 3.3 et 3.4, nous abordons ici un nouvel aspect des rapports entre modèles stochastiques et modèles déterministes. Notre référence générale est le cours de Durrett [100].

5.3.1 L'heuristique du champ moyen

Introduite et utilisée depuis longtemps par les physiciens, l'heuristique du champ moyen consiste à traiter un système de particules interactives comme si l'état de chaque site était indépendant des états des sites voisins. Cette technique conduit en particulier à des équations explicites, dont les variables sont les caractéristiques locales du système. La solution de ces équations, si elle ne correspond pas aux "vraies" valeurs (l'hypothèse d'indépendance des sites est bien sûr fausse en général), fournit néanmoins de nombreux renseignements sur le phénomène, et dans certains cas une approximation de bonne qualité : voir [100] pour des exemples d'applications à des équilibres en dynamique des populations, et [75] pour un cas de bonne adéquation avec les résultats de simulations.

Pour exposer cette technique, nous allons nous placer dans le cadre de systèmes de particules où chaque site prend ses valeurs dans un ensemble fini quelconque F. Le cas particulier $F = \{0, 1\}$ est celui du paragraphe 5.2.4. La technique reposant sur une structure géométrique régulière, il est essentiel ici que l'ensemble de sites soit $\mathbb{Z}^d$. On le munit d'une structure de graphe invariante par translation, par le choix d'un voisinage de 0, $\mathcal{V}_0 \subset \mathbb{Z}^d$. Deux points de $\mathbb{Z}^d$ sont voisins si leur différence est dans $\mathcal{V}_0$.

$$x \sim y \iff x - y \in \mathcal{V}_0 \,.$$

Par convention $\mathcal{V}_0$ est supposé contenir 0. Dans la plupart des cas, la structure de graphe sera déterminée par les boules d'une certaine norme.

$$\mathcal{V}_0 \;=\; \{y \in \mathbb{Z}^d \text{ t.q. } \|y\| \leq r\} \,.$$

Jusqu'ici, nous n'avions parlé que de systèmes de particules à espaces d'états finis. Ici l'espace d'états devient $E = F^{\mathbb{Z}^d}$, qui est non dénombrable. Nous renvoyons à [100, 118] pour les questions théoriques de définition, d'existence et d'approximation des systèmes infinis de particules.

Nous considérons des systèmes dits *de spin*, au sens où la configuration courante ne peut être modifiée qu'en un site au plus. Pour $i \in F$, $x \in \mathbb{Z}^d$ et $\eta \in E$, on notera $c_i(x, \eta)$ le taux avec lequel l'état du site x passe à i quand la configuration est η (défini seulement si $\eta(x) \neq i$). Ces taux sont supposés invariants par translation, et ne dépendent que des valeurs de la configuration η sur les voisins du site x.

$$c_i(x,\eta) = \gamma_i(\,\eta(x+y)\,,\,y \in \mathcal{V}_0\,)\,.$$

Notons η_x^i la configuration obtenue à partir de η en mettant à i la valeur du site x.

$$\eta_x^i(y) = \eta(y) \text{ si } y \neq x\,,$$

$$\eta_x^i(x) = i\,.$$

Le taux $c_i(x,\eta)$ est le taux de transition de η vers η_x^i. Pour écrire le générateur du processus, la notation matricielle du paragraphe 5.1.4 n'est plus adaptée. Nous utiliserons donc la notation sous forme d'opérateur. Dans le cas où l'espace d'états $E = \{\eta, \zeta, \dots\}$ est fini, la matrice du générateur est celle de l'opérateur qui à un vecteur $f = (f(\eta))_{\eta \in E}$ fait correspondre le vecteur dont la η-ième coordonnée est :

$$\sum_{\zeta \in E} \lambda_{\eta\zeta}(f(\zeta) - f(\eta))\,, \tag{5.2}$$

où $\lambda_{\eta\zeta}$ désigne le taux de transition de η vers ζ (cf. 5.1.4). C'est une formule analogue qui définit le générateur dans le cas d'un système infini de particules.

$$\Omega f(\eta) = \sum_{x \in \mathbb{Z}^d} \sum_{i \neq \eta(x)} c_i(x,\eta)(f(\eta_x^i) - f(\eta))\,, \tag{5.3}$$

où f désigne une fonction de E dans $\mathbb{R}$. Nous renvoyons à Liggett [118] pour les conditions précises sous lesquelles la formule (5.3) définit effectivement un générateur de Markov, et pour la définition du domaine de cet opérateur. Contentons-nous de remarquer que (5.3) a un sens pour toute fonction $f(\eta)$ ne dépendant que des valeurs de η sur un nombre fini de sites (on démontre en fait que ces fonctions constituent un sous-ensemble dense du domaine de Ω).

Fixons maintenant un site $x \in \mathbb{Z}^d$ et une valeur $i \in F$, et considérons la fonction indicatrice de la valeur i en x :

$$f(\eta) = \begin{cases} 1 \text{ si } \eta(x) = i\,, \\ 0 \text{ sinon.} \end{cases}$$

Appliquons l'opérateur Ω à cette fonction f.

$$\Omega f(\eta) = \begin{cases} c_i(x,\eta) & \text{si } \eta(x) \neq i\,, \\ -\sum_{j \neq i} c_j(x,\eta) & \text{si } \eta(x) = i\,. \end{cases} \tag{5.4}$$

Soit $\eta(t)$ l'état de la configuration à l'instant t. Nous noterons $u_i(t)$ la probabilité que le site x ait la valeur i à l'instant t.

$$u_i(t) = \mathbb{E}[f(\eta(t))]\,.$$

Comme les taux sont invariants par translation, si l'état initial est lui-même invariant par translation, alors il en est de même de la loi à l'instant t, et la probabilité $u_i(t)$ ne dépend pas de x. L'équation de Kolmogorov se traduit ici par :

$$\frac{du_i(t)}{dt} = \mathbb{E}[\Omega f(\eta(t))] . \tag{5.5}$$

Dans la mesure où les taux de transition $c(x, \eta)$ ne dépendent que des valeurs de la configuration η au voisinage du site x, le second membre de (5.5) est une somme finie de termes, portant sur les configurations possibles au voisinage de x. Nous désignons par $E_0 = F^{x+\mathcal{V}_0}$ l'ensemble fini des configurations au voisinage de x.

$$\frac{du_i(t)}{dt} = \sum_{\zeta \in E_0} \Omega f(\zeta)\; Prob[\eta(t)(y) = \zeta(y)\,,\, \forall y \sim x] . \tag{5.6}$$

Dans l'équation ci-dessus il faut comprendre le terme $\Omega f(\zeta)$ comme la valeur commune de Ωf sur toutes les configurations qui coïncident avec ζ sur $x + \mathcal{V}_0$.

L'heuristique du champ moyen consiste à traiter la loi du processus à l'instant t comme si tous les sites étaient indépendants, écrivant ainsi la probabilité apparaissant au second membre de (5.6) comme un produit.

$$Prob[\eta(t)(y) = \zeta(y)\,,\, \forall y \sim x] \leftrightarrow \prod_{y \sim x} Prob[\eta(t)(y) = \zeta(y)] = \prod_{y \sim x} u_{\zeta(y)}(t) .$$

A partir de (5.6) on obtient alors un système d'équations différentielles non linéaires en les $u_i(t)$: ce sont les équations de champ moyen.

$$\frac{du_i(t)}{dt} = \sum_{\substack{\zeta \in E_0 \\ \zeta(x) \neq i}} c_i(x, \zeta) \prod_{y \sim x} u_{\zeta(y)}(t) - \sum_{\substack{\zeta \in E_0 \\ \zeta(x) = i}} \sum_{j \neq i} c_j(x, \zeta) \prod_{y \sim x} u_{\zeta(y)}(t) . \tag{5.7}$$

Ces équations de champ moyen sont en général utilisées en régime stationnaire :

$$0 = \sum_{\substack{\zeta \in E_0 \\ \zeta(x) \neq i}} c_i(x, \zeta) \prod_{y \sim x} u_{\zeta(y)} - \sum_{\substack{\zeta \in E_0 \\ \zeta(x) = i}} \sum_{j \neq i} c_j(x, \zeta) \prod_{y \sim x} u_{\zeta(y)} . \tag{5.8}$$

Comme illustration, nous écrivons (5.8) pour trois des exemples du paragraphe 5.2.4. Pour ces exemples, F n'a que deux états, 0 et 1, et on a donc $u_0 = 1 - u_1$. Il n'y a qu'une seule équation utile, que nous exprimerons en fonction de u_1. Le cardinal de $\mathcal{V}_0$ est noté c.

Processus de contact

$$0 = \lambda(c-1)\, u_1(1 - u_1) - u_1 .$$

Modèle d'élection

$$0 = 0 .$$

Processus des philosophes

$$0 = \lambda(1-u_1)^c - u_1 .$$

En général, comme le montrent les exemples précédents, les équations de champ moyen ne donnent pas les bons résultats sur les caractéristiques locales du processus. On considère souvent que la technique du champ moyen donne de bonnes approximations dans le cas d'interactions à longue portée ($\mathcal{V}_0$ grand). Nous allons présenter une approche qui conduit à une indépendance asymptotique des sites, et donne ainsi une base rigoureuse à cette technique.

5.3.2 Mélange rapide et laplacien

On appelle processus de mélange (ou d'exclusion) le système de particules interactives consistant à échanger avec un taux constant les valeurs de sites voisins (cf. [118, 119]). Si η est une configuration, on notera η_{xy} la configuration déduite de η en échangeant les valeurs des sites x et y.

$$\begin{aligned} \eta_{xy}(x) &= \eta(y) , \\ \eta_{xy}(y) &= \eta(x) , \\ \eta_{xy}(z) &= \eta(z) \ \forall z \neq x, y . \end{aligned}$$

Le processus de mélange est défini par son générateur :

$$\Omega f(\eta) = \sum_{x \sim y \in \mathbb{Z}^d} (f(\eta_{xy}) - f(\eta)) . \tag{5.9}$$

Il est facile de vérifier que les mesures pour lesquelles les valeurs des sites sont indépendantes sont réversibles pour ce générateur. En fait le processus conserve les proportions de chacune des valeurs de F représentées dans l'état initial. A l'équilibre, le processus de mélange "rend les sites indépendants", au sens où il converge en loi vers la mesure produit de ces proportions initiales.

D'autre part, considérons une valeur en un site x donné. Au cours de l'évolution du processus, cette valeur, vue comme une particule se déplaçant dans $\mathbb{Z}^d$ effectue une marche aléatoire. Nous supposerons que le voisinage $\mathcal{V}_0$ est constitué de 0 et des $2d$ vecteurs de norme euclidienne 1 de $\mathbb{Z}^d$. Alors la marche aléatoire de chaque particule est la marche aléatoire symétrique étudiée en 3.3.1. Il n'est donc pas surprenant que l'opérateur "aux différences finies" défini par (5.9), une fois convenablement renormalisé, approche localement le laplacien. Comme dans la proposition 3.5, la renormalisation suppose un rétrécissement à l'échelle h en espace et une accélération en h^{-2} du temps. Nous traduisons cette approximation par la proposition suivante (d'autres formulations seraient envisageables).

Proposition 5.11. *Pour tout $h > 0$, définissons l'opérateur Ω_h par :*

$$\Omega_h f(\eta) = h^{-2} \sum_{x \sim y \in h\mathbb{Z}^d} (f(\eta_{xy}) - f(\eta)) . \tag{5.10}$$

Soit φ une application deux fois continûment différentiable de $\mathbb{R}^d$ dans $[0,1]$. Fixons $i \in F$ et considérons la loi de probabilité P_h sur $E_h = \{0,1\}^{h\mathbb{Z}^d}$ définie par :

$$P_h = \bigotimes_x \Big(\mathbb{1}_{\{\eta(x)=i\}}\, \varphi(x) + \mathbb{1}_{\{\eta(x)\neq i\}}\, (1 - \varphi(x)) \Big) . \tag{5.11}$$

Soit f la fonction indicatrice de la valeur i en x. Alors quand h tend vers 0, l'espérance sous la loi P_h de $\Omega_h f$ converge vers $\Delta\varphi(x)$.

Démonstration. Nous nous contenterons de démontrer cette proposition dans le cas particulier de la dimension 1, le cas général s'en déduisant au prix d'un alourdissement des notations. Si f est la fonction indicatrice de la valeur i en x, alors dans la somme définissant $\Omega_h f$, seulement 4 termes peuvent être non nuls, ceux correspondant aux couples $(x-h, x)$, $(x, x-h)$, $(x, x+h)$ et $(x+h, x)$, et ils ne sont non nuls que si la configuration η prend la valeur i sur l'un des deux sites et pas sur l'autre. On obtient :

$$\begin{aligned} \mathbb{E}_h[\Omega_h f] &= h^{-2}[\varphi(x-h)(1-\varphi(x)) - (1-\varphi(x-h))\varphi(x) + \\ &\qquad \varphi(x+h)(1-\varphi(x)) - (1-\varphi(x+h))\varphi(x)] \\ &= h^{-2}[\varphi(x-h) + \varphi(x+h) - 2\varphi(x)] , \end{aligned}$$

d'où le résultat.

5.3.3 Equations de réaction-diffusion

L'idée du mélange rapide (*fast stirring*) est de superposer à un système de particules de 5.3.1 un processus de mélange renormalisé comme en 5.3.2. Plus précisément, on définit le générateur du nouveau processus comme la somme du générateur Ω défini par (5.3) et du générateur Ω_h défini par (5.10). Quand h est petit, l'effet du mélange maintiendra à chaque instant la loi du processus proche de la mesure stationnaire du processus de mélange, qui est une loi produit. En d'autres termes, le mélange tendra à rendre les sites indépendants, tout en préservant les proportions de chacune des valeurs. Ainsi, la dynamique de ces proportions sera à la limite déterminée par un terme de diffusion correspondant au laplacien de la proposition 5.11, et par un terme de réaction correspondant aux équations de champ moyen (5.7). Le résultat précis est le suivant, il est dû à De Masi, Ferrari et Lebowitz [95] (voir aussi [100] p. 171-179).

Théorème 5.3. *On considère le processus* $\{\eta^h(t)\ ,\ t \geq 0\}$ *défini sur* $E_h = F^{h\mathbb{Z}^d}$ *par son générateur :*

$$\tilde{\Omega}_h f(\eta) = \sum_{x\in h\mathbb{Z}^d}\sum_{i\neq\eta(x)} c_i(x,\eta)(f(\eta_x^i)-f(\eta)) + h^{-2}\sum_{x\sim y\in h\mathbb{Z}^d}(f(\eta_{xy})-f(\eta)) .$$

Soit $g(x) = (g_i(x))_{i\in F}$ *une loi de probabilité sur* F*, fonction continue de* $x \in \mathbb{R}^d$*. Supposons que la loi de* $\eta^h(0)$ *soit la loi produit* $\otimes_x g(x)$*. Notons* $u_i^h(x,t)$ *la probabilité de la valeur* i *au site* x *à l'instant* t *:*

$$u_i^h(x,t) \ = \ Prob[\,\eta^h(t)(x) = i\,] .$$

Alors quand h *tend vers* 0*, le vecteur* $(u_i^h(x,t))_{i\in F}$ *converge vers* $(u_i(x,t))_{i\in F}$*, unique solution bornée du système d'équations :*

$$\frac{\partial u_i}{\partial t} = \Delta u_i + \sum_{\substack{\zeta\in E_0\\ \zeta(\bullet)\neq i}} c_i(x,\zeta)\prod_{y\sim x} u_{\zeta(y)} - \sum_{\substack{\zeta\in E_0\\ \zeta(\bullet)=i}}\sum_{j\neq i} c_j(x,\zeta)\prod_{y\sim x} u_{\zeta(y)} , \tag{5.12}$$

pour la condition initiale $u_i(x,0) = g_i(x)$.

Nous ne proposons pas d'utiliser le théorème 5.3 pour résoudre par simulation des équations de réaction-diffusion du type de (5.12). La simulation séparée d'un processus de spin et d'un processus de mélange est facile, par la méthode du paragraphe 5.2.4. Leur superposition à des échelles de temps très différentes, pose un problème majeur, dans la mesure où l'horloge interne sera gouvernée par le processus le plus rapide, celui du mélange. De toute façon, il existe des méthodes numériques déterministes beaucoup plus efficaces pour résoudre (5.12), au moins tant que le cardinal de F n'est pas trop grand.

Néanmoins, le théorème 5.3 concrétise une cohérence entre modélisation déterministe (macroscopique) et modélisation stochastique (microscopique), tout à fait analogue à celle que nous avons déjà soulignée dans 3.3.1. Nous illustrerons cette cohérence sur un modèle prédateur-proie, tiré de [100] p. 112.

Exemple : *Modèle prédateur-proie*

Dans ce modèle, l'océan est quadrillé par les points de $\mathbb{Z}^3$, muni de sa structure de graphe naturelle, pour laquelle chaque site a 6 voisins. Chaque site dans $\mathbb{Z}^3$ peut prendre trois valeurs :

0 s'il est vide,
1 s'il est occupé par un anchois,
2 s'il est occupé par un requin.

Les taux de transition sont définis de la façon suivante.

$$c_1(x,\eta) = \beta_1 n_1(x,\eta)/6 \quad \text{si } \eta(x) = 0\,,$$

$$c_2(x,\eta) = \beta_2 n_2(x,\eta)/6 \quad \text{si } \eta(x) = 1\,,$$

$$c_0(x,\eta) = \begin{cases} \delta_1 & \text{si } \eta(x) = 1\,, \\ \delta_2 + (\gamma n_2(x,\eta)/6) & \text{si } \eta(x) = 2\,, \end{cases}$$

où $n_1(x,\eta)$ et $n_2(x,\eta)$ désignent respectivement le nombre d'anchois et de requins occupant des sites voisins de x dans la configuration η.

Ces taux s'interprètent comme suit. Le taux $c_1(x,\eta)$ est le taux de naissance des anchois sur les sites vides. Ce taux est proportionnel au nombre d'anchois occupant des sites voisins. Le coefficient $\beta_1/6$ est le taux avec lequel un anchois en engendre un autre sur un site voisin. Le taux de naissance des requins peut paraître curieux : ce sont les anchois qui se transforment en requins avec un taux proportionnel au nombre de requins sur les sites voisins. Ce n'est probablement pas ce qui se produit dans la nature, mais ce taux traduit une idée essentielle du modèle prédateur-proie : les requins ne peuvent se reproduire et perdurer que si les anchois sont en nombre suffisant. Les taux de décès des anchois (transitions de 1 vers 0) sont constants. Donc la population des anchois, en l'absence de requins évoluerait comme un processus de contact. Les causes de décès des requins sont doubles. Ils peuvent mourir de mort naturelle avec taux δ_2, ou bien s'entretuer. Le taux avec lequel un requin meurt de mort violente est proportionnel au nombre de ses voisins agressifs. Le coefficient $\gamma/6$ est le taux avec lequel un requin trucide l'un de ses voisins.

Il n'est pas déraisonnable de considérer que les anchois et les requins ne passent pas leur vie épinglés aux sites de $\mathbb{Z}^3$, et que donc ils se déplacent, par exemple en échangeant leurs positions. Ces déplacements sont vraisemblablement beaucoup plus fréquents que les événements marquants que sont les naissances, les décès et les meurtres. Pour en tenir compte, on superposera donc au processus de spin défini ci-dessus, un processus de mélange rapide.

Le théoreme 5.3 fournit alors le comportement limite des densités respectives de sites vides, de sites occupés par des anchois, et par des requins : u_0, u_1 et u_2. Nous ne donnons que les deux équations en u_1 et u_2, puisque $u_0 + u_1 + u_2 = 1$.

$$\begin{cases} \dfrac{\partial u_1}{\partial t} = \Delta u_1 + \beta_1 u_1(1-u_1-u_2) - \beta_2 u_1 u_2 - \delta_1 u_1\,, \\[2mm] \dfrac{\partial u_2}{\partial t} = \Delta u_2 + \beta_2 u_1 u_2 - \delta_2 u_2 - \gamma u_2^2\,. \end{cases} \tag{5.13}$$

Le système (5.13) est un classique des modèles prédateur-proie. Les spécialistes de théorie des populations en écrivent de semblables depuis longtemps. Il est satisfaisant de constater que le modèle stochastique des particules interactives, et le modèle déterministe des équations de réaction-diffusion sont cohérents entre eux, comme nous l'avions fait à propos de la chaleur en 3.3.1.

Mais qu'apporte de plus le modèle stochastique ? Certainement pas une technique de résolution numérique, nous l'avons déjà dit.

Les modèles déterministes traitent tous les individus comme des "dx" : c'est très commode pour obtenir des renseignements macroscopiques sur un phénomène, comme ici la densité moyenne de requins, mais c'est très réducteur (pour ne pas dire dévalorisant). Le modèle stochastique reste beaucoup plus proche de la complexité naturelle. Il ne sera pas efficace de le simuler pour approcher la densité de requins, mais une simulation pourra permettre d'étudier par exemple la forme des bancs d'anchois, leurs déplacements, les fluctuations aléatoires des densités en espace et en temps, etc...

5.4 Exercices

Exercice 33. Les matrices suivantes sont des générateurs de processus de saut sur l'ensemble $\{1,\ldots,7\}$.

$$\begin{pmatrix} -2 & 1 & 0 & 1 & 0 & 0 & 0 \\ 0 & -1 & 0 & 0 & 1 & 0 & 0 \\ 0 & 0 & -1 & 0 & 0 & 0 & 1 \\ 1 & 0 & 1 & -2 & 0 & 0 & 0 \\ 0 & 1 & 0 & 0 & -1 & 0 & 0 \\ 0 & 0 & 1 & 0 & 0 & -1 & 0 \\ 0 & 0 & 2 & 0 & 0 & 1 & -3 \end{pmatrix} \quad \begin{pmatrix} -3 & 0 & 0 & 3 & 0 & 0 & 0 \\ 0 & -5 & 0 & 0 & 1 & 0 & 4 \\ 1 & 1 & -4 & 0 & 0 & 2 & 0 \\ 2 & 0 & 0 & -2 & 0 & 0 & 0 \\ 0 & 0 & 0 & 0 & -3 & 0 & 3 \\ 0 & 0 & 1 & 0 & 0 & -5 & 4 \\ 0 & 2 & 0 & 0 & 0 & 0 & -2 \end{pmatrix}$$

$$\begin{pmatrix} -2 & 0 & 2 & 0 & 0 & 0 & 0 \\ 2 & -3 & 0 & 1 & 0 & 0 & 0 \\ 2 & 0 & -2 & 0 & 0 & 0 & 0 \\ 0 & 2 & 0 & -5 & 3 & 0 & 0 \\ 0 & 0 & 0 & 0 & -1 & 0 & 1 \\ 0 & 0 & 0 & 1 & 0 & -4 & 3 \\ 0 & 0 & 0 & 0 & 2 & 0 & -2 \end{pmatrix} \quad \begin{pmatrix} -3 & 2 & 0 & 0 & 1 & 0 & 0 \\ 0 & -3 & 0 & 3 & 0 & 0 & 0 \\ 0 & 0 & -1 & 0 & 0 & 1 & 0 \\ 0 & 2 & 0 & -2 & 0 & 0 & 0 \\ 2 & 0 & 1 & 2 & -5 & 0 & 0 \\ 0 & 0 & 3 & 0 & 0 & -3 & 0 \\ 0 & 0 & 0 & 0 & 3 & 2 & -5 \end{pmatrix}$$

Pour chacune de ces matrices, notée Λ :

1. Représenter le diagramme de transitions élémentaires, classifier les états.
2. Pour $t = 1, 2, \ldots, 10$, calculer numériquement $\exp(\Lambda t)$.
3. Pour $i = 1, \ldots, 7$, résoudre numériquement le système des équations de Kolmogorov, avec comme condition initiale la masse de Dirac en i et retrouver le résultat de la question précédente.
4. Pour $i = 1, \ldots, 7$, simuler 10000 trajectoires du processus de générateur Λ, partant de $X_0 = i$, jusqu'au temps $t = 10$. Pour $t = 1, 2, \ldots, 10$, tester l'adéquation de la distribution empirique des 10000 trajectoires au temps t avec la distribution théorique, calculée numériquement aux questions précédentes.
5. Déterminer l'ensemble des mesures stationnaires. Calculer numériquement une approximation de la limite quand t tend vers l'infini de $\exp(\Lambda t)$.
6. Pour $i = 1, \ldots, 7$, tirer une trajectoire partant de $X_0 = i$ jusqu'au temps $t = 10^6$ et calculer la proportion empirique du temps passé dans chacun des états. Tester l'adéquation de cette distribution empirique avec la mesure stationnaire de l'une des classes récurrentes du processus.

Exercice 34. Sisyphe monte avec sa pierre les N marches de la grande pyramide. Le temps qu'il met à franchir chaque marche suit la loi exponentielle de paramètre λ. Malheureusement au bout d'un temps exponentiel de paramètre μ, les Dieux renvoient la pierre et Sisyphe instantanément en bas et Sisyphe recommence.

1. Soit Z_t le numéro de la marche atteinte à l'instant t. Sous quelles hypothèses peut-on considérer $\{Z_t\,;\, t \geq 0\}$ comme un processus de Markov ?
2. Pour tout $n \in \{0, \ldots, N\}$, on note :
$$p_n(t) = P[Z_t = n]\,.$$
Ecrire le système des équations de Kolmogorov pour la loi $(p_n(t))$.
3. Soit T le temps que Sisyphe mettra à arriver en haut. Montrer que :
$$\mathbb{E}[T] = \frac{1}{\mu}\left[\left(\frac{\lambda+\mu}{\lambda}\right)^N - 1\right]\,.$$
Combien d'échecs en moyenne Sisyphe aura-t-il connus avant son succès ?
4. Ecrire et implémenter un algorithme de simulation du processus. L'algorithme prend en entrée les paramètres du modèle, ainsi qu'un nombre de trajectoires à simuler. Il retourne en sortie un échantillon de valeurs de T.
5. Exécuter le programme pour 10000 trajectoires, $\lambda = 10$, $\mu = 1, 2, \ldots, 10$, $N = 10$. Donner une estimation de l'espérance et de la variance de T, et représenter un histogramme des valeurs de T.
6. Les Dieux, facétieux mais bons princes, conviennent qu'à chacune de leurs interventions (séparées par des temps exponentiels de paramètre μ), ils tireront au sort avec probabilité p pour décider s'ils renvoient Sisyphe en bas ou s'ils mettent fin définitivement à son calvaire en l'expédiant en haut de la pyramide. Reprendre les questions précédentes.

Exercice 35. On considère un système d'attente constitué de deux files alimentées par des arrivées poissonniennes d'intensité λ_1 et λ_2 respectivement. Tous les clients doivent passer par un même service. Le serveur se repose si les deux files sont vides, choisit une des deux files au hasard pour y effectuer le prochain service si les deux files ont la même longueur, sinon il choisit le premier client de la file la plus longue. Les temps de service sont exponentiels de paramètre μ. Toutes les variables aléatoires (temps d'interarrivées, temps de services et choix aléatoires) sont indépendantes dans leur ensemble.

1. Ecrire et implémenter un algorithme de simulation de ce système. Comme variables d'entrée, le programme comportera les paramètres λ_1, λ_2 et μ. En sortie, il devra afficher les compteurs des nombres de clients entrés et des nombres de clients servis dans chacune des deux files, ainsi que le compteur de temps. On cherchera à comparer le comportement du

système avec celui d'une file M/M/1, de taux d'arrivée $(\lambda_1 + \lambda_2)$, taux de service μ. On vérifiera par le raisonnement et par la simulation la condition d'équilibre $\lambda_1 + \lambda_2 < \mu$.

2. On suppose maintenant que $\lambda_1 + \lambda_2 < \mu$ et le serveur choisit avec probabilité p un client de la file 1 quand les deux files ont même longueur. Est-il possible de déterminer p en fonction de λ_1 et λ_2 de manière à minimiser l'écart moyen entre les longueurs des deux files en régime stationnaire? Plusieurs moyens pourront être envisagés pour répondre à cette question : expériences de simulation, équations de Kolmogorov, raisonnements de bon sens.

Exercice 36. On considère un système d'attente, constitué de deux files et un serveur. Les arrivées dans les deux files sont poissonniennes, d'intensités respectives λ_1 et λ_2. Les services sont exponentiels de paramètre μ. Le serveur sert en même temps deux clients, un dans chaque file. Si immédiatement après une fin de service l'une des files au moins est vide, le serveur attend qu'il y ait un client dans chaque file. Toutes les variables aléatoires (temps d'interarrivées et temps de services) sont indépendantes dans leur ensemble. Ecrire et implémenter un algorithme de simulation de ce système. Comme variables d'entrée, le programme comportera les paramètres λ_1, λ_2 et μ. En sortie, il devra afficher les compteurs des nombres de clients entrés et des nombres de clients servis dans chacune des deux files, ainsi que le compteur de temps.

1. Vérifier expérimentalement que le système ci-dessus n'a pas de régime stationnaire. Le démontrer rigoureusement.
2. Considérer ensuite le cas où la capacité de la première file est limitée à K_1 clients, celle de la deuxième file à K_2 clients. Déterminer la solution stationnaire. Dans le cas $\lambda_1 < \lambda_2 < \mu$ comparer le régime stationnaire de la première file avec celui d'une file $M/M/1/K_1$, de taux d'arrivée λ_1, taux de service λ_2.

Exercice 37. On considère un système d'attente, constitué de deux files et trois serveurs : un serveur pour chacune des files, et un troisième serveur jouant le rôle de contrôle pour chaque sortie. Les arrivées dans les deux files sont poissonniennes, d'intensités respectives λ_1 et λ_2. Les services sont exponentiels de paramètre μ_1 et μ_2 respectivement. Les temps de contrôle sont exponentiels de paramètre ν. Chaque client, en sortant du service de sa propre file, doit passer par le contrôle. La présence d'un client au contrôle bloque les deux services pendant toute la durée du contrôle. Toutes les variables aléatoires (temps d'interarrivées, temps de services et temps de contrôles) sont indépendantes dans leur ensemble.

1. Ecrire et implémenter un algorithme de simulation de ce système. Comme variables d'entrée, le programme comportera les paramètres λ_1, λ_2, μ_1, μ_2 et ν. En sortie, il devra afficher les compteurs des nombres de clients

entrés et des nombres de clients servis dans chacune des deux files, ainsi que le compteur de temps.

2. Déterminer les conditions, portant sur les 5 paramètres λ_1, λ_2, μ_1, μ_2 et ν sous lesquelles le système admet un régime stationnaire. Plusieurs moyens pourront être envisagés pour répondre à cette question : expériences de simulation, équations de Kolmogorov, raisonnements de bon sens.
3. Généraliser la situation au cas de k files d'attente de type M/M/1, dont les sorties seraient couplées par un même contrôle, exponentiel de paramètre ν. Dans ce cas on supposera que les taux d'arrivée et de service dans chaque file sont les mêmes (λ et μ). On cherchera à déterminer la condition d'équilibre en fonction de k, λ, μ et ν.

Exercice 38. On considère un système constitué de trois composants identiques. Le système fonctionne tant que au moins deux des trois composants fonctionnent. Au départ, les trois composants fonctionnent. Quand un des trois tombe en panne, il attend la panne de l'un des deux qui restent en fonctionnement. Dès que deux des composants sont en panne, le système s'arrête, et il est complètement réparé. La durée moyenne de fonctionnement sans panne de chaque composant est de 12h. La durée moyenne de réparation du système est de 2h. Les durées de fonctionnement sans panne et de réparation sont indépendantes et suivent des lois exponentielles.

1. On code l'état du système par des triplets de booléens dont la i-ième coordonnée indique l'état du i-ième composant : 1 s'il marche, 0 s'il est en panne. L'ensemble des états possibles a donc 5 éléments :
$$\{(1,1,1),\ (1,1,0),\ (1,0,1),\ (0,1,1),\ stop\}\ .$$
Ecrire les taux de transition du processus de Markov décrivant l'état du système.
2. Quelle est la loi du temps de séjour dans l'état $(1,1,1)$, quelle est son espérance ?
3. Déterminer la mesure stationnaire du processus, en déduire la probabilité asymptotique que le système fonctionne.
4. On décide désormais de coder l'état du système par le nombre de machines en panne. L'ensemble des états possibles est donc $\{0,\ 1,\ stop\}$. Ecrire les taux de transition de ce nouveau processus et en déduire le système de Chapmann-Kolmogorov.
5. A l'instant initial les trois composants fonctionnent. Calculer le nombre moyen d'heures de fonctionnement du système avant la première réparation.
6. En rendant l'état 2 absorbant dans le système de Kolmogorov, calculer la fonction de survie du système (probabilité que la première panne survienne après l'instant t). On pourra utiliser la question 2, et chercher la probabilité qu'une seule machine soit en panne sous la forme

$p_1(t) = -ae^{-3\lambda t} + ae^{-2\lambda t}$, où $\lambda = 1/12$ et a est une constante à déterminer.

7. Ecrire et implémenter un algorithme de simulation pour le processus. Utiliser ce programme pour vérifier expérimentalement les résultats des questions précédentes.

Exercice 39. On comsidère n automates binaires indépendants, de même générateur sur $\{0,1\}$. Le taux de transition de 0 à 1 est noté λ, le taux de transition de 1 à 0 est noté μ, les deux sont strictement positifs. Pour $i = 1, \ldots, n$, on note $\{Z_t^{(i)}\,;\, t \geq 0\}$ le i-ième automate. Pour tout $t \geq 0$, on pose :

$$S_t = \sum_{i=1}^{n} Z_t^{(i)} .$$

1. Montrer que $\{S_t\,;\, t \geq 0\}$ est un processus markovien de saut sur $\{0, \ldots, N\}$ dont le générateur est défini par les taux de transition suivants, pour tout $n = 0, \ldots, N$.

$$\begin{cases} \lambda_{n,n+1} = (N-n)\lambda \\ \lambda_{n,n-1} = n\mu . \end{cases}$$

2. On suppose que tous les automates binaires sont dans l'état 0 à l'instant initial : $S_0 = 0$. Montrer que la loi de S_t est la loi binomiale de paramètres n et $p(t)$, où :

$$p(t) = \frac{\lambda}{\lambda+\mu}(1 - e^{-(\lambda+\mu)t}) .$$

3. Ecrire et implémenter un algorithme de simulation des n automates binaires par la méthode de la chaîne harmonisée. Le programme prend en entrée les taux de transition λ et μ, le nombre n d'automates, et le nombre K de pas à simuler. Il retourne en sortie les fréquences empiriques des états $0, \ldots, n$ pour le processus $\{S_t\}$ ainsi que la valeur approchée du compteur de temps au bout des K itérations.
4. Ecrire et implémenter un algorithme de simulation du processus $\{S_t\}$ (sans utiliser son interprétation comme somme d'automates binaires), en utilisant l'algorithme de la chaîne incluse. Les entrées et sorties sont les mêmes que pour l'algorithme précédent.
5. Reprendre la question précédente en remplaçant la chaîne incluse par la chaîne harmonisée.
6. Classer les trois algorithmes du plus au moins rapide (discuter selon les valeurs de N, λ et μ).
7. Pour $n = 5$, $\lambda = 1$, $\mu = 2$, simuler 1000 trajectoires indépendantes du processus jusqu'au temps $t = 10$, avec chacun des trois programmes. A chaque instant $t = 1, 2, \ldots, 10$, calculer la distribution empirique de S_t et tester l'adéquation la distribution théorique de la question 2.

Exercice 40. Dans tout l'exercice, S est l'ensemble $\{0, \ldots, N-1\}$ identifié à $\mathbb{Z}/N\mathbb{Z}$ muni de sa structure de graphe cyclique :

$$A = \{\{x, x+1 \text{ Modulo } N\}\,,\ x = 0, \ldots, N-1\}\,.$$

On étudie le processus d'élection sur (S, A) à savoir le système de spin dont les taux de changement en un site sont égaux au nombre de voisins dans un état différent (voir 5.2.4). On notera $\{\eta(t)\,;\ t \geq 0\}$ le processus correspondant, à valeurs dans $E = \{0,1\}^S$.

1. *Comportement asymptotique.*
   a) Quel est l'ensemble des mesures invariantes ?
   b) Utiliser les équations de Chapmann-Kolmogorov pour montrer que la fonction qui à t associe :
   $$\mathbb{E}[\sum_{x \in S} \eta(t)(x)]\,,$$
   est constante.
   c) Sachant que la configuration initiale est η_0 quelle est la probabilité que tous les sites soient dans l'état 1 dans la configuration finale ?
   d) Exprimer la limite en loi de $\eta(t)$ quand t tend vers l'infini, en fonction de la loi de η_0.
2. *Composantes connexes.* Si $\eta \in X$ est une configuration, on appelle composante connexe de η un ensemble maximal au sens de l'inclusion, de sites voisins sur lequel η est constante. Un site à 1 entouré de deux voisins à 0 est une composante connexe de cardinal 1. Montrer que le nombre de composantes connexes de $\eta(t)$ est une fonction décroissante du temps.
3. *Cas de deux composantes connexes.* On suppose désormais que η_0 a au plus deux composantes connexes. On note Z_t le nombre de sites à 1 de $\eta(t)$:
   $$Z_t = \sum_{x \in S} \eta(t)(x)\,.$$
   a) Montrer que $\{Z_t\,;\ t \geq 0\}$ est un processus markovien de saut à valeurs dans $\{0, \ldots, N\}$.
   b) Représenter son diagramme de transitions élémentaires et écrire son générateur.
   c) Pour tout $i = 0, \ldots, N$, on note :
   $$\alpha_i(t) = Prob[Z_t = 0 \mid Z_0 = i\} \text{ et } \beta_i(t) = Prob[Z_t = N \mid Z_0 = i\}\,.$$
   Montrer que pour tout $i = 1, \ldots, N-1$, on a :
   $$\alpha_i'(t) = 2\alpha_{i-1}(t) - 4\alpha_i(t) + 2\alpha_{i+1}(t)\,,$$
   et
   $$\beta_i'(t) = 2\beta_{i-1}(t) - 4\beta_i(t) + 2\beta_{i+1}(t)\,.$$

d) Soit T le temps d'absorption du processus :

$$T = \inf\{t \geq 0 \text{ t.q. } Z_t = 0 \text{ ou } N\} .$$

Pour tout $i = 1, \ldots, N$, on pose :

$$t_i = \mathbb{E}[T \mid Z_0 = i] .$$

Montrer que :

$$t_i = \int_0^{+\infty} (1 - \alpha_i(t) - \beta_i(t))\, dt .$$

En déduire que les t_i sont solution de l'équation de récurrence :

$$1 = 2t_{i-1} - 4t_i + 2t_{i+1} .$$

e) Résoudre cette équation de récurrence (chercher la solution sous la forme $t_i = a + bi + ci^2$).

4. *Chaîne incluse.* On note (X_n), $n \in \mathbb{N}$ la chaîne incluse du processus $\{Z_t\,;\, t \geq 0\}$.

a) Quelle est sa matrice de transition ?

b) Pour tout $i = 0, \ldots, N$, on note :

$$a_i(n) = Prob[X_n = 0 \mid X_0 = i\} \text{ et } b_i(n) = Prob[X_n = N \mid X_0 = i\} .$$

Montrer que pour tout $i = 1, \ldots, N-1$, on a :

$$a_i(n+1) = \frac{1}{2}a_{i-1}(n) + \frac{1}{2}a_{i+1}(n) ,$$

et

$$b_i(n+1) = \frac{1}{2}b_{i-1}(n) + \frac{1}{2}b_{i+1}(n) .$$

c) Soit U le nombre de sauts de la chaîne avant absorption :

$$U = \inf\{n \in \mathbb{N} \text{ t.q. } X_n = 0 \text{ ou } N\} .$$

Pour tout $i = 1, \ldots, N$, on pose :

$$u_i = \mathbb{E}[K \mid X_0 = i] .$$

Montrer que les u_i sont solution de l'équation de récurrence :

$$u_i = \frac{1}{2}u_{i-1} + \frac{1}{2}u_{i+1} + 1 .$$

d) Résoudre cette équation de récurrence (chercher la solution sous la forme $u_i = a + bi + ci^2$.

5. *Simulation.*
   a) Ecrire un programme de simulation pour le processus $\{\eta(t)\,;\, t \geq 0\}$. Le programme prend en entrée le nombre N de sites, ainsi que le nombre i de sites à 1 dans la configuration initiale. Il tire au hasard la configuration initiale en choisissant les i sites à 1 au hasard parmi les N, puis simule le processus par la chaîne harmonisée jusqu'à ce que tous les sites soient dans le même état. Il retourne la durée de la trajectoire ainsi que l'état commun des sites en fin d'exécution.
   b) Utiliser ce programme pour vérifier les résultats de la question 1 et estimer le temps moyen d'absorption pour $N = 10, 20, \ldots, 100$ et $i = N/2$.
   c) Ecrire trois algorithmes de simulation pour le processus $\{Z_t\,;\, t \geq 0\}$. Le premier simule le processus $\{\eta(t)\}$ comme dans la question 5.a), en mettant dans la configuration initiale i sites consécutifs à 1, les autres à 0. Le second simule le processus $\{Z_t\}$ par la méthode de la chaîne incluse, le troisième le simule par la méthode de la chaîne harmonisée. Lequel des trois algorithmes est le plus rapide ?
   d) Vérifier expérimentalement les résultats des questions 3 et 4 pour $N = 100, 200, \ldots, 1000$, et $i = N/10, 2N/10, \ldots, 9N/10$.

Exercice 41. Soit S un ensemble fini de sites, muni d'une structure de graphe non orienté d'ensemble d'arêtes A. On étudie le processus des philosophes sur (S, A) à savoir le système de spin dont les taux de changement $c(x, \eta)$ sont les suivants (voir 5.2.4) :

- si $\eta(x) = 1$ alors $c(x, \eta) = 1$,
- si $\eta(x) = 0$ alors $c(x, \eta) = \lambda$ si $\forall y \sim x$, $\eta(y) = 0$, $c(x, \eta) = 0$ sinon.

On notera $\{\eta(t)\,;\, t \geq 0\}$ le processus correspondant. On note $E \subset \{0,1\}^S$ l'ensemble des configurations η telles que :

$$\eta(x) = 1 \implies \eta(y) = 0 \;\forall y \sim x \,.$$

1. *Cas général.*
   a) Montrer que le processus est irréductible sur E.
   b) Montrer qu'il admet pour mesure réversible la mesure ν définie sur E par :
   $$\nu(\eta) = \frac{1}{z^A(\lambda)} \lambda^{\sum \eta(x)} \,,$$
   où $z^A(\lambda)$ est le polynôme en λ :
   $$z^A(\lambda) = \sum_{\eta \in E} \lambda^{\sum \eta(x)} \,.$$
2. *Graphe ligne.* On suppose que $S = \{1, \ldots, N\}$, muni de la structure de graphe ligne :

$$A = \{ \{x, x+1\} \, , \, x = 1, \ldots, N-1 \} \, .$$

On note dans ce cas $z^\ell_N(\lambda)$ le polynôme $z^A(\lambda)$.

a) Montrer que pour tout $N \geq 3$:

$$z^\ell_N(\lambda) = \lambda z^\ell_{N-2}(\lambda) + z^\ell_{N-1}(\lambda) \, .$$

b) En déduire que pour tout $N \in \mathbb{N}^*$:

$$z^\ell_N(\lambda) = A(\lambda) \left(\frac{1 - \sqrt{1+4\lambda}}{2} \right)^N + B(\lambda) \left(\frac{1 + \sqrt{1+4\lambda}}{2} \right)^N ,$$

où :

$$A(\lambda) = \frac{-1 - 2\lambda + \sqrt{1+4\lambda}}{2\sqrt{1+4\lambda}} \quad \text{et} \quad B(\lambda) = \frac{1 + 2\lambda + \sqrt{1+4\lambda}}{2\sqrt{1+4\lambda}} \, .$$

c) Pour tout $x = 1, \ldots, N$, on note $p_x(\lambda)$ la probabilité que le site x soit dans l'état 1 pour la mesure réversible ν. Montrer que :

$$p_1(\lambda) = p_N(\lambda) = \frac{\lambda z^\ell_{N-2}(\lambda)}{z^\ell_N(\lambda)} \, ,$$

$$p_2(\lambda) = p_{N-1}(\lambda) = \frac{\lambda z^\ell_{N-3}(\lambda)}{z^\ell_N(\lambda)} \, ,$$

et pour $x = 3, \ldots, N-2$:

$$p_x(\lambda) = p_{N-x+1}(\lambda) = \frac{\lambda z^\ell_{x-2}(\lambda) z^\ell_{N-x-1}(\lambda)}{z^\ell_N(\lambda)} \, .$$

d) Programmer l'algorithme de simulation du processus par la méthode de la chaîne harmonisée. Le programme prend en entrée les valeurs de N et λ, un horizon T (suffisamment grand) ainsi qu'un nombre K de trajectoires à simuler. Il simule les K trajectoires indépendamment jusqu'au temps T. Il retourne pour chaque valeur de x entre 1 et N un intervalle de confiance pour la probabilité p_x.

e) Exécuter votre programme pour $N = 5, 6, \ldots, 10$, $\lambda = 0.1, 0.5, 1, 5, 10$, et vérifier expérimentalement les résultats de la question 2.c).

3. *Graphe cyclique.* L'ensemble de sites n'est pas modifié, mais on rajoute $\{1, N\}$ à l'ensemble d'arêtes. On note $z^c_N(\lambda)$ le nouveau polynôme $z^A(\lambda)$.

a) Montrer que pour tout $N \geq 3$:

$$z^c_N(\lambda) = \lambda z^\ell_{N-3}(\lambda) + z^\ell_{N-1}(\lambda) \, .$$

b) En déduire que pour tout $N \in \mathbb{N}^*$:

$$z_N^c(\lambda) = \left(\frac{1-\sqrt{1+4\lambda}}{2}\right)^N + \left(\frac{1+\sqrt{1+4\lambda}}{2}\right)^N .$$

c) On note $q(\lambda)$ la probabilité qu'un site x (quelconque) soit dans l'état 1 pour la mesure réversible ν. Montrer que pour $N \geq 3$:

$$q(\lambda) = \frac{\lambda z_{N-3}^c(\lambda)}{z_N^c(\lambda)} .$$

d) Ecrire un programme de simulation analogue à celui du 2.d), qui retourne un intervalle de confiance pour la probabilité q.

e) Exécuter votre programme pour $N = 5, 6, \ldots, 10$, $\lambda = 0.1, 0.5, 1, 5, 10$, et vérifier expérimentalement les résultats de la question 3.c).

6 Simulation en Scilab

6.1 Introduction à Scilab

6.1.1 Pourquoi Scilab ?

Les algorithmes, les techniques et les théorèmes des chapitres précédents n'ont d'intérêt que dans la mesure où ils conduisent à des programmes exécutables. Il nous a donc semblé nécessaire de compléter ce livre par des exemples de simulations effectivement implémentées. Se posait alors le problème du langage.

Nous avons abondamment insisté sur la rapidité d'exécution, qui conditionne la précision obtenue pour un temps de calcul donné. Il est donc clair qu'une simulation "en vraie grandeur" devra être programmée dans un langage compilé comme Fortran ou C. L'inclusion d'une simulation dans un logiciel de type professionnel sera souvent codée en assembleur pour en optimiser la rapidité d'exécution.

De plus en plus répandus, les environnements de calcul, formel comme Mathematica, Maple, Mupad, ou numerique comme Matlab, Octave, Scilab, sont un complément indispensable aux langages de programmation compilés. Plus faciles à utiliser, disposant d'interfaces graphiques plus conviviales, ils permettent de tester des algorithmes, de réaliser des expérimentations à petite échelle, des maquettes de logiciels, qui seront ensuite traduites dans un langage compilé pour les calculs définitifs.

Comme plate-forme d'expérimentation, Scilab (contraction de *Scientific Laboratory*) présente de nombreux avantages. C'est un logiciel libre, développé à l'INRIA Rocquencourt. Il est téléchargeable gratuitement à partir de :

`http ://www-rocq.inria.fr/scilab/`

Doté d'un générateur pseudo-aléatoire de très bonne qualité, il suffit largement pour une première approche de la simulation, et nous recommandons son usage, parallèlement à un langage compilé. Nous l'utiliserons ici pour illustrer quelques uns des algorithmes des chapitres précédents. Même si notre but n'est pas de donner un cours de Scilab (voir [143, 46, 64]), nous présenterons dans les paragraphes suivants le minimum nécessaire pour réaliser des expériences de simulation, et visualiser leurs résultats.

Il est conseillé de lire ce qui suit après avoir lancé Scilab, en exécutant les commandes proposées une par une pour en observer l'effet, ou bien en chargeant des ensembles de commandes dans des fichiers exécutables. Les exemples ont été préparés à partir de la version 2.5 pour Linux. Compte tenu de leur caractère élémentaire, ils devraient fonctionner sur tous supports et toute version du logiciel à partir de la version 2.4. La plupart des fonctions de simulation proposées ici sont téléchargeables à l'adresse :

`http ://www.math-info.univ-paris5.fr/~ycart/codes/scilab/`

6.1.2 A savoir pour commencer

Scilab est basé sur le principe que tout calcul, programmation ou tracé graphique peut se faire à partir de matrices rectangulaires. En Scilab, tout est matrice : les scalaires sont des matrices 1×1, les vecteurs lignes des matrices $1 \times n$, les vecteurs colonnes des matrices $n \times 1$.

Pour démarrer, et pour une utilisation "légère", vous saisirez des commandes ligne par ligne. Un "retour-chariot" exécute la ligne, sauf dans deux cas :

- si la ligne se termine par deux points, la séquence de commandes se prolonge sur la ligne suivante,
- si la commande définit une matrice, les lignes de cette matrice peuvent être séparées par des retours-chariots. Ceci sert essentiellement à importer de grandes matrices depuis des fichiers.

Dans une ligne de commande, tout ce qui suit // est ignoré, ce qui est utile pour les commentaires. Les commandes que nous proposons sur des lignes successives sont supposées être séparées par des retours-chariots.

```
A=[1,2,3;4,5,6;7,8,9]   // definit une matrice 3X3
A=[1,2,3;4,             // message d'erreur
A=[1,2,3;4,..           // attend la suite de la commande
5,6;7,8,9]              // la meme matrice est definie
A=[1,2,3;               // premiere ligne
4,5,6;                  // deuxieme ligne
7,8,9]                  // fin de la matrice
```

Ajouter un point virgule en fin de ligne supprime l'affichage du résultat (le calcul est quand même effectué). Ceci évite les longs défilements à l'écran, et s'avère vite indispensable.

```
x=ones(1,100);          // rien n'apparait
x                       // le vecteur x a bien ete defini
```

Il est fréquent que des commandes doivent être répétées avec des modifications mineures. Il est inutile de tout taper : il suffit d'appuyer sur la touche ↑ pour rappeler les commandes précédentes. On peut alors les modifier, et les exécuter à nouveau par un retour-chariot.

Dans les noms de variables, les majuscules sont distinctes des minuscules. Les résultats sont affectés par défaut à la variable `ans` ("answer"), qui contient donc le résultat du dernier calcul *non affecté*. Toutes les variables d'une session sont globales et conservées en mémoire. Des erreurs proviennent souvent de confusions avec des noms de variables déjà affectés. Il faut penser à ne pas toujours utiliser les mêmes noms, ou à libérer les variables par `clear`. Les variables courantes sont accessibles par `who` et `whos`.

```
a=[1,2]; A=[1,2;3,4];  // affecte a et A
1+1                    // affecte ans
who                    // toutes les variables
whos()                 // les details techniques
clear a
who                    // a disparait
clear
who                    // a, A et ans disparaissent
```

L'aide en ligne est appelée par `help`. La commande `apropos` permet de retrouver les rubriques d'aide quand on ignore le nom exact d'une fonction.

```
help help
help apropos
apropos matrix         // rubriques contenant "matrix"
help matrix            // aide de la fonction "matrix"
```

6.1.3 Types de fichiers

Scilab travaille à partir d'un répertoire de base, qui est donné par la commande `pwd`. C'est là qu'il va chercher par défaut les fichiers à charger ou à exécuter. On peut le changer par la commande `chdir`. A défaut, il faut saisir le chemin d'accès complet du fichier que l'on souhaite charger ou sauvegarder. Le plus facile est d'utiliser le menu de l'interface.

Dès que les calculs à effectuer requièrent plus de quelques lignes de commande, on a intérêt à saisir ces lignes dans un fichier exécutable externe. Dans l'interface de Scilab, les seules commandes qui apparaîtront seront les exécutions ou les chargements répétés de fichiers externes. Il est conseillé de maintenir ouvertes deux fenêtres : la fenêtre Scilab, et une fenêtre d'édition (emacs sous Linux, WordPad sous Windows, par exemple). Scilab distingue trois sortes de fichiers.

1. *Les fichiers de sauvegarde.* Ce sont des fichiers binaires, créés par la commande `save` et rappelés par `load`. Ceci permet de reprendre un calcul en conservant les valeurs déjà affectées. On peut aussi enregistrer des variables dans un fichier texte par `write` et les rappeler par `read`.
2. *Les fichiers de commandes.* Ce sont des fichiers texte. Ils contiennent des suites d'instructions Scilab, qui sont exécutées successivement par `exec`. Enregistrez dans le répertoire courant les trois lignes suivantes sous le nom

losange.sce. Attention, la dernière ligne du fichier doit obligatoirement se terminer par un retour-chariot pour être prise en compte.

```
x=[0,-1,0,1;-1,0,1,0]
y=[-1,0,1,0;0,1,0,-1]
plot(x,y)
```

La commande exec("losange.sce") affichera x, puis y, puis tracera un losange.

On peut écrire une matrice dans un fichier texte à exécuter (par exemple pour importer des données issues d'un tableur). Dans ce cas, les lignes du fichier, si elles correspondent aux lignes de la matrice, ne doivent pas se terminer par deux points. Par exemple le fichier saisie.txt peut contenir les trois lignes (terminées par un retour-chariot) :

```
A=[1,2,3;
4,5,6;
7,8,9];
```

La commande exec("saisie.txt") affectera la matrice A.

3. *Les fichiers de fonctions.* Comme les fichiers de commandes, ce sont des fichiers texte. Ils contiennent la définition d'une ou plusieurs fonctions. La définition d'une fonction commence obligatoirement par une ligne qui déclare le nom de la fonction, les variables d'entrée x1,x2,...,xm et le vecteur des variables de sortie [y1,y2,...,yn].

```
function [y1,y2,...,yn] = nom_fonction(x1,x2,...,xm)
```

Là encore, il ne faut pas oublier de terminer la dernière ligne par un retour-chariot. Enregistrez par exemple dans le fichier cloche.sci les lignes suivantes.

```
function d = cloche(x)
// CLOCHE densite de la loi normale N(0,1)
d = (1/sqrt(2*%pi))*exp(-x.^2/2);
```

Si ce fichier est placé dans le répertoire courant, getf("cloche.sci") charge et compile la nouvelle fonction.

```
getf("cloche.sci")
x=[-3:0.1:3]; y=cloche(x);
plot(x,y)
fplot2d(x,cloche)
intg(-5,1.96,cloche)
```

Les fichiers les plus couramment utilisés sont les fichiers de commandes et les fichiers de fonctions. Les extensions .sce pour les fichiers de commandes et .sci pour les fichiers de fonctions sont de tradition, mais ce n'est pas une obligation. Un fichier de commandes peut réaliser les mêmes tâches qu'une fonction et réciproquement. Pour une utilisation courante ou de mise au point, les fichiers de commandes permettent de suivre le contenu de toutes les variables. Pour une programmation plus avancée, il est préférable de définir des fonctions, car leurs variables internes restent locales. Un même fichier `.sci` peut contenir plusieurs fonctions. Les fonctions du langage sont regroupées dans des librairies qui contiennent leur code Scilab (fichiers texte `.sci`), et leur code compilé (fichiers `.bin`). On peut transformer un ensemble de fichiers de fonctions en librairie, en sauvant les versions compilées et en rajoutant les fichiers d'aide.

6.1.4 Style de programmation

La philosophie de Scilab est celle d'un langage fonctionnel. Au lieu de créer un logiciel avec programme principal et procédures, on étend le langage par les fonctions dont on a besoin. Le rôle du programme principal est joué par un fichier de commandes contenant essentiellement des appels de fonctions.

Certaines erreurs difficiles à trouver proviennent de confusions entre noms de variables ou de fonctions. Scilab garde en mémoire tous les noms introduits tant qu'ils n'ont pas été libérés par `clear`. Il est donc prudent de donner des noms assez explicites aux variables. Les variables introduites dans la session ou dans les fichiers de commandes sont globales. Par défaut, toutes les variables introduites à l'intérieur d'une fonction sont locales. C'est une des raisons pour lesquelles on a intérêt à définir de nouvelles fonctions plutôt que d'utiliser des fichiers de commande exécutables.

Pour comparer l'efficacité des algorithmes, on dispose de `timer` qui permet de compter le temps CPU écoulé.

```
A=rand(200,200);
b=rand(200,1);
timer(); x=A\b; timer()       // resout le systeme lineaire
timer(); x=inv(A)*b; timer() // inverse la matrice
```

Scilab propose les commandes des langages de programmation classiques.

Commandes principales				
Pour	`for`	`x=vecteur,`	`instruction;`	`end`
Tant que	`while`	`booleen,`	`instruction;`	`end`
Si	`if`	`booleen then,`	`instruction;`	`end`
Sinon	`else`		`instruction;`	`end`
Sinon si	`elseif`	`booleen then,`	`instruction;`	`end`
Selon	`select x`	`case 1 ...`	`then ...`	`end`

La boucle `for` peut aussi s'appliquer à une matrice. Dans :

```
for x=A, instruction, end
```

l'instruction sera exécutée pour `x` prenant successivement comme valeurs les colonnes de la matrice `A`.

Scilab est un outil de calcul plus que de développement. Pour un problème compliqué, on aura tendance à utiliser Scilab pour réaliser des maquettes de logiciels et tester des algorithmes, quitte à lancer ensuite les gros calculs dans un langage compilé comme C. Cela ne dispense pas de chercher à optimiser la programmation en Scilab, en utilisant au mieux la logique du calcul matriciel. Voici un exemple illustrant cette logique. Si $v = (v_i)_{i=1...n}$ et $w = (w_j)_{j=1...m}$ sont deux vecteurs, on souhaite définir la matrice $A = (a_{i,j})$, où $a_{i,j} = v(i)^{w(j)}$. Il y a plusieurs solutions. Dans les commandes qui suivent, v est un vecteur colonne et w est un vecteur ligne.

```
for i=1:n, for j=1:m, A(i,j)=v(i)^w(j); end; end // a eviter
A=v^w(1); for j=2:m, A=[A,v^w(j)]; end            // mieux
A=v(1)^w; for i=2:n, A=[A;v(i)^w]; end            // idem
A=(v*ones(w)).^(ones(v)*w)                        // meilleur
```

Si on doit appeler plusieurs fois ce calcul, on aura intérêt à en faire une fonction.

Scilab offre toutes les facilités pour programmer correctement : protection des saisies, utilitaires de débuggage...

Protection et débuggage	
`disp`	affichage de variables
`type`	type des variables
`typeof`	idem
`argn`	nombre de variables d'entrée
`break`	sortie de boucle
`pause`	attente clavier
`return`	sortie de fonction
`resume`	idem
`error`	message d'erreur
`warning`	message d'avertissement

Nous donnerons plusieurs exemples de fonctions dans ce qui suit. Elles ne sont pas toujours optimisées. Nous avons privilégié la clarté de la programmation sur la rapidité d'exécution.

6.2 Vecteurs aléatoires

Scilab propose dans sa version de base un éventail complet et bien structuré de fonctions de simulation et de traitement statistique. On y trouve des générateurs pseudo-aléatoires, des représentations graphiques, des calculs de moments et des calculs sur les lois de probabilités usuelles. L'utilisateur peut s'il le souhaite, compléter cet éventail par quelques fonctions simples pour en faire un outil de traitement statistique tout à fait performant.

6.2.1 Lois discrètes

Nous verrons à la section suivante que le générateur **grand** permet la simulation des lois discrètes usuelles. Voici une fonction de génération d'une loi discrète quelconque, par la méthode d'inversion.

```
function e = ech_dist(m,n,x,d)
//      ech_dist(m,n,x,d) retourne une matrice de taille mXn
//      dont les coefficients sont des realisations
//      independantes de la loi sur x specifiee par le
//      vecteur d, normalise a 1.
//
d = d/sum(d);                       // normaliser par la somme
loi=cumsum(d);                      // fonction de repartition

for i=1:m,
     for j=1:n,
          k=1;
          r=rand(1,1);              // appel de random
          while r>loi(k),           // simulation par inversion
               k=k+1,
          end;
          e(i,j)=x(k);
     end;
end
```

La fonction suivante nous servira à calculer les fréquences des différentes valeurs apparaissant dans un échantillon.

```
function [f,v] = freq_emp(ech)
//      freq_emp(ech) Calcule les frequences empiriques des
//      valeurs differentes de ech. Retourne un vecteur des
//      valeurs differentes de ech et un vecteur des
//      frequences correspondantes.
//
taille=size(ech,"*");               // taille de l'echantillon

v=[ech(1)];                         // valeurs differentes
for k = 2:taille,                   // parcourir l'echantillon
     if ech(k)~=v then,             // nouvelle valeur
          v = [v,ech(k)];           // la rajouter
     end;
end;
v = gsort(v,"c","i");               // trier les valeurs
nbval=size(v,"*");                  // nombre de valeurs

effectifs = [];                     // effectifs des valeurs
```

```
for k = 1:nbval,                    // parcourir les valeurs
  e = size(find(ech==v(k)),"*");// effectif de v(k)
  effectifs = [effectifs,e];      // le rajouter
end;

f=effectifs/sum(effectifs);       // calculer les frequences
```

Nous supposons que les deux fonctions **ech_dist** et **freq_emp** ont été placées dans le fichier lois_discretes.sci. Voici deux exemples d'utilisation.

```
getf("lois_discretes.sci")
x = ech_dist(1,100,["a","b","c"],[0.5,0.3,0.2])
x = ech_dist(1,1000,["a","b","c"],[0.5,0.3,0.2]);
[f,v] = freq_emp(x)
plot2d3("gnn",[1:3]',f',5,"111","frequences",[0,0,4,1])
x = ech_dist(1,1000,[1:10],ones(1,10));
[f,v] = freq_emp(x)
xbasc()
plot2d3("gnn",v',f',5,"111","frequences",[0,0,11,0.5])
```

6.2.2 Générateurs pseudo-aléatoires

Les deux fonctions de génération aléatoire sont **rand** et **grand**. Le plus simple est **rand**. Il retourne des réalisations de variables i.i.d, de loi uniforme sur $[0,1]$ ou de loi normale $\mathcal{N}(0,1)$, selon l'option.

```
help rand
// Loi uniforme
unif = rand(1,1000);
histplot(10,unif);
moyennes=cumsum(unif)./[1:1000];
xbasc()
plot(moyennes)
// Loi normale
gauss = rand(1,1000,"normal");
xbasc()
histplot(10,gauss)
// Pile ou face
getf("lois_discretes.sci")
pileface = 2*bool2s(rand(1,1000)<0.5)-1;
[f,v] = freq_emp(pileface)
gains = cumsum(pileface);
plot(gains)
// Loi binomiale
binomiale=sum(rand(4,1000)<0.5,"r");
[f,v] = freq_emp(binomiale)
```

```
// Loi exponentielle
expo=-log(unif);
mean(expo)
median(expo)
st_deviation(expo)
xbasc()
histplot(10,expo)
// Loi geometrique
geom = ceil(expo);
[f,v] = freq_emp(geom)
xbasc()
plot2d3("gnn",v',f',5,"111","Geometrique",[0,0,8,max(f)])
```

Le générateur **grand** est très complet et nous ne présentons qu'une partie de ses possibilités (voir `help grand`). Dans les appels de **grand** pour une loi unidimensionnelle, les deux premiers paramètres `m` et `n` spécifient le nombre de lignes et de colonnes de l'échantillon à engendrer. Comme pour **rand**, ces deux nombres peuvent être remplacés par un vecteur ou une matrice.

```
getf("lois_discretes.sci")
// Loi binomiale
b=grand(1,1000,"bin",10,0.7);
[f,v]=freq_emp(b)
xbasc()
plot2d3("gnn",v',f',5,"111","Binomiale",[0,0,11,max(f)])
// Loi de Poisson
p=grand(b,"poi",2);
[f,v]=freq_emp(p)
xbasc()
plot2d3("gnn",v',f',5,"111","Poisson",[0,0,8,max(f)])
// Loi du khi-deux
c1=grand(1,1000,"chi",3);
xbasc()
histplot(20,c1)
// Loi gamma
c2=grand(c1,"gam",3/2,1/2);
xbasc()
histplot(20,c2)
// Loi normale dans le plan
M=[0;0]; S=[1,0.8;0.8,1];
X=grand(5000,"mn",M,S);
xbasc()
square(-1,1,-1,1);
plot2d(X(1,:),X(2,:),0);
// Chaine de Markov
P=[0,0.4,0.6;0.2,0.3,0.5;0.5,0.5,0];
```

```
X=grand(10000,"markov",P,1);
[f,v]=freq_emp(X)
[x,sta]=linsolve(P'-eye(P),zeros(3,1));
sta=sta/sum(sta,"r")        // mesure stationnaire
abs(f'-sta)
```

Simulations	
`grand(m,n,"bet",A,B)`	loi bêta
`grand(m,n,"bin",N,p)`	loi binomiale
`grand(m,n,"chi",N)`	loi du khi-deux
`grand(m,n,"def")`	loi uniforme sur $[0,1]$
`grand(m,n,"exp",M)`	loi exponentielle
`grand(m,n,"f",M,N)`	loi de Fisher
`grand(m,n,"gam",A,L)`	loi gamma
`grand(m,n,"lgi")`	loi uniforme sur $\{0,\dots,2^{31}\}$
`grand(n,"mn",M,S)`	loi normale multidimensionnelle
`grand(n,"markov",P,x0)`	chaîne de Markov
`grand(n,"mul",N,P)`	loi multinomiale
`grand(m,n,"nbn",N,p)`	loi binomiale négative
`grand(m,n,"nch",N,x0)`	loi du khi-deux décentrée
`grand(m,n,"nf",M,N,x0)`	loi de Fisher décentrée
`grand(m,n,"nor",M,S)`	loi normale unidimensionnelle
`grand(m,n,"poi",L)`	loi de Poisson
`grand(m,"prm",V)`	permutations aléatoires de `V`
`grand(m,n,"uin",A,B)`	entiers uniformes entre `A` et `B`
`grand(m,n,"unf",A,B)`	réels uniformes entre `A` et `B`

6.2.3 Représentations graphiques

La fonction `plot2d3` permet de représenter des diagrammes en bâtons et a déjà été utilisée. La fonction `histplot` représente des histogrammes. Son premier paramètre peut être un entier (nombre de classes), auquel cas l'histogramme est régulier, ou un vecteur donnant les bornes des classes.

```
x=rand(1,1000);
xbasc()
histplot(10,x)
xbasc()
histplot([0,0.2,0.5,0.6,0.9,1],x)
y=grand(x,"exp",1);
xbasc()
histplot(10,y)
xbasc()
histplot(-log([1:-0.1:0.01]),y)
```

Pour représenter un nuage de points dans le plan, on peut utiliser **plot2d** avec un style de représentation négatif ou nul. La fonction **hist3d** représente des histogrammes dans $\mathbb{R}^3$ mais n'effectue pas le calcul des fréquences de classes. Pour cela, on pourra utiliser la fonction **freq2d** définie ci-dessous. Elle prend en entrée deux vecteurs de bornes, **bornex** et **borney**, et une matrice **echant**, à 2 lignes et n colonnes.

```
function f = freq2d(echant,bornex,borney)
//      freq2d retourne une matrice dont les
//      coefficients sont les frequences de echant
//      relatives a bornex et borney
//
kx = size(bornex,"*")-1;
ky = size(borney,"*")-1;

for i=1:kx,
    for j=1:ky,
        f(i,j) = size(find(..
            echant(1,:) >  bornex(i)   &..
            echant(1,:) <= bornex(i+1) &..
            echant(2,:) >  borney(j)   &..
            echant(2,:) <= borney(j+1)),"*");
   end;
end;
f=f/sum(f);
```

Cette fonction sera enregistrée dans le fichier **freq2d.sci**. La fonction **hist3d** prend en entrée une liste formée de la matrice des fréquences, retournée par **freq2d**, et des deux vecteurs de bornes. Voici quelques exemples d'utilisation.

```
getf("freq2d.sci")
u=rand(2,2000);
plot2d(u(1,:),u(2,:),0)
bx=[0:0.2:1]; by=bx;
f=freq2d(u,bx,by);
xbasc()
hist3d(list(f,bx,by))

t1=max(rand(2,2000),"r");
t2=min(rand(2,2000),"r");
xbasc()
plot2d(t1,t2,0)
bx=[0:0.2:1]; by=bx;
f=freq2d([t1;t2],bx,by);
xbasc()
hist3d(list(f,bx,by))
```

```
M=[0;0]; S=[1,0.8;0.8,1];
v=grand(2000,"mn",M,S);
xbasc()
plot2d(v(1,:),v(2,:),0)
bx=[-3:1:3]; by=bx;
f=freq2d(v,bx,by);
xbasc()
hist3d(list(f,bx,by))
```

On peut visualiser des nuages de points à trois dimensions à l'aide de `param3d1`, et utiliser la rotation à l'aide de la souris.

```
M=[0;0;0];
S=[1,0.5,0.9 ; 0.5,1,0.3 ; 0.9,0.3,1];
v=grand(10000,"mn",M,S);
xbasc()
param3d1(v(1,:)',v(2,:)',list(v(3,:)',0))
```

6.2.4 Calculs de moments

Les calculs de moyennes, médianes et écart-types s'effectuent par des fonctions vectorielles (`mean`, `median` et `st_deviation`) qui s'appliquent à l'ensemble d'une matrice, à ses lignes ou à ses colonnes selon l'option. Attention, `st_deviation` calcule la racine carrée de la variance *non biaisée.*

La fonction `corr` retourne les corrélations ou covariances d'une ou deux séries chronologiques, mais ne s'applique pas directement au calcul de la matrice de covariance d'un échantillon vectoriel. Les fonctions ci-dessous calculent les matrices de covariance et de corrélation pour un échantillon de taille n de vecteurs de dimension d, donné sous forme d'une matrice à n lignes et d colonnes.

```
function c=covariance(echant)
//      retourne la matrice de covariance
//      de l'echantillon echant. L'entree est une matrice
//      a n lignes (individus) et d colonnes (variables)
//
moyenne = mean(echant,"r");
echcent = echant - ones(size(echant,"r"),1)*moyenne;
c=(echcent'*echcent)/size(echant,"r");


function c=correlation(echant)
//      retourne la matrice de correlation
//      de l'echantillon echant. L'entree est une matrice
//      a n lignes (individus) et d colonnes (variables)
```

```
//
cov=covariance(echant);
ectinv=diag((1)./sqrt(diag(cov)));
c=ectinv*cov*ectinv;
```

Supposons que ces deux fonctions soient dans le fichier `covariance.sci`.

```
getf("covariance.sci");
M=[0;0;0];
S=[1,0.5,0.9 ; 0.5,1,0.3 ; 0.9,0.3,1];
v=grand(10000,"mn",M,S);
cov_estimee = covariance(v')
cov_estimee-S
cor_estimee = correlation(v')
cor_estimee-S
```

6.2.5 Calculs sur les lois usuelles

Scilab propose des fonctions `cdf*`, à partir desquelles on retrouve la fonction de répartition, la densité et la fonction quantile des lois les plus courantes. Ces fonctions sont les suivantes.

Lois usuelles	
`cdfbet`	lois bêta
`cdfbin`	lois binomiales
`cdfchi`	lois du khi-deux
`cdfchn`	lois du khi-deux décentrées
`cdff`	lois de Fisher
`cdffnc`	lois de Fisher décentrées
`cdfgam`	lois gamma
`cdfnbn`	lois binomiales négatives
`cdfnor`	lois normales unidimensionnelles
`cdfpoi`	lois de Poisson
`cdft`	lois de Student

Les familles de lois de probabilité classiques dépendent de un, deux voire trois paramètres. Pour chaque valeur du ou des paramètres, la fonction de répartition de la loi correspondante est déterminée de façon unique. C'est une fonction qui à une valeur réelle x associe une probabilité $p = F(x)$. L'inverse de la fonction de répartition est la fonction quantile, qui à une probabilité p associe le p-quantile x. Entrent donc en jeu :

- les valeurs des paramètres,
- la valeur du quantile x,
- la valeur de la probabilité p.

Toutes les fonctions `cdf*` sont structurées de façon analogue. Si on leur donne en entrée toutes les quantités sauf une, ainsi que l'option appropriée, la fonction retournera la quantité manquante. Les variables d'entrée étant des vecteurs, on peut effectuer plusieurs calculs simultanés sur la même loi ou sur des lois différentes.

Prenons d'abord l'exemple de la loi binomiale (fonction `cdfbin`). L'option `"PQ"` permet de calculer des valeurs de fonctions de répartition ou de leurs compléments à 1. A partir de ces valeurs, il est facile par différences de retrouver les valeurs des probabilités. Les deux exemples qui suivent concernent la loi binomiale de paramètres 10 et 0.6.

```
help cdfbin
[P,Q]=cdfbin("PQ",5,10,0.6,0.4)
c=ones(1,11);
repart=cdfbin("PQ",0:10,10*c,0.6*c,0.4*c)
xbasc()
plot2d2("gnn",[0:10]',repart',5,"111","Repart",[0,0,11,1])
repart=[0,repart];
probas=repart(2:12)-repart(1:11)
xbasc()
plot2d3("gnn",[0:10]',probas',5,"111","Proba",[0,0,10,0.3])
esperance=sum(probas.*[0:10])
```

L'option `"S"` permet de calculer les valeurs de la fonction quantile (interpolée).

```
cdfbin("S",10,0.2,0.8,0.6,0.4)
p=[0.1:0.1:1];
c=ones(p);
cdfbin("S",10*c,p,1-p,0.6*c,0.4*c)
```

Les autres options `"Xn"` et `"PrOmpr"` permettent de retouver un paramètre de la loi connaissant l'autre paramètre et une valeur de la fonction de répartition.

Voici maintenant l'exemple de la loi normale (fonction `cdfnor`). Là encore l'option `"PQ"` permet de calculer la fonction de répartition. Sa différentielle discrète est une approximation de la densité.

```
help cdfnor
[P,Q] = cdfnor("PQ",1.96,0,1)
x=linspace(-3,3,100);
repart=cdfnor("PQ",x,zeros(x),ones(x));
plot(x,repart)
dens=(repart(2:100)-repart(1:99))*100/6;
x(1)=[];
plot(x,dens)
```

Pour la fonction quantile, il faut utiliser l'option `"X"`.

```
cdfnor("X",0,1,0.975,0.025)
p=[0.01:0.01:0.99];
quant=cdfnor("X",zeros(p),ones(p),p,1-p);
plot(p,quant)
```

Les options "Mean" et "Std" permettent de calculer la moyenne ou la variance d'une loi normale dont on connaît l'autre paramètre et une valeur de la fonction de répartition.

Les fonctions cdf* suffisent pour toutes les applications de statistique inférentielle classique : elles permettent de calculer les bornes des intervalles de confiance, les régions de rejet et les p-valeurs de tous les tests usuels. Voici par exemple le calcul de l'intervalle de confiance de niveau 0.95 pour l'espérance d'une loi normale, basé sur la loi de Student.

```
n = 30
echant = grand(1,n,"nor",2,3);
moy = mean(echant)
var = mean(echant.*echant)-moy*moy
quantile = cdft("T",n-1,0.975,0.025)
amplitude = quantile*sqrt(var/(n-1))
intervalle = moy+[-1,1]*amplitude
```

Voici maintenant l'exemple du test du khi-deux. La fonction khideux ci-dessous prend en entrée une distribution empirique, une distribution théorique et une taille d'échantillon. Elle calcule la distance du khi-deux, et retourne la p-valeur du test du khi-deux, pour le cas le plus simple où aucun paramètre n'a été estimé.

```
function pv = khideux(de,dt,n)
//       retourne la p-valeur du test du khi-deux pour la
//       la distribution empirique "de" et la distribution
//       theorique "dt", et une taille d'echantillon "n".
//
c = size(de,"*");              // nombre de classes
d = sum(((de-dt).^2)./dt);     // distance du khi-deux
s = n*d;                       // statistique de test
[p,pv] = cdfchi("PQ",s,c-1);   // calcul de la p-valeur
```

Pour tester cette fonction (placée dans le fichier khideux.sci), nous utilisons à nouveau les fonctions du fichier lois_discretes.sci.

```
getf("lois_discretes.sci");
getf("khideux.sci");
n=100; dt = [0.5,0.3,0.2]
ech = ech_dist(1,n,[1,2,3],dt);
de = freq_emp(ech)
pv = khideux(de,dt,n)
```

6.2.6 Calculs d'intégrales

Pour illustrer les techniques de calcul d'espérance des paragraphes 2.3.1 et 2.7, nous proposons 4 algorithmes de calcul de l'intégrale I suivante :

$$I = \iint_{[0,1]^2} x^2 y^2 \, dxdy = \frac{1}{9} .$$

On vérifie aisément que la variable aléatoire S a pour espérance I en sortie de chacun des 4 algorithmes.

Algorithme 1 : Rejet sur le domaine $[0,1]^3$.

$S \longleftarrow 0$
Répéter n fois
  $X \longleftarrow$Random ; $Y \longleftarrow$Random
  $U \longleftarrow$Random
  Si $(U < X^2 * Y^2)$ alors $S \longleftarrow S + 1$ finSi
finRépéter
$S \longleftarrow S/n$

Voici une implémentation possible en Scilab. La boucle est remplacée par un traitement vectoriel, ce qui réduit la durée d'exécution.

```
X=rand(1,n);                  // appels de Random
Y=rand(1,n);
U=rand(1,n);
B = U < (X.*Y).^2;            // vecteur des booleens du test
S=length(find(B))/n;          // proportion de tests positifs
A = 1.96*sqrt(S*(1-S)/n);     // amplitude
IDC = [S-A , S+A]             // intervalle de confiance
```

Algorithme 2 : Rejet sur le domaine $\Delta = \Delta_1 \cup \Delta_2 \cup \Delta_3 \cup \Delta_4$.

$$\Delta_1 = [0,\tfrac{1}{2}] \times [0,\tfrac{1}{2}] \times [0,\tfrac{1}{16}] \;\; \Delta_2 = [0,\tfrac{1}{2}] \times [\tfrac{1}{2},1] \times [0,\tfrac{1}{4}]$$

$$\Delta_3 = [\tfrac{1}{2},1] \times [0,\tfrac{1}{2}] \times [0,\tfrac{1}{4}] \;\; \Delta_4 = [\tfrac{1}{2},1] \times [\tfrac{1}{2},1] \times [0,1] .$$

$S \longleftarrow 0$
Répéter n fois
  $X \longleftarrow$Random/2 ; $Y \longleftarrow$Random/2
  $U \longleftarrow$Random ; $C \longleftarrow$Random
  Si $(C < 16/25)$ alors
    $X \longleftarrow X + 1/2$; $Y \longleftarrow Y + 1/2$
   sinon Si $(C < 20/25)$ alors
    $X \longleftarrow X + 1/2$; $U \longleftarrow U/4$
   sinon Si $(C < 24/25)$ alors

$Y \longleftarrow Y + 1/2\,;\, U \longleftarrow U/4$
sinon
$U \longleftarrow U/16$
finSi
Si $(U < X^2 * Y^2)$ alors $S \longleftarrow S + 1$ finSi
finRépéter
$S \longleftarrow S/n * (25/64)$

Le domaine Δ est la réunion de 4 domaines de volumes $\frac{1}{64}, \frac{4}{64}, \frac{4}{64}, \frac{16}{64}$. La loi de probabilité que l'on doit simuler pour décomposer sur ces 4 domaines est donc $\{\frac{1}{25}, \frac{4}{25}, \frac{4}{25}, \frac{16}{25}\}$. Pour l'implémentation en Scilab, afin d'optimiser l'exécution, cette loi est simulée comme produit de deux copies indépendantes de la loi de Bernoulli de paramètre $\frac{4}{5}$ (matrice booléenne C dans la session ci-dessous).

```
X = rand(1,n)/2;                 // appels de Random
Y = rand(1,n)/2;
U = rand(1,n);
C = bool2s(rand(2,n)<0.8); // variables de Bernoulli
X = X + C(1,:)/2;                // simulation par decomposition
Y = Y + C(2,:)/2;
U = U.*(0.25^sum(1-C,"r"));
B = U < (X.*Y).^2;               // vecteur des booleens du test
S=length(find(B))/n;             // proportion de tests positifs
A = 1.96*sqrt(S*(1-S)/n);        // amplitude
IDC = [S-A , S+A]                // int. de conf. de la proportion
IDC = IDC*25/64                  // int. de conf. de l'integrale
```

Algorithme 3 : Espérance par rapport à la loi uniforme sur $[0,1]^2$.

$S \longleftarrow 0$
Répéter n fois
$X \longleftarrow$Random ; $Y \longleftarrow$Random
$S \longleftarrow S + X^2 * Y^2$
finRépéter
$S \longleftarrow S/n$

L'implémentation en Scilab est sans surprise, en remplaçant encore une fois la boucle par du calcul vectoriel.

```
X = rand(1,n);              // appels de Random
Y = rand(1,n);
F = (X.*Y).^2;              // echantillon
S = sum(F)/n;               // moyenne empirique
V = sum(F.*F)/n -S^2;       // variance empirique
A = 1.96*sqrt(V/n);         // amplitude
IDC = [S-A , S+A]           // intervalle de confiance
```

Algorithme 4 : Espérance par rapport à la loi de densité f :

$$f(x,y) = 4xy\mathbb{1}_{[0,1]^2}(x,y) .$$

```
S ⟵ 0
Répéter n fois
    X ⟵Max(Random,Random)
    Y ⟵Max(Random,Random)
    S ⟵ S + X * Y/4
finRépéter
S ⟵ S/n
```

L'implémentation en Scilab suit exactement l'algorithme ci-dessus.

```
X = max(rand(2,n),"r");       // simulation loi triangulaire
Y = max(rand(2,n),"r");
G = X.*Y/4;                   // echantillon
S = sum(G)/n;                 // moyenne empirique
V = sum(G.*G)/n -S^2;         // variance empirique
A = 1.96*sqrt(V/n);           // amplitude
IDC = [S-A , S+A]             // intervalle de confiance
```

Les 4 sessions Scilab ont été exécutées sur le même ordinateur avec des vecteurs de taille fixée n = 100000. Dans le tableau 6.1, nous avons rassemblé les éléments permettant de comparer les 4 algorithmes, à l'issue de cette expérience. La colonne σ^2 contient la variance théorique de la variable aléatoire dont S est la moyenne empirique. Les 4 intervalles de confiance figurent dans la troisième colonne. Si on ne retient que le critère de précision, le meilleur algorithme est le 4, suivi du 2, du 3 et du 1. Mais seule compte la précision atteinte pour un temps de calcul donné. La comparaison des durées d'exécution (avant dernière colonne) montre que l'algorithme 2 est nettement plus lent que les trois autres. Afin de classer les algorithmes, nous proposons de calculer un "score", combinant la précision et la durée. Nous souhaitons faire en sorte que ce score reflète les performances des 4 algorithmes, indépendamment du nombre de variables engendrées. On peut raisonnablement considérer que le temps d'exécution est en gros proportionnel à la taille de l'échantillon, ce qui se vérifie expérimentalement. Il est donc logique de prendre comme évaluation de la qualité d'un algorithme, la racine carrée du produit de la variance par le temps d'exécution. Par exemple l'algorithme 2, qui est plus précis que le 1 et le 3, est aussi plus lent, et son score est deux fois plus mauvais que celui du 3.

Algorithme	σ^2	IDC	durée	score
1	0.099	[0.1084; 0.1124]	0.16	0.13
2	0.015	[0.1098; 0.1121]	0.47	0.12
3	0.028	[0.1103; 0.1124]	0.13	0.06
4	0.003	[0.1107; 0.1115]	0.20	0.02

Tableau 6.1 – Comparaison de 4 algorithmes de calcul de la même intégrale.

6.3 Algorithmes de simulation

6.3.1 Simulation de diffusions

Voici tout d'abord comme base d'expérimentation, une fonction de simulation de trajectoires de diffusions en dimension 1, utilisant la méthode d'Euler-Maruyama du paragraphe 3.3.2. Cette fonction prend en entrée les coefficients μ et σ de la diffusion, le point de départ x_0, le pas h, le nombre de pas n ainsi que le nombre de trajectoires à simuler. Elle retourne les trajectoires dans une matrice.

```
function traj = euler1d(mu,sigma,x0,h,n,ntraj)
//      Retourne une matrice a n+1 lignes et ntraj colonnes.
//      Les colonnes contiennent des simulations
//      independantes de trajectoires du processus
//      de diffusion de coefficients mu et sigma (fonctions
//      de deux variables.
//      Les trajectoires partent de x0 et sont simulees par
//      la methode d'Euler de pas h sur n pas.
//
sh = sqrt(h);                                  // racine carree
pas_brownien = grand(n,ntraj,"nor",0,sh);      // pas browniens
traj = zeros(n+1,ntraj);                       // initialisation
t = 0; X = x0*ones(1,ntraj);
traj(1,:) = X;
for i=1:n,                                     // trajectoires
    X = X + mu(t,X)*h + sigma(t,X).*pas_brownien(i,:);
    traj(i+1,:) = X;
    t = t+h;
end;
```

Voici une session utilisant la fonction `euler1d`, et représentant 10 trajectoires de la diffusion solution de l'équation de Black et Scholes $dX = XdW$, partant de $X = 1$, jusqu'au temps $T = 1$ (voir figure 3.3).

```
getf("euler1d.sci");
deff("y=mu(t,x)","y=0");                       // derive nulle
deff("y=sigma(t,x)","y=x");                    // diffusion
```

```
traj=euler1d(mu0,sigma0,1,0.001,1000,10);  // trajectoires
xbasc();
plotframe([0,0,1,10],[10,1,10,1],[%f,%f],..
["Diffusion de Black et Scholes","",""]);  // cadre
t=[0:0.001:1]'*ones(1,10);                 // abscisses
plot2d(t,traj,ones(1,ntraj),"000");        // representation
```

Sans reprendre le détail des sessions, nous présentons plusieurs autres simulations. La figure 6.1 simule la solution de $dX = X\,dt + X\,dW$, qui comme on pouvait s'y attendre "explose" numériquement : la variable aléatoire $X(t)$ suit une loi log-normale, d'espérance e^t, de variance $e^{3t} - e^{2t}$.

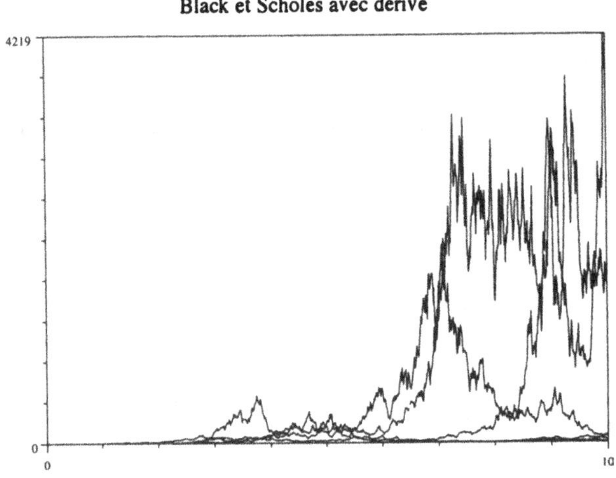

Figure 6.1 – Diffusion de Black et Scholes, solution de $dX = X\,dt + X\,dW$.

Considérons maintenant la diffusion de Fisher-Wright, solution de $dX = \sqrt{X(1-X)}\,dW$, partant de $X_0 = 1/2$. En théorie, ce processus reste dans l'intervalle $[0,1]$. En pratique, sa simulation pose un problème de précision : les pas simulés par la méthode d'Euler-Maruyama peuvent sortir de cet intervalle. Pour réaliser la figure 6.2, le coefficient de diffusion a été défini comme suit :

```
deff("y=sigma(t,x)","y=sqrt(abs(x.*(1-x)))");
```

On constate que les trajectoires extrêmes sortent de l'intervalle théorique $[0,1]$.

Les figures 6.3 et 6.4 illustrent deux autres exemples de diffusion, la première homogène, solution de $dX = -X\,dt + dW$ (processus d'Ornstein-

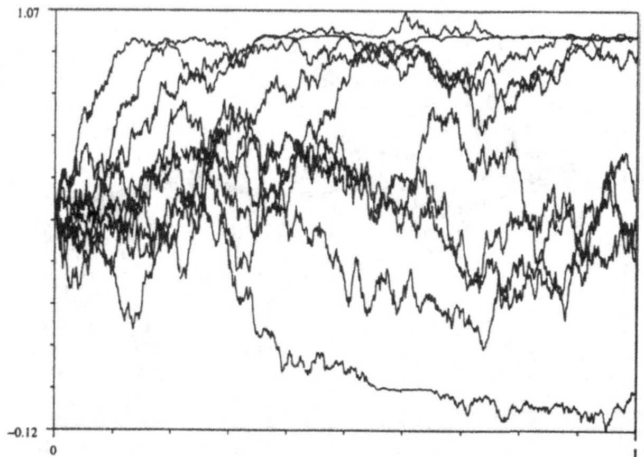

Figure 6.2 – Diffusion de Fisher et Wright, solution de $dX = \sqrt{X(1-X)}\,dW$.

Uhlenbeck), l'autre non homogène, solution de l'équation $dX = \sin(t)\,dt + X\,dW$.

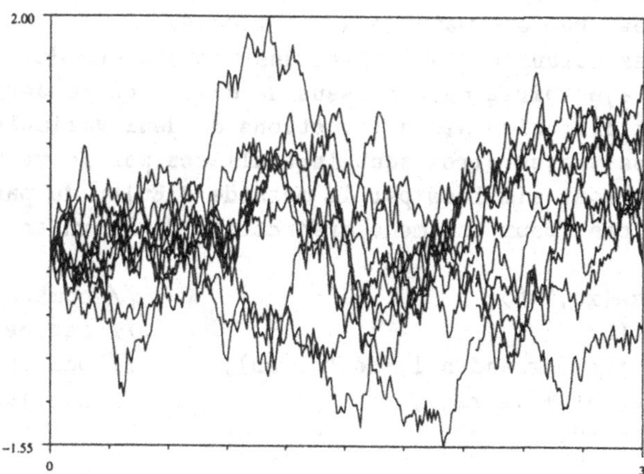

Figure 6.3 – Processus d'Ornstein-Uhlenbeck, solution de $dX = -X\,dt + dW$.

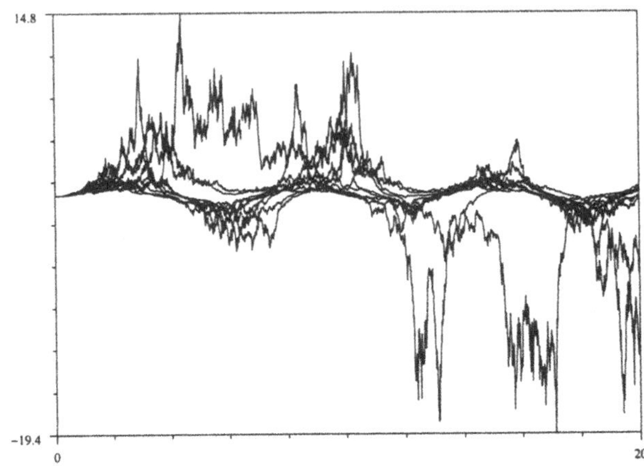

Figure 6.4 – Diffusion solution de $dX = \sin(t)\,dt + X\,dW$.

Un *flot* est un ensemble de trajectoires d'une équation différentielle stochastique, gouvernées par une même trajectoire du mouvement brownien, partant de conditions initiales différentes. Une légère modification de la fonction `euler1d` permet de simuler des flots (figures 6.5, 6.6 et 6.7)

```
function flot = flot1d(mu,sigma,x0,h,n)
//      Retourne une matrice a n+1 lignes.
//      Les colonnes contiennent des simulations de
//      trajectoires du processus de diffusion de derive mu
//      et diffusion sigma (fonctions de deux variables).
//      Les trajectoires sont initialisees par le vecteur x0
//      et sont simulees par la methode d'Euler de pas h sur
//      n pas, pour une meme trajectoire du brownien.
//
ntraj=size(x0,"*");                         // nombre
sh = sqrt(h);                               // racine carree
pas_brownien = grand(n,1,"nor",0,sh);       // pas browniens
flot = zeros(n+1,ntraj);                    // initialisation
t = 0; X = x0;
flot(1,:) = X;
for i=1:n,                                  // trajectoires
    X = X + mu(t,X)*h + sigma(t,X)*pas_brownien(i);
    flot(i+1,:) = X;
    t = t+h;
end;
```

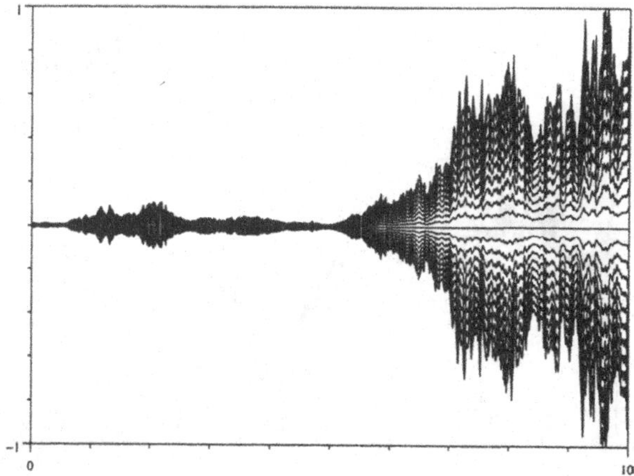

Figure 6.5 – Flot de l'équation de Black et Scholes $dX = X\,dt + X\,dW$.

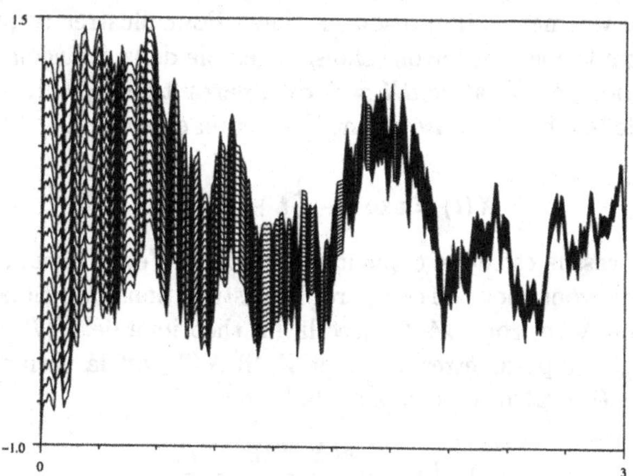

Figure 6.6 – Flot de l'équation $dX = -X\,dt + dW$ (processus d'Ornstein-Uhlenbeck).

La question de la précision d'une méthode de simulation pour les processus de diffusion ne peut se poser qu'en termes de loi de probabilité : à quelle distance la distribution empirique des trajectoires simulées est-elle de la distribution théorique ? Il est en général impossible de répondre à cette question.

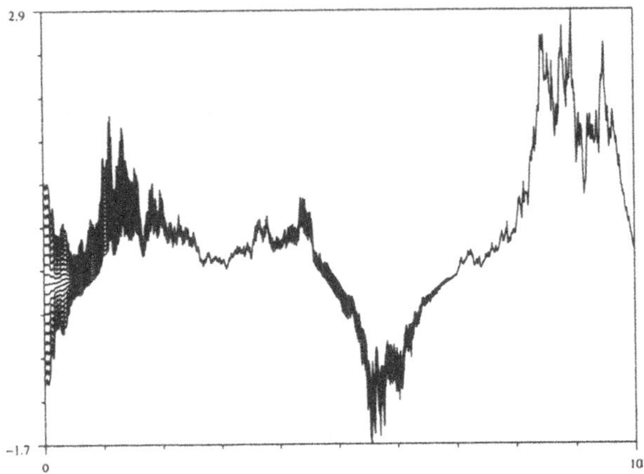

Figure 6.7 – Flot de l'équation $dX = \sin(t)\,dt + X\,dW$.

Le théorème 3.2 de majoration d'erreur fournit une réponse très partielle, et ne donne pas vraiment d'indication pratique. Pour illustrer ce problème de l'erreur de simulation, nous avons choisi l'exemple de la diffusion de Black et Scholes, solution de l'équation $dX = X\,dW$, partant de $X_0 = 1$. Une application simple de la formule de Itô donne la solution explicite de cette équation, qui est :

$$X(t) = \exp\Big(-\frac{1}{2}t + W(t)\Big) .$$

La loi du processus est donc explicitement connue (et la simulation est superflue). Nous avons choisi de comparer les distributions empiriques obtenues par simulation à horizon fixé T, avec la loi théorique de $X(T)$, à savoir la loi log-normale de paramètres $-T/2$ et T. Si $\tilde{X}(T)$ est la variable aléatoire simulée, il est équivalent de comparer la loi de :

$$\tilde{Y}(T) = \frac{\log(\tilde{X}(T)) + T/2}{\sqrt{T}}$$

à la loi normale centrée réduite. Parmi les nombreuses manières d'évaluer l'ajustement entre une distribution empirique et une distribution théorique (voir par exemple [127]), nous avons choisi la distance d'Anderson-Darling. Si $\widehat{F}$ désigne la fonction de répartition empirique d'un échantillon de taille n de la variable $\tilde{Y}(T)$, et F la fonction de répartition de la loi normale $\mathcal{N}(0,1)$, la distance d'Anderson-Darling est :

$$AD = \int_{\mathbb{R}} \frac{(\widehat{F}(x) - F(x))^2}{F(x)(1 - F(x))}\, dF(x) .$$

Nous résumons dans les tableaux 6.2 et 6.3 quelques résultats obtenus avec Scilab pour la méthode d'Euler-Maruyama et la méthode de Heun-Milshtein. Pour chaque expérience, la fonction de répartition empirique $\tilde{F}$ a été estimée sur un échantillon de 10000 trajectoires simulées indépendamment. Voici d'abord l'influence du pas δt sur la qualité du résultat, à horizon fixé $T = 100$. Sur le tableau 6.2, on observe une augmentation de l'erreur avec le pas, pour les deux méthodes.

δt	0.01	0.02	0.03	0.04	0.05	0.06	0.07	0.08	0.09	0.1
Euler	0.003	0.017	0.028	0.053	0.109	0.165	0.262	0.381	0.513	0.704
Heun	0.003	0.012	0.024	0.046	0.066	0.102	0.138	0.176	0.223	0.274

Tableau 6.2 – Distances d'Anderson-Darling entre loi empirique et loi théorique pour une diffusion de Black et Scholes simulée jusqu'au temps $T = 100$ par la méthode d'Euler-Maruyama et par la méthode de Heun.

Examinons maintenant l'influence de l'horizon T. Pour cette seconde série d'expériences, le pas était fixé à 0.1, l'horizon T allait de 10 à 100 par pas de 10. Le tableau 6.3 montre comme de juste une augmentation de l'erreur avec l'horizon T. La précision de la méthode de Heun reste meilleure. Même si l'on tient compte de l'alourdissement en temps de calcul, la méthode de Heun se révèle en général plus performante.

T	10	20	30	40	50	60	70	80	90	100
Euler	0.065	0.135	0.206	0.283	0.331	0.398	0.483	0.554	0.618	0.681
Heun	0.031	0.055	0.078	0.112	0.137	0.173	0.197	0.221	0.240	0.285

Tableau 6.3 – Distances d'Anderson-Darling entre loi empirique et loi théorique pour une diffusion de Black et Scholes simulée par la méthode d'Euler-Maruyama et par la méthode de Heun de pas $\delta t = 0.1$, à des instants allant de 10 à 100 par pas de 10.

6.3.2 Recuit simulé

Nous donnons ici une implémentation de l'algorithme de recuit simulé pour le problème du voyageur de commerce, tel qu'il a été décrit au paragraphe 4.2.4. Cette implémentation utilise les fonctions suivantes, qui seront supposées figurer dans le fichier `recuit.sci`.

```
function [v,dist] = initialise(nv)
//      Tire les coordonnees de nv villes au hasard dans
//      le carre unite. Calcule la matrice des distances.
```

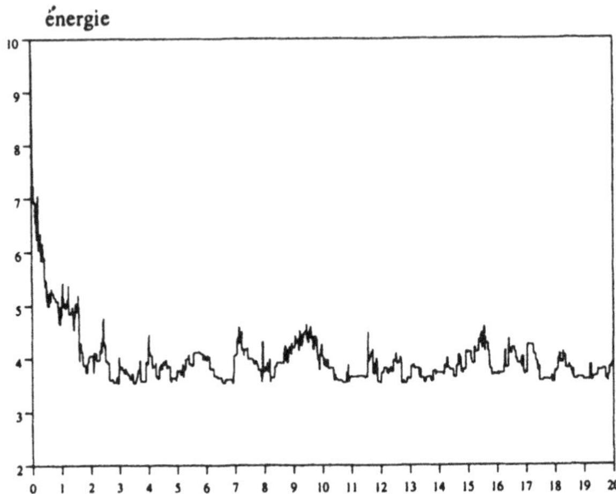

Figure 6.8 – Recuit simulé pour le problème du voyageur de commerce : évolution de la longueur du circuit (énergie) en fonction du nombre d'itérations (en milliers).

```
//
v = rand(nv,2);              // coordonnees
                             // matrice des distances
dist = (v(:,1)*ones(1,nv)-ones(nv,1)*(v(:,1))').^2;
dist = dist + (v(:,2)*ones(1,nv)-ones(nv,1)*(v(:,2))').^2;
dist = sqrt(dist);

function trace_parcours(villes)
//      Represente les villes et le circuit dans le
//      carre unite.
//
v = [villes;villes(1,:)];
xbasc(); square(0,0,1,1);
plotframe([0,0,1,1],[0,1,0,1],[%f,%f]);
plot2d(v(:,1),v(:,2),1,"000");
xset("mark",-9,4);
plot2d(villes(:,1),villes(:,2),-9,"000");

function e=f(ordre)
//     fonction d'energie : somme des distances du
//     circuit dans l'ordre donne en entree.
//
e = sum(diag(distances(ordre,..
```

```
        [ordre($),ordre([1:size(ordre,"*")])])));

function o=permuter(ordre)
//     Permute 5 indices consecutifs d'un vecteur d'ordre
//
v = grand(1,1,"uin",1,nv);                    // indice de depart
o = ordre;                                    // ordre initial
if v>1 then,                                  // decalage
  o = o([[v:nv],[1:v-1]]);
end;
o5=grand(1,"prm",[1:5]');                     // permutation
o([1:5])=o(o5');                              // ordre modifie


function [o,e] = recuit(ordre,h,unsurT)
//     Implemente l'algorithme de recuit simule
//     pour le probleme du voyageur de commerce.
//     Retourne le nouvel ordre et le vecteur des valeurs
//     successives de la fonction f.
//
o = ordre;
f1 = f(o);
e=[f1];
n = 0;
for ut = 1:unsurT,
  palier = int(exp(ut*h));
  while n<palier,
     o2 = permuter(o);
     f2 = f(o2);
     if f2<f1 then,
       o = o2;
       f1 = f2;
     else
       p = exp((f1-f2)*ut);
       if rand(1,1)<p then,
          o = o2;
          f1 = f2;
       end;
     end;
     e = [e,f1];
     n = n+1;
  end;
end;
```

Voici un exemple de session utilisant ces fonctions.

```
getf("recuit.sci");
nv = 20;                         // nombre de villes
[villes,distances] = initialise(nv);
xset("window",0);
trace_parcours(villes);          // circuit initial
h = 0.6; u=17;                   // parametres
[o,e] = recuit([1:nv],h,u);      // execution
trace_parcours(villes(o',:));    // circuit final
xset("window",1); xbasc();
x=[1:size(e,"*")];
plot2d(x,e);                     // energie
```

La figure 6.8 montre une évolution typique de la fonction d'énergie au cours des itérations. Il est intéressant de comparer différentes exécutions, pour des valeurs différentes du paramètre h. La fonction **permuter** définit le graphe de voisinage entre les différents états. Nous avons choisi de permuter aléatoirement 5 villes consécutives, mais d'autres choix pourraient être meilleurs.

6.3.3 Processus markoviens de saut

Nous commençons par donner l'implémentation Scilab des algorithmes de simulation par la chaîne incluse et par la chaîne harmonisée du paragraphe 5.1.5. Ces deux fonctions prennent en entrée un générateur dont on suppose qu'il n'a pas d'état absorbant, un état de départ et un nombre de pas. Elles commencent par calculer la matrice de la chaîne incluse ou de la chaîne harmonisée selon le cas, utilisent le générateur **grand** pour simuler les pas de la chaîne de Markov associée, puis simulent les durées de séjour dans chacun des états. Par convention les états de la chaîne pour le générateur **grand** sont les entiers allant de 1 à la dimension de la matrice.

```
function traj = saut_incluse(L,x0,n)
//     Simule par la chaine incluse, n sauts du processus
//     de generateur L a partir de x0.
//     Retourne une matrice a n+1 colonnes et 2 lignes.
//     La premiere ligne contient les etats visites, la
//     seconde contient les durees de sejour.
//
ts = -diag(L);                        // taux de sejour
P = (L+diag(ts))./(ts*ones(ts'));// matrice de transition
etats = grand(n,"markov",P,x0);  // etats visites
etats = [x0,etats];
durees = grand(etats,"exp",1);   // exponentielles
durees = durees./(ts(etats))';   // durees de sejour
traj = [etats;durees];

function traj = saut_harmonisee(L,x0,n)
```

```
//      Simule par la chaine harmonisee, n sauts du
//      processus de generateur L a partir de x0.
//      Retourne une matrice a n+1 colonnes et 2 lignes.
//      La premiere ligne contient les etats visites, la
//      seconde contient les durees de sejour.
//
tm = max(-diag(L));                  // horloge interne
P = (L+tm*eye(L))./(tm*ones(L)); // matrice de transition
etats = grand(n,"markov",P,x0);  // etats visites
etats = [x0,etats];
durees = grand(etats,"exp",1);   // exponentielles
durees = durees/tm;              // durees de sejour
traj = [etats;durees];
```

Bien évidemment les deux fonctions donnent des résultats analogues. Voici par exemple la simulation d'une file d'attente à capacité limitée M/M/1/R (figure 6.9).

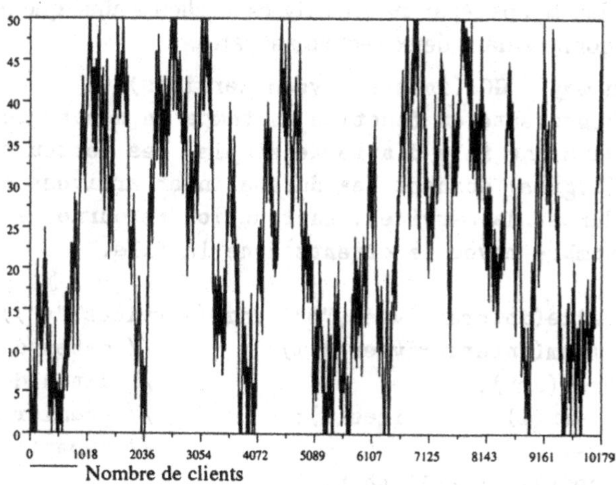

Figure 6.9 – Simulation d'une file d'attente M/M/1/R, de capacité limitée à 50, taux d'arrivée 1, taux de départ 1.01, sur 20000 pas.

```
//
// Simulation d'une file M/M/1/R
//
l = 1;                          // taux d'arrivee
m = 1.01;                       // taux de depart
```

```
R = 50;                            // capacite maximale
l = [0,l,zeros(1,R-1)];
m = [0,m,zeros(1,R-1)];
L = toeplitz(m,l);
L = L-diag(sum(L,"c"));            // generateur
x0 = 1;                            // etat initial
n = 20000;                         // nombre de pas
getf("saut_incluse.sci");
traj = saut_incluse(L,x0,n);       // simulation
dates = [0,cumsum(traj(2,:))]'; // dates de saut
etats = [x0,traj(1,:)]'-1;        // etats visites
xset("window",0); xbasc();        // graphique
plot2d2("gnn",dates,etats,1,"111",..
         "Nombre de clients",[0,0,max(dates),max(etats)]);
```

Dans les applications, il est rare qu'on ait à simuler des processus dont le générateur puisse être écrit sous forme matricielle. Pour ce qui est des files d'attente en particulier, on pourra choisir de rester plus proche de la description du modèle, comme dans la fonction GG1 que nous donnons ci-dessous. Cette fonction représente graphiquement l'évolution d'une file d'attente à un seul serveur. Les temps séparant les arrivées de clients ainsi que les durées de service sont données dans deux vecteurs séparés.

```
function moy = GG1(interarrivees,services)
//     Represente en fonction du temps le nombre de clients
//     dans une file d'attente simple. Les vecteurs d'entree
//     (lignes) donnent les durees inter-arrivees et les
//     durees de services. La fonction retourne le
//     nombre moyen de clients dans la file.
//
m = min(size(interarrivees,"*"),size(services,"*"));
arr = cumsum(interarrivees(1:m));         // dates d'arrivees
dep = zeros(arr);                         // dates de depart
dep(1) = arr(1) + services(1);            // premier depart
for k=1:m-1,                              // departs suivants
    if dep(k)<arr(k+1) then,
 dep(k+1) = arr(k+1) + services(k+1);
                         else
 dep(k+1) = dep(k) + services(k+1);
    end;
end;
arr = [arr;ones(1,m)];                    // +1 : arrivees
dep = [dep;-ones(1,m)];                   // -1 : departs
even = [arr,dep];                         // evenements
[dates,perm] = gsort(even(1,:),"c","i") // dates triees
nombres = cumsum(even(2,perm))            // clients presents
```

```
moy = sum(..                                      // nombre moyen
nombres(1:2*m-1).*(dates(2:2*m)-dates(1:2*m-1)))/dates($);
xbasc();                                          // graphique
plot2d2("gnn",[0,dates]',[0,nombres]',1,"111",..
      "Nombre de clients",[0,0,max(dates),max(nombres)])
```

Voici par exemple une session utilisant cette fonction et simulant la file M/M/1 de taux d'arrivée $\lambda = 1$, taux de départ $\mu = 1.001$ sur 20000 clients (figure 6.10).

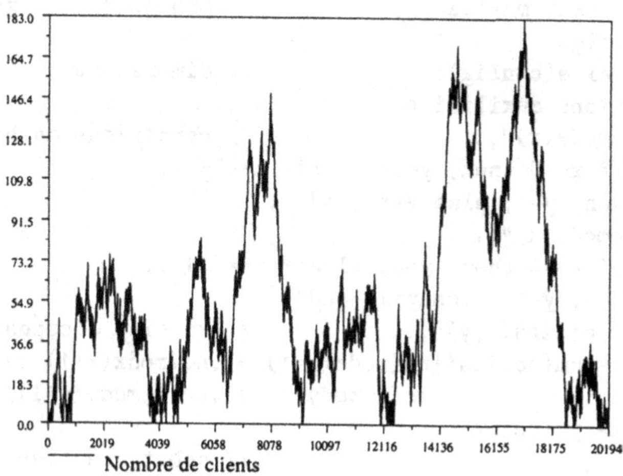

Figure 6.10 – Simulation d'une file d'attente M/M/1 de taux d'arrivée $\lambda = 1$, taux de départ $\mu = 1.001$, sur 20000 clients.

```
getf("GG1.sci");
a=grand(1,20000,"exp",1);
d=grand(1,20000,"exp",1/1.001);
moy=GG1(a,d)
```

Pour les réseaux de files d'attente, Scilab ne peut servir que d'outil de développement, pour tester à échelle réduite des algorithmes qui seront ensuite programmés dans un langage compilé. Il en est de même des systèmes de spin (paragraphe 5.2.4). La fonction **spin2d** que nous donnons ci-dessous permet de simuler des systèmes de spin sur un domaine rectangulaire de $\mathbb{Z}^2$, avec conditions de bord périodiques. Les taux de changement en chaque site sont supposés dépendre seulement du nombre de voisins à 1. Ils sont donnés dans une matrice à 2 lignes et 5 colonnes. La première ligne contient les taux de changement de 0 à 1, le nombre de voisins à 1 allant de 0 à 4. La seconde ligne contient les taux de changement de 1 à 0.

```
function nc = spin2d(config,taux,n)
//     Simule un systeme de spin dont les taux sont
//     donnes dans une matrice a 2 lignes et 5 colonnes.
//     La configuration est une matrice de booleens,
//     les conditions de bord sont periodiques.
//     Retourne et represente graphiquement la
//     configuration apres n iterations.
//
// initialisations
probas = taux/max(taux);              // probas de changement
nc = config;
[l,c] = size(config);                 // dimensions
// fonctions auxiliaires
deff("y=modx(x)",..                   // conditions de bord
      "if x==0 then, y=l; elseif x==l+1 ..
      then, y=1; else y=x; end");
deff("y=mody(x)",..
      "if x==0 then, y=c; elseif x==c+1 ..
      then, y=1; else y=x; end");
deff("n=voisins(x,y)",..              // voisins occupes
      "n=sum(bool2s([nc(modx(x-1),y),nc(modx(x+1),y),..
                     nc(x,mody(y-1)),nc(x,mody(y+1))]))");
// boucle principale
for i=1:n,                            // debut des iterations
     x=grand(1,1,"uin",1,l);          // abscisse au hasard
     y=grand(1,1,"uin",1,c);          // ordonnee au hasard
     p=probas(1+bool2s(nc(x,y)),..// etat du site
              1+voisins(x,y));        // voisins occupes
     if rand(1,1)<p then,             // decision
            nc(x,y)=~nc(x,y)          // changement
     end;
end;                                  // fin des iterations
xbasc();
Matplot(8*bool2s(nc));                // graphique
```

Voici tout d'abord le processus de contact (figure 6.11). Les sites à 1 sont considérés comme infectés. Le taux de guérison (passage de 1 à 0) est constant, le taux d'infection est proportionnel au nombre de voisins infectés. Si le coefficient de proportionnalité λ reste en deçà d'une certaine valeur critique, la guérison est certaine. Au delà de cette valeur critique, l'épidémie s'étend et peut perdurer.

```
getf("spin2d.sci");
cas = rand(100,100)<0.01;
```

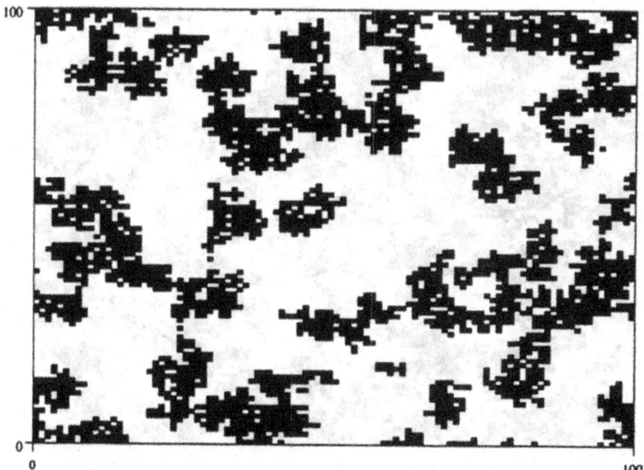

Figure 6.11 – Simulation d'un processus de contact sur un carré de 100×100, 100000 itérations. Les sites infectés apparaissent en noir. Le taux de contagion est $\lambda = 2$: l'épidémie s'étend.

```
taux_contact = [2*[0:4];ones(1,5)];
xset("window",0); xbasc();
epidemie = spin2d(cas,taux_contact,100000);
taux_contact = [0.2*[0:4];ones(1,5)];
xset("window",1); xbasc();
guerison = spin2d(epidemie,taux_contact,100000);
```

Voici maintenant le processus d'élection (figure 6.12). Les deux états sont interprétés comme des opinions, le taux de changement est égal au nombre de voisins d'opinion opposée.

```
getf("spin2d.sci");
caprices = rand(100,100)<0.5;
taux_election = [[0:4];[4:-1:0]];
opinions = spin2d(caprices,taux_election,100000);
```

Nous présentons pour finir une utilisation des processus de spin pour le débruitage dynamique d'image. Une image (un échiquier dans notre exemple) est tout d'abord bruitée en changeant un certain nombre de pixels. On définit ensuite des taux de changement de manière à ne modifier que les pixels tels que le nombre de voisins différents soit au moins 2. Le processus de spin correspondant tend à supprimer les pixels isolés, donc à débruiter l'image.

```
getf("spin2d.sci");
echiquier = ones(4,4).*.eye(2,2).*.ones(10,10) <0.5;
taux_bruit = ones(2,5);
```

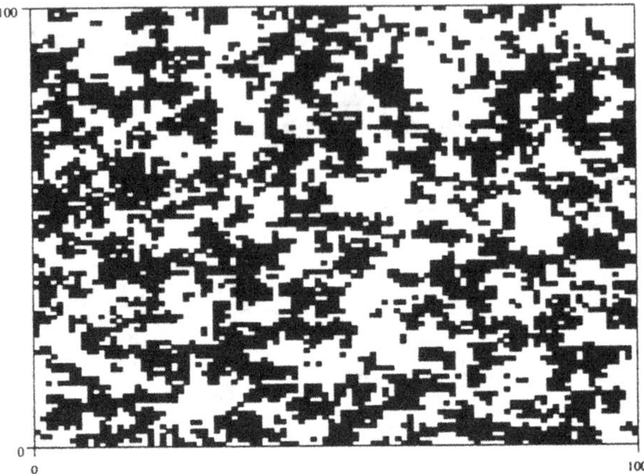

Figure 6.12 – Simulation du processus d'élection sur un carré de 100 × 100, 100000 itérations.

```
xset("window",0); xbasc();
bruitee = spin2d(echiquier,taux_bruit,1000);
taux_savon = [0,0,0,1,1;1,1,0,0,0];
xset("window",1); xbasc();
propre = spin2d(bruitee,taux_savon,20000);
```

6.4 Exercices

Exercice 42. Le but de l'exercice est de tester et comparer 4 fonctions Random.

- la fonction `grand(m,n,"unf",0,1)`.
- la fonction `rand(m,n)`.
- la fonction qui retourne les valeurs successives de la suite $x_n = u_n/M$, avec $u_{n+1} = g(u_n)$, $M = 2147483647$, et $g(u) = 16807\,u$ modulo M (voir 2.8.2).
- idem avec $M = 16384$ et $g(u) = 181\,u$ modulo M.

Chaque test consiste à vérifier une conséquence de l'uniformité. On envisagera les tests suivants.

1. Test du khi-deux sur les valeurs successives, pour un découpage régulier en classes de l'intervalle $[0,1]$.
2. Test de Kolmogorov-Smirnov pour l'adéquation avec la loi uniforme sur $[0,1]$.
3. Test du khi-deux sur les couples de valeurs successives, pour un découpage régulier du carré $[0,1]^2$.
4. Test de partition. On considère un découpage de l'intervalle $[0,1]$ en d intervalles égaux, et des k-uplets consécutifs d'appels de Random ($d \geq k$). Pour un k-uplet donné, on considère le nombre d'intervalles *distincts* auxquels appartiennent les k coordonnées. Pour la distribution théorique, la probabilité que ce nombre soit r est :

$$\binom{d}{r} S_{k,r}\, d^{-k} ,$$

   où $S_{k,r}$ est le nombre de surjections d'un ensemble à k éléments dans un ensemble à r éléments.
5. Test de permutation. Sur des k-uplets consécutifs d'appels de Random, on teste l'équiprobabilité des $k!$ ordres possibles des k coordonnées.
6. Test d'intervalle. Soit $[\alpha,\beta]$ un intervalle inclus dans $[0,1]$. On considère les indices successifs n pour lesquels le n-ième appel de Random tombe dans $[\alpha,\beta]$. En théorie cette suite est une suite de variables aléatoires indépendantes de même loi géométrique $\mathcal{G}(\beta-\alpha)$.

On implémentera ces différents tests, en choisissant plusieurs valeurs des paramètres. Pour chacune des 4 fonctions Random, un échantillon de taille suffisante sera produit, et le test sera appliqué. On comparera également les temps de calcul pour une taille d'échantillon fixée.

Exercice 43. Le but de l'exercice est de coder et tester une fonction `ech_rejet`, qui simule un échantillon d'une loi de probabilité discrète par la méthode de rejet, à partir de la loi uniforme (cf. 2.3.3). La fonction prend en entrée les dimensions de l'échantillon à engendrer, un vecteur de modalités et un vecteur de probabilités $p = (p_i)\,, i = 1, \dots, n$ (la loi à simuler sur les modalités).

1. Ecrire la fonction : elle calcule la constante $c = \max\{np_i\,, i = 1, \dots, n\}$, puis le vecteur $r = (n/c)p$. Pour chaque valeur à engendrer, une modalité i est tirée au hasard. Un second tirage au hasard est effectué : la modalité i est conservée avec probabilité r_i, rejetée sinon. Ceci est répété jusqu'à ce que la modalité soit acceptée.
2. Tester cette fonction sur différentes lois de probabilité, et comparer son temps d'exécution avec la fonction `ech_dist` du paragraphe 6.2.1.

Exercice 44. Le but de l'exercice est de coder et tester une fonction `inversion` qui simule un échantillon d'une loi de probabilité continue par la méthode d'inversion. Les arguments de la fonction sont les deux entiers donnant la taille de la matrice à engendrer, et la fonction externe F (supposée être une fonction de répartition). Pour simuler la loi de fonction de répartition F, on appelle un nombre au hasard u sur $[0, 1]$ et on retourne le réel x tel que $F(x) = u$.

1. Ecrire la fonction. Pour résoudre l'équation $F(x) = u$, on pourra utiliser `fsolve`, ou coder une résolution par dichotomie.
2. Tester la fonction en utilisant des fonctions de répartition de lois usuelles (fonctions `cdf*`). Comparer le temps d'exécution avec celui du générateur `grand`.

Exercice 45. Ecrire une fonction `kolm_smir` pour le test de Kolmogorov-Smirnov. La fonction prend en entrée un échantillon $x = (x_i)\,, i = 1, \dots, n$ et une fonction externe F, supposée être une fonction de répartition.

1. Elle trie l'échantillon par ordre croissant pour produire la série des statistiques d'ordre. Elle représente graphiquement les points d'abscisse $(i/n)\,, i = 1, \dots, n$, et d'ordonnée les statistiques d'ordre $(x_{(i)})\,, i = 1, \dots, n$. Elle superpose au même graphique la représentation de F.
2. Elle calcule (sans utiliser de boucle) la distance de Kolmogorov-Smirnov entre la distribution théorique et la distribution empirique, par la formule :

$$D_{KS} = \max_{i=1,\dots,n} \left\{ \left| F(x_{(i)}) - \frac{i}{n} \right| , \left| F(x_{(i)}) - \frac{i-1}{n} \right| \right\} .$$

   Elle retourne la p-valeur du test de Kolmogorov-Smirnov, comme valeur approchée de la somme :

$$p = 2 \sum_{k=1}^{+\infty} (-1)^{k+1} \exp(-2k^2 n D_{KS}^2) .$$

3. Tester la fonction `kolm_smir` sur des lois usuelles en utilisant d'abord le générateur `grand`, puis la fonction `inversion` de l'exercice précédent.

Exercice 46. Ecrire une fonction `fisher_student` prenant en entrée deux échantillons (vecteurs de nombres), et appliquant les tests de Fisher et Student à ces deux échantillons. La fonction calcule les moyennes et variances empiriques des deux échantillons, ainsi que les statistiques des deux tests. Elle retourne la p-valeur des deux tests (bilatéraux).

Tester votre fonction sur deux échantillons simulés de lois normales, en choisissant plusieurs valeurs différentes pour les moyennes et les variances des 2 échantillons.

Exercice 47. Ecrire une fonction `anova` prenant en entrée une matrice de réels. Les k colonnes de cette matrice sont vues comme autant d'échantillons, et la fonction réalise une analyse de variance de ces échantillons. Elle calcule (sans utiliser de boucle) les moyennes et variances empiriques des k échantillons, la variance expliquée et la variance résiduelle. Elle retourne la p-valeur du test d'analyse de variance.

Tester votre fonction sur des échantillons simulés de lois normales, en choisissant plusieurs ensembles de valeurs pour les moyennes et les variances des échantillons.

Exercice 48. Coder en Scilab les algorithmes des exercices 1 et 12. Produire un échantillon de valeurs de X et tester l'adéquation de la distribution de cet échantillon avec la distribution théorique.

Exercice 49. Pour chacun des exercices 14, 15 et 16, coder en Scilab les algorithmes proposés. Comparer le temps de calcul des algorithmes pour une taille fixée d'échantillon.

Exercice 50. Coder en Scilab les trois algorithmes de calcul d'intégrale de l'exercice 18. Procéder comme en 6.2.6 pour classer les trois algorithmes en fonction de la précision et du temps de calcul.

Exercice 51. Ecrire une fonction `heun1d`, analogue à la fonction `euler1d` du paragraphe 6.3.1 qui calcule des trajectoires de processus de diffusion par la méthode de Heun-Milshtein. La fonction prend en entrée les trois fonctions externes de deux variables : `mu` (fonction dérive $\mu(t,x)$), `sigma` (diffusion $\sigma(t,x)$), et `dsigma` (dérivée partielle $\partial\sigma/\partial x$). Elle prend aussi la valeur initiale `x0`, le pas `h`, le nombre de pas `n` et le nombre de trajectoires à simuler `ntraj`. Elle retourne la matrice des trajectoires.

Exercice 52. Ecrire un ensemble de fonctions pour la résolution du problème du voyageur de commerce par l'algorithme génétique du paragraphe 4.3.3, en modifiant de manière appropriée les fonctions de 6.3.2. La fonction principale retournera le meilleur ordre de la population courante, ainsi que la matrice des valeurs successives de la fonction énergie f sur les ordres de la population au cours du temps.

Exercice 53. Ecrire une fonction `jackson` qui simule un réseau de Jackson dont les taux de service sont constants, par l'algorithme du paragraphe 5.2.2. La fonction prend en entrée le vecteur des taux d'arrivée (λ_n), le vecteur des taux de service (μ_n) et la matrice de routage (p_{nm}). Elle prend aussi le vecteur des nombres de clients dans les files à l'instant 0, et la durée de la simulation. Elle retourne le vecteur des nombres moyens de clients dans chacune des files. Tester cette fonction sur l'exemple des files M/M/1 en tandem (cf. 5.2.2).

Exercice 54. Ecrire une fonction `spin1d`, analogue à la fonction `spin2d` du paragraphe 6.3.3. La fonction prend en entrée une configuration, sous la forme d'un vecteur de booléens, un vecteur de taux à 8 entrées, et un nombre n d'itérations pour l'algorithme. Le vecteur de taux contient les taux de changement du point central pour chacune des 8 configurations locales possibles : $(000), (001), (011), \ldots, (111)$. Elle retourne la valeur de la configuration au bout des n itérations. Tester cette fonction sur les exemples du paragraphe 5.2.4.

Références

Références de base

1. D.J. Aldous and J.A. Fill. Reversible Markov chains and random walks on graphs. `www.stat.berkeley.edu/~aldous/book.html`, à paraître, 2002.
2. W.J. Anderson. *Continuous-time Markov chains. An applications-oriented approach.* Springer-Verlag, New York, 1991.
3. S. Asmussen. *Applied probability and queues.* Wiley, New York, 1987.
4. T. Bäck. *Evolutionary algorithms in theory and practice.* Oxford University Press, Oxford, 1996.
5. N. Bartoli et P. Del Moral. *Simulation et algorithmes stochastiques.* Cépaduès Editions, Toulouse, 2001.
6. A.T. Barucha-Reid. *Elements of the theory of Markov processes and their Applications.* McGraw-Hill, London, 1960.
7. M.A. Berger. *An introduction to probability and stochastic processes.* Springer-Verlag, New York, 1993.
8. U.N. Bhat. *Elements of applied stochastic processes.* Wiley, New York, 1984.
9. N. Bouleau. *Probabilités de l'ingénieur, variables aléatoires et simulation.* Hermann, Paris, 1985.
10. N. Bouleau. *Processus stochastiques et applications.* Hermann, Paris, 1988.
11. N. Bouleau and D. Lépingle. *Numerical methods for stochastic processes.* Wiley, New York, 1994.
12. L. Breiman. *Probability.* Addison-Wesley, Reading, 1968.
13. P. Bremaud. *Markov chains, Gibbs fields, Monte-Carlo simulation and queues.* Springer-Verlag, New York, 1999.
14. K.L. Chung. *Markov chains with stationary transition probabilities.* Springer-Verlag, New York, 1960.
15. E. Çinlar. *Introduction to stochastic processes.* Prentice Hall, New York, 1975.
16. Ch. Cocozza-Thivent. *Processus stochastiques et fiabilité des systèmes.* Mathématiques et applications 28. Springer-Verlag, Berlin, 1997.
17. L. Devroye. *Non-uniform random variate generation.* Springer-Verlag, New York, 1986.
18. E.J. Dudewicz and T.G. Ralley. *The handbook of random number generation and testing with TESTRAND computer code.* American Sciences Press Inc., Columbus., 1981.

19. M. Duflo. *Méthodes récursives aléatoires.* Masson, Paris, 1990.
20. M. Duflo. *Algorithmes stochastiques.* Mathématiques et applications 23. Springer-Verlag, Berlin, 1996.
21. W. Feller. *An introduction to probability theory and its applications*, volume I. Wiley, London, 1968.
22. W. Feller. *An introduction to probability theory and its applications*, volume II. Wiley, London, 1971.
23. G.S. Fishman. *Monte-Carlo concepts algorithms and applications.* Springer-Verlag, New York, 1996.
24. G.S. Fishman. *Discrete-event simulation.* Springer-Verlag, New York, 2001.
25. T.C. Gard. *Introduction to stochastic differential equations.* Marcel Dekker, Inc., New York, 1988.
26. E. Gelenbe et G. Pujolle. *Introduction aux réseaux de files d'attente.* Eyrolles, Paris, 1985.
27. J.E. Gentle. *Random number generation and Monte-Carlo methods.* Springer-Verlag, New York, 1998.
28. J.M. Hammersley and D.C. Handscomb. *Monte-Carlo methods.* Methuen, London, 1964.
29. S. Karlin. *A first course in stochastic processes.* Academic Press, San Diego, 1966.
30. S. Karlin and H.M. Taylor. *A second course in stochastic processes.* Academic Press, San Diego, 1981.
31. J. Keilson. *Markov chain models - rarity and exponentiality.* Applied Mathematical Sciences 28. Springer-Verlag, New York, 1979.
32. F.P. Kelly. *Reversibility and Stochastic Networks.* Wiley, London, 1979.
33. J.G. Kemeny and J.L. Snell. *Finite Markov chains.* Van Nostrand, Princeton, 1960.
34. W.J. Kennedy and J.E. Gentle. *Statistical computing.* Marcel Dekker, Inc., New York, 1980.
35. J.P.C. Kleijnen. *Statistical techniques in simulation, Part I.* Marcel Dekker, Inc., New York, 1974.
36. J.P.C. Kleijnen and W. Van Groenendaal. *Simulation, a statistical perspective.* Wiley, New York, 1992.
37. J. Korst and E.H. Aarts. *Simulated annealing and Boltzmann machines: a stochastic approach to combinatorial optimization.* Wiley, New York, 1989.
38. H.J. Kushner and G.G. Yin. *Approximation algorithms and applications.* Springer-Verlag, New York, 1997.
39. D. Lamberton et B. Lapeyre. *Introduction au calcul stochastique appliqué à la finance.* Ellipses, Paris, 1991.
40. B. Lapeyre, E. Pardoux et R. Sentis. *Méthodes de Monte-Carlo pour les équations de transport et de diffusion.* Mathématiques et applications 29. Springer-Verlag, Berlin, 1997.

41. J.S. Liu. *Monte-Carlo strategies in scientific computing.* Springer-Verlag, New York, 2001.

42. T. Masters. *Practical neural network recipes in C++.* Academic Press, Boston, 1993.

43. Z. Michalewicz. *Genetic algorithms + Data structures = Evolution programs, 3rd ed.* Springer-Verlag, New York, 1996.

44. M. Mitchell. *An introduction to genetic algorithms.* MIT Press, Cambridge, MA, 1996.

45. B.J.T. Morgan. *Elements of simulation.* Chapman and Hall, London, 1984.

46. B. Pinçon. Introduction à Scilab. `www.iecn.u-nancy.fr/~pincon/scilab/scilab.html`, 1996.

47. M. Puterman. *Markov decision processes: discrete stochastic dynamic programming.* Wiley, New York, 1994.

48. B.D. Ripley. *Stochastic simulation.* Wiley, New York, 1987.

49. B.D. Ripley. Thoughts on pseudorandom numbers. *J. Comput. Appl. Math.*, 31:153–163, 1990.

50. B.D. Ripley. *Pattern recognition and neural networks.* Cambridge University Press, 1996.

51. C.P. Robert. *L'Analyse Statistique Bayésienne.* Economica, Paris, 1992.

52. C.P. Robert. *Méthodes de Monte-Carlo par chaînes de Markov.* Economica, Paris, 1996.

53. C.P. Robert and G. Casella. *Monte-Carlo statistical methods.* Springer-Verlag, New York, 1999.

54. R.Y. Rubinstein. *Simulation and the Monte-Carlo method.* Wiley, New York, 1981.

55. R.Y. Rubinstein and B. Melamed. *Efficient simulation and Monte-Carlo methods.* Wiley, New York, 1997.

56. R. Sedgewick et Ph. Flajolet. *Introduction à l'analyse des algorithmes.* Int. Thomson Publishing, France, 1996.

57. R. Serforzo. *Introduction to stochastic networks.* Springer-Verlag, New York, 1999.

58. A. Sinclair. *Algorithms for random generation and counting: a Markov chain approach.* Birkhäuser, Boston, 1993.

59. J.L. Snell. *Introduction to probability.* Random House, New York, 1988.

60. K.S. Trivedi. *Probability and Statistics with Reliability, Queuing and Computer Science Applications.* Prentice-Hall, New York, 1982.

61. J. Walrand. *Introduction to Queuing Networks.* Prentice-Hall, New York, 1989.

62. K. Watkins. *Discrete event simulation in C.* McGraw-Hill, London, 1993.

63. R.W. Wolff. *Stochastic Modelling and the Theory of Queues.* Prentice-Hall, Englewood Cliff, 1989.

64. B. Ycart. Démarrer en Scilab. `www.math-info.univ-paris5.fr/~ycart/polys/demarre_scilab/demarre_scilab.html`, 2001.

Pour en savoir plus

65. D.J. Aldous. On the Markov chain simulation method for uniform combinatorial distributions and simulated annealing. *Probab. Eng. and Inf. Sciences*, 1:33–46, 1987.
66. D.J. Aldous. Approximate counting via Markov chains. *Statistical Science*, 8(1):16–19, 1993.
67. I. Aleksander and H.B. Morton. *An introduction to neural computing*. Chapman and Hall, London, 1990.
68. A. Antoniadis and G. Oppenheim, eds. *Wavelets and statistics*, L.N. in Stat 103. Springer-Verlag, New York, 1995.
69. T. Aven and U. Jensen. *Stochastic models in reliability*. Springer-Verlag, New York, 1999.
70. R. Azencott. Simulated annealing. *Séminaire Bourbaki*, 697:161–175, 1988.
71. F. Baccelli. Ergodic theory of stochastic Petri networks. *Ann. Probab.*, 20(1):375–396, 1992.
72. F. Baccelli, G. Cohen, G. Olsder, and J.P. Quadrat. *Synchronization and Linearity: an algebra for discrete event systems*. Wiley, Chichester, 1992.
73. A.J. Baddeley and J. Møller. Nearest-neighbour Markov point processes and random sets. *Int. Stat. Rev.*, 57:90–121, 1989.
74. R.E. Barlow and F. Proschan. *Mathematical theory of reliability*. SIAM, Philadelphia, 1996.
75. M. Béguin, L. Gray, and B. Ycart. The load transfer model. *Ann. Appl. Probab.*, 8(1):337–353, 1998.
76. M. Bénaïm. Dynamics of stochastic algorithms. In J. Azéma *et al.*, eds, *Séminaire de Probabilité XXXIII*, L.N. in Math. 1709, pages 1–68. Springer-Verlag, New York, 1999.
77. A. Benveniste, M. Métivier et P. Priouret. *Algorithmes adaptatifs et approximations stochastiques*. Masson, Paris, 1987.
78. D. Bertsimas and J. Tsitsiklis. Simulated annealing. *Statistical Science*, 8:10–15, 1993.
79. J. Besag. Markov chain Monte Carlo for statistical inference. *Tech. Rep. 9, U. of Washington*, 2000.
80. N. Biggs. *Algebraic Graph Theory*. Cambridge University Press, 1973.
81. G.W. Brams. *Réseaux de Petri : théorie et pratique*. Masson, Paris, 1983.
82. R. Cairoli and R.C. Dalang. *Sequential stochastic optimization*. Wiley, New York, 1996.
83. O. Catoni. Rough large deviation estimates for simulated annealing: Application to exponential schedules. *Ann. Probab.*, 20(3):1109–1146, 1992.
84. O. Catoni. Simulated annealing algorithms and Markov chains with rare transitions. In J. Azéma *et al.* eds, *Séminaire de Probabilité XXXIII*, L.N. in Math. 1709, pages 69–119. Springer-Verlag, New York, 1999.

85. O. Catoni. Rates of convergence for sequential annealing: a large deviation approach. In R. Azencott, ed., *Simulated annealing: parallelization techniques*, pages 25–35. Wiley, New York, 1992.

86. O. Catoni. Solving scheduling problems by simulated annealing. *SIAM J. on Control and Optim.*, 36(5):1539–1575, 1998.

87. O. Catoni and A. Trouvé. Parallel annealing by multiple trials : a mathematical study. In R. Azencott, ed., *Simulated annealing : parallelization techniques*, pages 129–143. Wiley, New York, 1992.

88. R. Cerf. *Une théorie asymptotique des algorithmes génétiques.* Thèse, Université Montpellier II, 1994.

89. R. Cerf. The dynamics of mutation-selection algorithms with large population sizes. *Ann. Inst. H. Poincaré, Probab. Stat.*, 32(4):455–508, 1996.

90. R. Cerf. A new genetic algorithm. *Ann. Appl. Probab.*, 6(3):778–817, 1996.

91. B. Chauvin. Branching processes, trees and the Boltzmann equation. *Math. and Comp. in Simulation*, 38:135–141, 1995.

92. B. Chauvin and A. Rouault. A stochastic simulation for a class of reaction-diffusion equations. *Adv. Appl. Probab.*, 22:88–100, 1990.

93. K.L. Chung. *Green, Brown, and probability and Brownian motion on the line.* World Scientific, London, 2001.

94. Y. Colin de Verdière, Y. Pan, and B. Ycart. Singular limits of Schrödinger operators and Markov processes. *J. of Operator Theory*, 41:151–173, 1999.

95. A. De Masi, P. Ferrari, and J. Lebowitz. Reaction diffusion equations for interacting particle systems. *J. Stat. Phys.*, 44:589–644, 1986.

96. G.M. Del Corso. Randomization and the parallel solution of linear algebra problems. *J. Comput. Math. Appl.*, 30(11):59–72, 1995.

97. P. Diaconis and D. Freedman. Iterated random functions. *SIAM Review*, 41(1):45–76, 1999.

98. P. Diaconis and L. Saloff-Coste. What do we know about the Metropolis algorithm ? *J. Comp. Syst. Sci.*, 55(1):20–36, 1998.

99. P. Doyle and J. Snell. *Random walks and electric networks.* Math. Assoc. America, Washington, 1984.

100. R.T. Durrett. Ten lectures on particle systems. In P. Bernard, ed., *Ecole d'été de probabilité de Saint-Flour XXIII*, L.N. in Math. 1608, pages 97–201. Springer-Verlag, New York, 1995.

101. S.N. Ethier and T.G. Kurtz. *Markov processes: characterization and convergence.* Wiley, New York, 1986.

102. R.L. Eubank. *Spline smoothing and nonparametric regression.* Marcel Dekker, Inc., New York, 1988.

103. J.A. Fill. An interruptible algorithm for perfect sampling via Markov chains. *Ann. Appl. Probab.*, 8(1):131–162, 1998.

104. O. François. An evolutionary strategy for global minimization and its Markov chain analysis. *IEEE trans. on Evolutionary Computation*, 2(3):77–90, 1998.

105. M.I. Freidlin and A.D. Wentzell. *Random perturbations of dynamical systems.* Springer-Verlag, New York, 1984.

106. D. Goldberg. *Genetic algorithms in search, optimization and machine learning.* Addison-Wesley, New York, 1989.

107. C. Graham, T.G. Kurtz, S. Méléard, P.E. Protter, M. Pulvirenti, and D. Talay. *Probabilistic Models for Nonlinear Partial Differential Equations.* L.N. in Math. 1627. Springer-Verlag, New York, 1996.

108. Forbes, F. and Ycart, B. Counting stable sets on Cartesian products of graphs. *Discrete Mathematics,* 186:105–116, 1998.

109. R.L. Graham, D.E. Knuth, and O. Patashnik. *Concrete mathematics: a foundation for computer science.* Addison-Wesley, Reading, 1989.

110. M. Hofri. *Probabilistic analysis of algorithms.* Springer-Verlag, New York, 1987.

111. J.H. Holland. *Adaptation in natural and artificial systems.* The University of Michigan Press, Ann Arbor, 1975.

112. I. Karatzas and S.E. Shreve. *Brownian motion and stochastic calculus.* Springer-Verlag, New York, 1991.

113. I. Karatzas and S.E. Shreve. *Methods of mathematical finance.* Springer-Verlag, New York, 1998.

114. P.E. Kloeden and E. Platen. *Numerical solution of stochastic differential equations.* Springer-Verlag, New York, 1992.

115. P.E. Kloeden, E. Platen, and H. Schurz. *Numerical solution of SDE through computer experiment.* Springer-Verlag, New York, 1997.

116. D.E. Knuth. *The art of computer programming,* volume 2, seminumerical algorithms. Addison-Wesley, Reading, 1981.

117. E.L. Lawler, J.K. Lensra, A.H.G. Rinnooy Kan, and D.B. Shmoys. *The traveling salesman problem.* Wiley, New York, 1987.

118. T.M. Liggett. *Interacting Particle Systems.* Springer-Verlag, New York, 1985.

119. T.M. Liggett. *Stochastic interacting systems: contact, voter, and exclusion processes.* Springer-Verlag, New York, 1999.

120. G. Marsaglia and A. Zaman. Toward a universal random number generator. *Stat. Prob. Lett.,* 8:35–39, 1990.

121. G. Marsaglia and A. Zaman. A new class of random number generators. *Ann. Appl. Probab.,* 1:462–480, 1991.

122. G.J. McLachlan and T. Krishnan. *The EM algorithm and extensions.* Wiley, New York, 1997.

123. S.P. Meyn and R.L. Tweedie. *Markov chains and stochastic stability.* Springer-Verlag, London, 1993.

124. J. Møller. Markov Chain Monte-Carlo and spacial point processes. In W.S. Kendall *et al.*, eds, *Stochastic geometry. Likelihood and computation,* pages 141–172. Chapman and Hall, London, 1999.

125. R. Motwani and P. Raghavan. *Randomized algorithms.* Cambridge University Press, 1995.

126. M. Musiela and M. Rutkowski. *Martingale methods in financial modelling.* Springer-Verlag, Berlin, 1997.

127. V.N. Nair and A.E. Freeny. Methods for assessing distributional assumptions in one and two sample problems. In J. Stanford and S. Vardeman, eds., *Statistical methods for physical science.* Academic Press, New York, 1992.

128. M.F. Neuts. *Matrix-geometric solutions in stochastic models.* The John Hopkins University Press, London, 1981.

129. M.F. Neuts. *Algorithmic Probability: a collection of problems.* Chapman and Hall, London, 1995.

130. P. Propp and D.B. Wilson. Exact sampling with coupled Markov chains and applications to statistical mechanics. *Rand. Struct. Algo.*, 9(2):223–252, 1996.

131. G. Reinelt. *The traveling salesman: computational solutions for TSP applications.* L.N. in Computer Science 840. Springer-Verlag, New York, 1994.

132. Ph. Robert. *Réseaux et files d'attente : méthodes probabilistes.* Mathématiques et applications 35. Springer-Verlag, Berlin, 2000.

133. T.G. Robertazzi. *Computer networks and systems: queuing theory and performance evaluation.* Springer-Verlag, New York, 1990.

134. R.Y. Rubinstein. *Monte-Carlo optimization, simulation and sensitivity of queuing networks.* Wiley, New York, 1986.

135. R.Y. Rubinstein and A. Shapiro. *Discrete event systems: sensitivity analysis and stochastic optimization by the score function method.* Wiley, New York, 1993.

136. L. Saloff-Coste. Lectures on finite Markov chains. In P. Bernard, ed., *Ecole d'été de probabilité de Saint-Flour XXVI*, L.N. in Math. 1665, pages 301–413. Springer-Verlag, New York, 1997.

137. A.N. Shiryaev. *Essentials of stochastic finance.* World Scientific, London, 1999.

138. R. Shonkwiler and E. van Vleck. Parallel speed-up of Monte-Carlo methods for global optimization. *J. Complexity*, 10(1):64–95, 1994.

139. A.F.M. Smith and G.O. Roberts. Bayesian computation via the Gibbs sampler and related Markov chain Monte-Carlo methods. *J. R. Statist. Soc.*, 55:3–23, 1993.

140. W.J. Stewart. *Introduction to the numerical solution of Markov chains.* Princeton University Press, 1995.

141. D. Talay. Simulation and numerical analysis of stochastic differential systems : a review. In P. Krée and W. Wedig, eds., *Probabilistic Methods in Applied Physics*, L.N. in Physics 451, chap. 3, pages 54–96. Springer-Verlag, New York, 1995.

142. A. Trouvé. *Parallélisation massive du recuit simulé.* Thèse, Université Paris XI, 1993.

143. L.E. van Dijk and C.L. Spiel. Scilab bag of tricks. `www.hammersmith-consulting.com/scilab/sci-bot/sci-bot.html`, 2000.

144. D.B. Wilson. Annotated bibliography of perfectly random sampling with Markov chains. In D. Aldous and J. Propp, eds., *Microsurveys in Discrete Probability*, volume 41 of *DIMACS Series in Discrete Mathematics and Theoretical Computer Science*, pages 209–220. American Mathematical Society, 1998.

145. G. Winkler. *Image analysis, random fields and dynamic Monte-Carlo methods.* Springer-Verlag, Berlin, 1995.

146. W. Woess. *Random walks on infinite graphs and groups.* Cambridge University Press, 2000.

147. B. Ycart. The philosophers' process : an ergodic reversible nearest particle system. *Ann. Appl. Probab.*, 3(2):356–363, 1993.

148. B. Ycart. Cutoff for samples of Markov chains. *ESAIM Probability-Statistics*, 3:89–107, 1999.

149. B. Ycart. Stopping tests for Monte-Carlo Markov chain methods. *Meth. and Comp. in Appl. Probab.*, 2(1):23–36, 2000.

150. B. Ycart. Cutoff for Markov chains: some examples and applications. In E. Goles and S. Martínez, eds., *Complex Systems*, pages 261–300. Kluwer, Dordrecht, 2001.

Index

Déjà parus dans la même collection

1. T. Cazenave, A. Haraux
Introduction aux problèmes d'évolution semi-linéaires. 1990

2. P. Joly
Mise en oeuvre de la méthode des éléments finis. 1990

3/4. E. Godlewski, P.-A. Raviart
Hyperbolic systems of conservation laws. 1991

5/6. Ph. Destuynder
Modélisation mécanique des milieux continus. 1991

7. J. C. Nedelec
Notions sur les techniques d'éléments finis. 1992

8. G. Robin
Algorithmique et cryptographie. 1992

9. D. Lamberton, B. Lapeyre
Introduction au calcul stochastique appliqué. 1992

10. C. Bernardi, Y. Maday
Approximations spectrales de problèmes aux limites elliptiques. 1992

11. V. Genon-Catalot, D. Picard
Eléments de statistique asymptotique. 1993

12. P. Dehornoy
Complexité et décidabilité. 1993

13. O. Kavian
Introduction à la théorie des points critiques. 1994

14. A. Bossavit
Électromagnétisme, en vue de la modélisation. 1994

15. R. Kh. Zeytounian
Modélisation asymptotique en mécanique des fluides newtoniens. 1994

16. D. Bouche, F. Molinet
Méthodes asymptotiques en électromagnétisme. 1994

17. G. Barles
Solutions de viscosité des équations de Hamilton-Jacobi. 1994

18. Q. S. Nguyen
Stabilité des structures élastiques. 1995

19. F. Robert
Les systèmes dynamiques discrets. 1995

20. O. Papini, J. Wolfmann
Algèbre discrète et codes correcteurs. 1995

21. D. Collombier
Plans d'expérience factoriels. 1996

Déjà parus dans la même collection

22. G. GAGNEUX, M. MADAUNE-TORT
Analyse mathématique de modèles non linéaires
de l'ingénierie pétrolière. 1996

23. M. DUFLO
Algorithmes stochastiques. 1996

24. P. DESTUYNDER, M. SALAUN
Mathematical Analysis of Thin Plate Models. 1996

25. P. ROUGEE
Mécanique des grandes transformations. 1997

26. L. HÖRMANDER
Lectures on Nonlinear Hyperbolic Differential Equations. 1997

27. J. F. BONNANS, J. C. GILBERT, C. LEMARÉCHAL, C. SAGASTIZÁBAL
Optimisation numérique. 1997

28. C. COCOZZA-THIVENT
Processus stochastiques et fiabilité des systèmes. 1997

29. B. LAPEYRE, É. PARDOUX, R. SENTIS,
Méthodes de Monte-Carlo pour les équations
de transport et de diffusion. 1998

30. P. SAGAUT
Introduction à la simulation des grandes échelles
pour les écoulements de fluide incompressible. 1998

31. E. RIO
Théorie asymptotique des processus aléatoires faiblement dépendants. 1999

32. J. MOREAU, P.-A. DOUDIN, P. CAZES (EDS.)
L'analyse des correspondances et les techniques connexes. 1999

33. B. CHALMOND
Eléments de modélisation pour l'analyse d'images. 1999

34. J. ISTAS
Introduction aux modélisations mathématiques
pour les sciences du vivant. 2000

35. P. ROBERT
Réseaux et files d'attente: méthodes probabilistes. 2000

36. A. ERN, J.-L. GUERMOND
Eléments finis: théorie, applications, mise en œuvre. 2001

37. S. SORIN
A first Course on Zero-Sum Repeated Games. 2002

38. J. F. MAURRAS
Programmation Linéaire, Complexité. 2002

Impression et reliure: Legoprint S.p.A., Lavis (Trento)